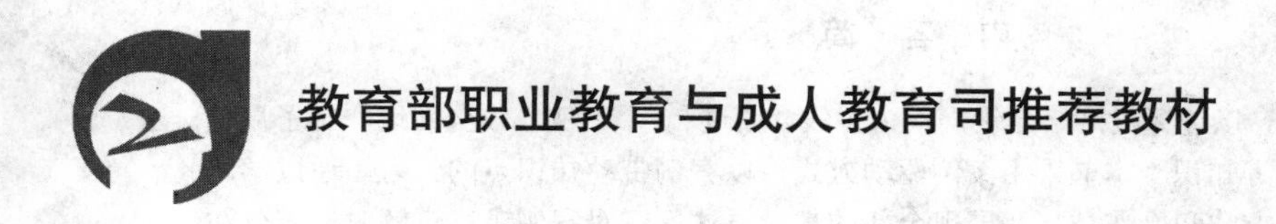

计算机网络基础案例教程

（第三版）

王浩轩　沈大林　主　编
朱　顺　崔　玥　副主编

中国铁道出版社有限公司
CHINA RAILWAY PUBLISHING HOUSE CO., LTD.

内 容 简 介

本书共分7章，以计算机网络建设操作为主线，通过20个案例，较全面地介绍了局域网搭建及系统管理等知识。本书采用案例驱动方式，以案例带动知识点的学习，通过学习案例掌握网络操作方法和操作技巧，展现全新的教学方法。在对案例进行讲解时，充分注意知识的相对完整性和系统性。本书还提供了近100道习题。

本书适合作为中等职业技术学校或高等职业学校非计算机专业的教材，也可以作为初、中级培训班的教材或网络技术爱好者的自学用书。

图书在版编目（CIP）数据

计算机网络基础案例教程/王浩轩，沈大林主编.—3版.—北京：中国铁道出版社有限公司，2019.7

教育部职业教育与成人教育司推荐教材

ISBN 978-7-113-24531-3

Ⅰ.①计… Ⅱ.①王… ②沈… Ⅲ.①计算机网络-高等职业教育-教材 Ⅳ.①TP393

中国版本图书馆CIP数据核字（2019）第121972号

书　　名：计算机网络基础案例教程（第三版）
作　　者：王浩轩　沈大林

策　　划：邬郑希　　　　**编辑部电话：**010-63583215 转 2034
责任编辑：邬郑希　李学敏
封面设计：刘　颖
责任校对：张玉华
责任印制：郭向伟

出版发行：中国铁道出版社有限公司（100054，北京市西城区右安门西街8号）
网　　址：http://www.tdpress.com/51eds/
印　　刷：三河市荣展印务有限公司
版　　次：2014年11月第1版　2019年7月第3版　2019年7月第1次印刷
开　　本：787 mm×1 092 mm 1/16　**印张：**14.25　**字数：**332千
书　　号：ISBN 978-7-113-24531-3
定　　价：45.00元

PREFACE 序

本套书依据教育部办公厅和原信息产业部办公厅联合颁发的《中等职业院校计算机应用与软件技术专业领域技能型紧缺人才培养指导方案》进行规划。

根据我们多年的教学经验和对国外先进教学方法的分析，针对目前中等职业技术学校学生的特点，本套书采用案例引领的教学方式，将知识按节细化，并与案例相结合，充分体现了我国教育学家陶行知先生“教学做合一”的教育思想。学生通过案例的实际操作学习相关知识、基本技能和技巧，让学生在学习中始终保持学习兴趣、探索精神和充满成就感。这样不仅可以让学生迅速上手，还可以培养学生的创新能力。从教学效果来看，这种教学方式可以使学生快速掌握知识和应用技巧，有利于学生适应社会的需要。

全书内的每本书都按知识体系划分为多个章节，每节都将知识与技能的学习融于一个案例中。在保证知识系统性和完整性的前提下，体现知识的实用性。

本套书中每本书除第一章外，每节均由“案例描述”、“操作步骤”、“相关知识”和“思考与练习”部分组成。在“案例描述”模块中介绍案例完成的效果，在“操作步骤”模块中介绍完成案例的操作方法和操作技巧，在“相关知识”模块中介绍与本案例相关的知识，起到总结和提高的作用，在“思考与练习”模块中提供了一些与本案例相关的练习题。对于程序设计类的教材，考虑到程序设计技巧较多，不易于用一个案例带动多项知识点的学习，因此采用先介绍相关知识，再结合知识介绍一个或多个案例的方式。

本套书编者努力遵从教学规律、面向实际应用、理论联系实际、便于自学等原则，注重训练和培养学生分析问题和解决问题的能力，注重提高学生的学习兴趣和培养学生的创造能力，注重将重要的制作技巧融于案例。每本书的内容由浅入深、循序渐进，使读者在阅读学习时能够快速入门，从而达到较高的水平。读者可以边进行案例实践，边学习相关知识和技巧。采用这种方法，特别有利于教师教学和学生自学。

为便于教师教学，本套书中的每本教材均提供了多媒体学习资源，将大部分案例的操作步骤实时录制下来，让教师摆脱重复操作的烦琐，轻松教学，读者可扫描二维码学习。

参与本套书编写的作者不仅有教学一线的教师，还有企业负责项目开发的资深技术人员，他们将教学与工作需求紧密地结合起来，通过完整的案例教学，提高学生的就业竞争力，为我国职业技术教育探索更添一臂之力。

沈大林

PREFACE

第三版前言

计算机网络以其独有的魅力正在迅速蔓延到人们生活的各个角落。不论学习还是工作，都离不开计算机网络。若对计算机网络一无所知，便会成为日后的“文盲”。因此，必须重视计算机网络知识的普及，提高计算机网络操作的水平，充分利用网络资源共享的优势，加快前进的步伐。

本书讨论的重点是局域网搭建及系统管理。有关局域网及系统管理方面的书籍非常多，但多以理论为主，离大多数人接触到的、感受到的计算机网络相差甚远，学习后往往令人觉得计算机网络非常深奥，因此令读者望而生畏。针对上述问题，同时根据中等职业教育中“突出实践”的基本原则，本书以网络理论必需、够用为度，以 Windows Server 2008 操作系统为基本工作环境，以案例驱动教学方式为前提，采用案例教学模式，强调实践操作，注重能力培养。

本书共 7 章。第 1 章介绍了网络的基本概念、网络的需求分析、网络地址的规划、综合布线系统设计等；第 2 章通过 4 个案例介绍了网络适配器的安装、传输介质双绞线的制作、交换机的安装和配置、宽带路由器的安装与配置；第 3 章通过 5 个案例介绍了 Windows Server 2008 的安装、系统的硬件和服务的管理、网络的测试等；第 4 章通过 3 个案例介绍了网络中用户的配置和管理等；第 5 章通过 3 个案例介绍了网络安全的配置和管理等；第 6 章通过 5 个案例介绍了文件服务器共享资源的配置和管理、打印服务器的配置和管理；第 7 章介绍了物联网体系结构及关键技术、典型系统及应用。

本书在第二版的基础上增加了最新网络发展的知识，更新了部分案例，并对原先的网络操作系统进行升级，介绍网络最新配置、搭建与管理。另外，为了使读者更好地理解所学内容，本书还提供了大量的思考与练习题。

在编写过程中，编者努力遵从教学规律、面向实际应用、理论联系实际、便于自学等原则，注重训练和培养学生分析问题和解决问题的能力，注重提高学生的学习兴趣和对创造能力的培养，注重将重要的制作技巧融于任务完成的介绍当中。本书还特别注重由浅入深、循序渐进，使读者在学习时能够快速入门，并可以达到较高的水平。读者可以边进行案例实践，边学习相关知识和技巧。采用这种方法，特别有利于教师教学和学生自学。

本书由王浩轩、沈大林任主编，朱顺、崔玥任副主编。参加本书编写工作的有郑鹤、郑原、郑瑜、郝侠、苏飞、丰金兰、刘军明、曹彬斌、高晓玲等。

由于技术的不断发展更新，以及编者水平有限、时间仓促，书中难免有疏漏和不妥之处，恳请广大读者批评指正。

编　者

2019 年 2 月

CONTENTS

目　录

第1章　网络基础知识概述

通过本章的学习，理解网络的定义、组成、发展、功能和分类，以及数据通信的有关常识，掌握常见网络的分类、网络的拓扑结构和网络模型（OSI参考模型和TCP/IP模型），了解网络需求分析和综合布线系统设计分析等内容。

1.1　网络基础知识

网络的形成与发展实质上是计算机技术和通信技术密切结合并不断发展的过程。本节详细介绍计算机网络的定义、组成、功能和发展。

1.1.1　计算机网络的定义和组成

1. 计算机网络的定义

① 计算机网络的简单定义：为了实现信息共享而利用通信线路连接起来的两台或多台独立计算机的集合。

② 计算机网络也可以定义为：凡是地理位置不同并具有独立工作能力的多个计算机系统，通过软件、硬件通信设备和通信线路（网络介质）互联在一起，使用通用的网络协议，实现交互通信、资源共享、信息交换、协同工作和在线处理等功能的系统。计算机网络是计算机技术和通信技术结合发展的产物，是由计算机子网和通信子网组成的。

随着网络技术的发展以及网络应用范围的扩展，计算机网络的概念也在发展，计算机网络的定义也各不相同，上述计算机网络定义只是其中的两种。

目前，计算机网络定义的核心内容有两点：一是组成网络的计算机必须是独立的（每台计算机核心处理器、系统总线等是独立的）；二是计算机网络的主要目的是信息共享。

例如，有的计算机系统采用一台小型机带几十台查询终端（例如，图书馆计算机查询系统），这种系统还不是计算机网络，因为整个系统中除了有一台主机具有处理器外，其他的终端都只有输入/输出设备，不是完整、独立的计算机，所以它不是计算机网络。

再例如，一些计算机系统只是为了实现分布式处理等，哪怕是现代很高级的计算机系统（如用于科学计算、天气预报等领域的多处理机系统），这种计算机系统也不是计算机网络。

2. 计算机网络的组成

尽管现在的计算机网络很多，但不同的计算机网络都有一个共同的特点，就是它们都由网络硬件、网络软件和传输介质三个部分组成，如图1-1-1所示。

（1）网络硬件

它是构成网络的结点，包括计算机设备、通信设备和外围设备。计算机设备一般可分为服务器和工作站两类。服务器是为网络提供资源共享的基本设备，通常选用功能强大、运行稳定、可靠性好的计算机。与服务器相对应的，网络中的其他计算机被称为工作站（有时也称为客户机）。用户可以通过工作站共享网络资源，工作站也可以脱离网络独立工作。服务器比工作站的可靠性、硬件配置更高。通信设备包括网络交换设备、互连设备和传输设备，主要有网卡、集线器（HUB）、路由器和交换机等。有的网络硬件（如计算机）只有一个网络接口，有的网络硬件（如集线器、交换机和大多数路由器等网络互连设备）可能有几个或更多的网络接口。网络外围设备包括高性能打印机和大容量硬盘等。

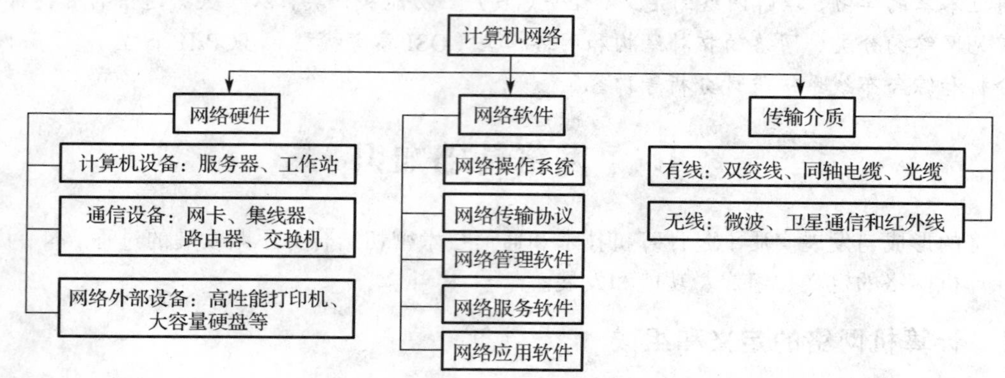

图 1-1-1　计算机网络组成

所有这些硬件设备统称为网络单元，又称网络互联的实体，也就是常说的结点（Node）。通常把网络中发起通信的设备称为本地设备（Local Device）或发送设备（Sending Device），而把本地设备要访问的其他任何设备称为远程设备（Remote Device）或接收设备（Receiving Device）。大部分网络设备在制造的时候就被分配了唯一的标识符，也就是物理地址（MAC Address），从而使设备可以在网络中被唯一确定，这一过程称为寻址。也有部分设备没有物理地址，它们不支持任何协议，也不能被其他设备访问，即人们常说的透明设备，常见的这类设备有某些特殊的协议转换设备等。习惯上，把计算机和其他网络设备加以区分，将计算机称为主机（HOST）。

（2）网络软件

它负责实现数据在网络硬件之间通过传输介质传输的软件系统，包括网络操作系统、网络管理软件、网络服务软件、网络应用软件和网络传输协议等。

网络操作系统包括 Windows Server 2003/2008/2012/2016/2019、Linux、Netware 和各种 UNIX 等；网络管理软件是能够通过对网络结点进行管理，以保障网络正常运行的管理软件；网络服务软件是运行于特定的操作系统下，提供网络服务的软件；网络应用软件是能够与服务器进行通信，直接为用户提供网络服务的软件。

网络传输协议是数据在设备之间交换的规则、标准或约定的集合，在设备之间提供通用的语言，使设备能够相互理解通信的内容，最常见的网络传输协议有 TCP/IP 协议族，包括 TCP 协议、IP 协议、FTP 协议、HTTP 协议、POP3 协议、SMTP 协议等。

（3）传输介质

它是把网络结点连接起来的数据传输通道，包括有线传输介质和无线传输介质。同轴电缆、双绞线、光缆都是有线传输介质；微波、卫星通信、红外线都是无线传输介质。传输介质是网络数据传输的通路，所有的网络数据都要经过传输介质进行传输。因此，一个网络所选用传输介质的种类和质量对网络性能的好坏有很大的影响。本书第2章将会详细介绍各种常见的传输介质的特点及其适用环境。

无线介质包括微波、红外线、无线电和激光等，它们无须架设或铺埋通信介质，且允许终端设备在一定范围内移动。微波、红外线、无线电和激光的特点简介如下。

① 无线电波：大气中的电离层是具有离子和自由电子的导电层。无线电波通信就是利用地面的无线电波通过电离层的一次或多次反射，而到达接收端的一种远距离通信方式。无线电波广泛用于室内通信和室外通信。由于无线电波传播距离很远，并很容易穿过建筑物，而且可以全方向传播，使得无线电波的发射和接收装置不必要求精确对准，但其通信质量不太稳定。

② 红外线：红外线通信在发送端设有红外线发送器，接收端要有红外线接收器。红外线的频率在300～200 000 GHz。使用红外线进行通信具有以下优点：收发信机体积小、质量轻、价格低，红外线的频率范围比较灵活，不受各个国家和地区输出的限制。缺点是距离较短且不允许有障碍物。

③ 微波：微波是一种具有极高频率（通常为300 M～300 GHz）、波长很短的电磁波。在微波频段，由于频率很高，电波的绕射能力弱，所以微波的信号传输一般限定在视线距离内的直线传播。微波具有传播较稳定、受外界干扰小等优点。但在传播过程中，难免受到影响而引起反射、折射、散射和吸收现象，产生传播衰减和传播失真。

④ 激光：激光通信是利用激光束调制成光脉冲来传输数据。激光通信只能传输数字信号，不能传输模拟信号。激光通信必须配置一对激光收发器，而且要安装在可视范围内。激光的频率比微波高，可以获得较高带宽，激光具有高度的方向性，因而难以窃听和被干扰。缺点在于激光源会发出少量射线污染环境，所以只有通过特许后才能安装。

目前常见的无线介质应用包括无线局域网、无线广域网、调频广播、蓝牙等。

1.1.2　计算机网络的作用与功能

1. 计算机网络设备的作用

网络设备指位于网络拓扑中间结点的设备，主要功能是数据转发。网络设备在数据转发过程中所起的作用如下。

① 数据形式转换：例如，调制解调器用于数字信号和模拟信号的转换，光纤收发器用于光信号和电信号的转换。

② 数据信号整形放大：信号在传输的过程中会产生衰减和干扰，为避免信号传输超过一定距离后失真，需要及时地将信号整形放大，如放大器、中继器等。

③ 数据广播：在多端口结点中，把从一个端口接收的数据广播发送到多个端口，如集线器等。

④ 数据寻址：在多端口结点中，根据数据中提供的地址，把从一个端口接收的数据转发到目的地址所在的端口，如交换机、路由器等。

2. 计算机网络的功能

① 数据通信：传输各种类型的信息，包括数据信息和图形、图像、声音、视频流等各种多媒体信息，主要提供传真、电子邮件、电子数据交换（EDI）、电子公告牌（BBS）、远程登录和浏览等数据通信服务。

② 资源共享：所有进入该计算机网络的用户都能享受计算机网络中各个计算机系统提供的全部或部分软件、硬件和数据资源，以及通信信道（即电信号的传输介质）的共享。硬件资源包括各种类型的计算机、大容量存储设备、计算机外围设备，如彩色打印机、静电绘图仪等；软件资源包括各种应用软件、工具软件、系统开发所用的支撑软件、语言处理程序、数据库管理系统等；数据资源包括数据库文件、数据库、文档资料和报表等。

③ 分布式处理：通过算法将大型的综合性问题交给不同的计算机同时进行处理。用户可以根据需要合理选择网络资源，就近快速地进行处理。当计算机网络中的某台计算机负荷太重时，可以通过计算机网络和应用程序的控制和管理，将任务分散到网络中的其他一些较空闲的计算机中，均衡负载，共同完成，提高了每台计算机的可用性。

④ 提高可靠性：网络中的每台计算机都可通过网络相互成为后备机。一旦某台计算机出现故障，它的任务就可由其他的计算机代为完成，这样可以避免因为一台计算机发生故障引起整个系统的瘫痪，提高了系统的安全与可靠性。

1.1.3 计算机网络的发展

1. 计算机网络发展的四个阶段

计算机网络经历了从低级到高级，从简单到复杂的发展过程，可分为如下四个阶段。

（1）第一阶段

20 世纪 60 年代到 70 年代初期，可以称为以单个计算机为中心的面向终端的计算机网络，分时系统将主机时间均匀分配给不同的用户，使用户以为主机完全为他所用，这是计算机网络的萌芽阶段。在 60 年代中期以前，计算机通信网络系统中主机（HOST）是网络的中心和控制者，终端（键盘和显示器，没有 CPU 和内存）分布在各处并与主机相连，用户通过本地的终端使用远程的主机。只提供终端和主机之间的通信，子网之间无法通信。这种计算机网络系统是以批处理信息为主要目的，属于计算机网络的萌芽阶段。比如，美国航空订票系统——SABRE-1 计算机系统，它由一台中心计算机和分布在全美国范围内的 2 000 多个终端组成，各终端通过电话线连接到中心计算机。

这种单机系统一个终端单独使用一根通信线路，造成通信线路利用率低，而且因为主机既要负责通信又要负责数据处理，负担很重，造成主机工作效率低；由于是集中控制形式，所以可靠性较低，一旦计算机发生故障，将导致整个网络系统瘫痪。当时人们提出在远程终端聚集的地方设置一个终端集中器，把所有的终端聚集到终端集中器。而且终端到集中器之间是低速线路，终端到主机是高速线路。这样使得主机只要负责数据处理而不用负责通信工作，大大提高了主机的利用率。面对这些问题，当时人们提出在通信线路和计算机之间设置一个前端处理机（FEP），以减轻主机的负担。FEP 专门负责终端之间的通信控制，而让主机进行数据处理。另外，在远程终端比较密集的地方增加一个集中器，把若干个终端经低速通信线路集中起来，连接到高速线路上，再经高速线路与前端处理机连接，既提高通信效率，又减少通信费用。前端处理机和集中器一般是小型计算机。这种结构又称为具有通信功能的多机系统，如图 1-1-2 所示。

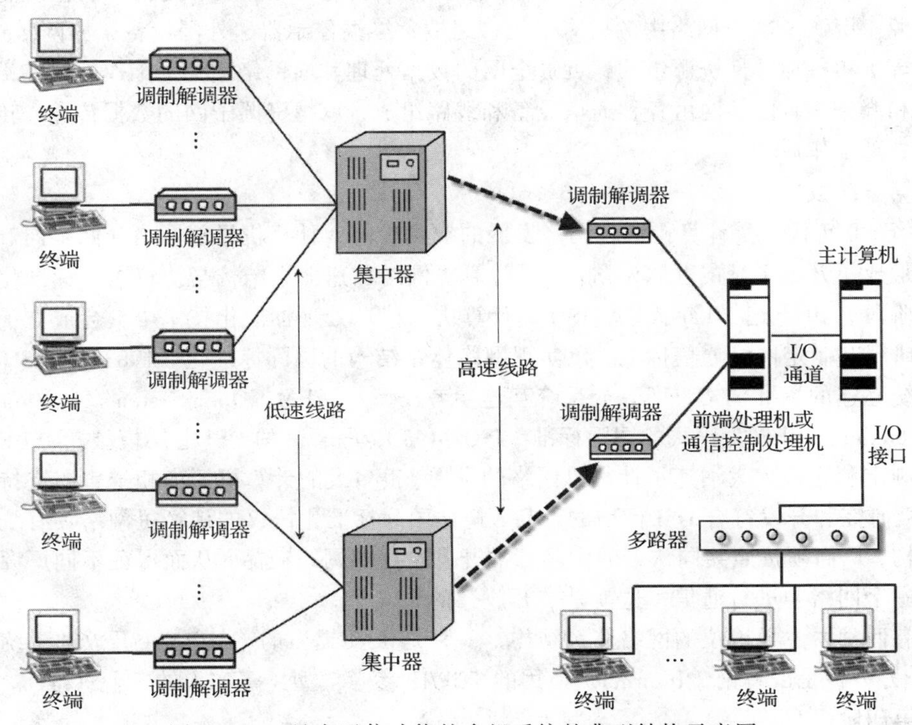

图 1-1-2　具有通信功能的多机系统的典型结构示意图

到了 20 世纪 60 年代末到 70 年代初期，计算机网络才逐步形成，其主要特征是：为了增加系统的计算能力和资源共享，把小型计算机连成实验性的网络。最典型的代表是，美国国防部高级研究计划管理局（ARPA）于 1969 年 11 月建立的 ARPANET 计算机网络，它只有 4 个结点，分布在美国四所大学的 4 台大型计算机。通过专门的接口信号处理机（IMP）和专门的通信线路相互连接，把美国的几个军事及研究用计算机主机连接起来。第一次实现了由通信网络和资源网络复合构成计算机网络系统。

ARPANET 的重要意义是它利用了无限分组交换网与卫星通信网，开发和利用了 TCP/IP 协议族，奠定了 Internet 存在和发展的基础，较好地解决了异种机网络互联的一系列理论和技术问题。ARPANET 计算机网络标志了计算机网络的真正产生。

（2）第二阶段

20 世纪 70 年代中后期，是计算机局域网（LAN）形成的阶段。基本特点是，计算机网络不再局限于单计算机网络，许多单计算机网络相互连接形成了有多个单主机系统相连接（多主机互联）的计算机网络，实现计算机和计算机之间的通信，构成局域网络，形成了计算机网络的基本体系结构。

局域网络作为一种新型的计算机体系结构开始进入产业部门。1974 年英国剑桥大学计算机研究所开发了著名的剑桥环局域网，1976 年美国 Xerox 公司的 Palo Alto 研究中心推出以太网。这些网络的成功实现，一方面标志着局域网络的产生，另一方面，它们形成的以太网及环网对以后局域网络的发展起到导航作用。

局域网络包括资源子网和通信子网。终端用户可以访问本地主机和通信子网上所有主机的软硬件资源。资源子网由网络中的所有主机、终端、终端控制器、外围设备（如网络打印机、磁盘阵列等）和各种软件资源组成，负责全网的数据处理和向网络用户（工作站或终端）提供网络资源和服务。通信子网由各种通信设备和线路组成，承担资源子网的数据传输、转接和变换等通信处理工作。

（3）第三阶段

20 世纪 80 年代，是计算机局部网络发展的成熟阶段，计算机局部网络开始走向产品化、标准化和形成了开放系统的互联网阶段；是计算机网络加速体系结构与协议国际标准化的研究与应用的阶段。20 世纪 70 年代末，ISO 的计算机与信息处理标准化技术委员会成立了一个专门机构，研究和制定网络通信标准，以实现网络体系结构的国际标准化。1983 年，ISO 提出了异种机系统互连的标准框架，即开放系统互连参考模型 OSI/RM（Open Systems Interconnection/Reference Model），其成为正式的国际标准（ISO 7498），即著名的 OSI 七层模型。OSI/RM 及标准协议的制定和完善大大加速了计算机网络的发展。很多大的计算机厂商相继宣布支持 OSI 标准，并积极研究和开发符合 OSI 标准的产品。遵循国际标准化协议的计算机网络具有统一的网络体系结构，厂商须按照共同认可的国际标准开发自己的网络产品，从而保证不同厂商的产品可以在同一个网络中进行通信，这就是“开放”的含义。

目前有两种占主导地位的网络体系结构，一种是 ISO 提出的 OSI/RM（开放式系统互连参考模型），另一种是因特网（Internet）使用的 TCP/IP 参考模型（事实上的工业标准）。

（4）第四阶段

20 世纪 90 年代初至现在，发展了广域网和互联网，进入计算机网络互连阶段，是计算机网络飞速发展的阶段。计算机网络从体系结构到实用技术已经逐步走向系统化、科学化和工程化。目前，计算机网络已经真正进入社会各行各业，为社会各行各业所采用。其特点是，互连、高速和智能化。主要特点简述如下。

① 发展了广域网和以因特网（Internet）为代表的互联网。

② 发展高速网络：1993 年美国政府公布了“国家信息基础设施”行动计划，即信息高速公路计划。这里的“信息高速公路”是指数字化大容量光纤通信网络，用以把政府机构、企业、大学、科研机构和家庭的计算机连网。

③ 无线局域网：它包括允许用户建立远距离无线连接的全球语音和数据网络，也包括为近距离无线连接进行优化的红外线技术及射频技术，与有线网络的用途十分类似，最大的不同在于传输媒介的不同，利用无线电技术取代网线，可以弥补有线网络不够灵活的缺点。

④ 移动互联网：3G、4G、5G 以及高速 Wi-Fi 网络的陆续建设为移动智能终端的普及应用奠定了坚实的网络通信基础，推动了移动互联网的发展。移动互联网的业务特点不仅体现在其移动性上，即“随时、随地、随心”地享受互联网业务的便捷，还表现在更加丰富的业务种类、个性化的服务以及更高服务质量的保证。

台式计算机、笔记本式计算机、平板电脑的使用率均出现下降，手机不断挤占其他个人上网设备的使用时间。移动互联网服务场景不断丰富、移动终端规模加速提升、移动数据量持续扩大，为移动互联网产业创造更多价值挖掘空间。伴随物联网络的产生和发展，以手机为中心的智能设备，成为“万物互联”的基础。

移动互联技术让消费者随时随地查询和购买商品成为可能，其购物行为呈现短暂性、碎片化和高频化。消费者能在多个屏幕和实体店间游走转化，页面、店铺展示、视频、信息推送等成为商家与消费者的沟通渠道，电子商务的入口不再仅限于PC端，而呈多元化趋势。未来，移动互联时代商业发展特点的重要变革趋势将是碎片化、多场景触发购买需求、需求产生时即得到满足以及去中心化等。

2．互联网、因特网和三网融合

（1）互联网

互联网就是广域网、局域网及单计算机按照一定的通信协议相互连接而成的计算机广域网网络。即使仅有两台机器，不论用何种技术使其彼此通信，也称为互联网。国际标准的互联网写法是internet，字母i一定要小写。互联网并不等同万维网，万维网（World Wide Web，WWW）是集文本、声音、图像、视频等多媒体信息于一身的全球信息资源网络，是一个基于超文本相互链接而成的全球性系统，是互联网的重要组成部分，也是互联网所能提供的服务之一。

（2）因特网

因特网是互联网的一种，是目前全球最大的一个计算机互联网，是由美国的ARPA网发展演变而来的。因特网是由上千万台设备组成的互联网。因特网使用TCP/IP协议让不同的设备可以彼此通信。但使用TCP/IP协议的网络并不一定是因特网，一个局域网也可以使用TCP/IP协议。判断自己接入的是否是因特网，首先是看自己计算机是否安装了TCP/IP协议，其次看是否拥有一个公网地址（所谓公网地址，就是所有私网地址以外的地址）。国际标准的因特网写法是Internet，字母I一定要大写。

因特网并不是全球唯一的互联网。例如，在欧洲，跨国的互联网络就有“欧盟网”（Euronet）、“欧洲学术与研究网”（EARN）、“欧洲信息网”（EIN），在美国还有“国际学术网”（BITNET）等。

互联网、因特网、万维网三者的关系是：互联网包含因特网，因特网包含万维网。

（3）三网融合

网络通常是指“三网”，即电信网络（主要的业务是电话、传真等）、有线电视网络（即单向电视节目的传送网络）和计算机网络。现在以因特网（Internet）为代表的计算机网络得到了飞速发展，已成为仅次于全球电话网的世界第二大网络。

所谓“三网融合”是指电信网、广播电视网和计算机通信网的相互渗透、互相兼容、并逐步整合成为全世界统一的信息通信网络。“三网融合”是为了实现网络资源的共享，避免低水平的重复建设，形成适应性广、容易维护、费用低的高速宽带的多媒体基础平台。“三网融合”后，可以用电视遥控器打电话，在手机上看电视剧，随需选择网络和终端，只要拉一条线或无线接入即完成通信、电视、上网等，三网融合丰富了人们的现代生活。

3．我国计算机网络的现状

我国最早着手建设计算机广域网的是铁道部（现为“中国国家铁路集团有限公司”），铁道部在1980年即开始进行联网实验。1989年2月我国第一个公用分组交换网CHINA PAC通过试运行并开通业务。它由3个分组交换机、8个集中器和1个网络管理中心组成。这3个分组结点交换机分别设在北京、上海和广州，而8个集中器分别设在沈阳、天津、南京、西安、成都、武汉、深圳和北京的原邮电部数据所，网络管理中心设在原北京电报局。此外，还开通了北京至巴黎和北京至纽约的两条国际电路。1994年3月，中国获准加入互联网。

目前，我国已建立了如下4大公用数据通信网：

① 中国公用分组交换数据通信网（ChinaPAC）

② 中国公用数字数据网（ChinaDDN）

③ 中国公用帧中继网（ChinaFRN）

④ 中国公用计算机互联网（CHINANET）

并陆续建造了和Internet互联的以下10个全国范围的公用计算机网络：

① 中国公用计算机互联网（CHINANET）

② 中国科技网（CSTNET）

③ 中国教育和科研计算机网（CERNET）

④ 中国金桥信息网（CHINAGBN）

⑤ 中国联通互联网（UNINET）

⑥ 中国网通公用互联网（CNCNET）

⑦ 中国移动互联网（CMNET）

⑧ 中国国际经济贸易互联网（CIETNET）

⑨ 中国长城互联网（CGWNET）

⑩ 中国卫星集团互联网（CSNET）

4. 中国互联网的迅猛发展

从20世纪80年代开始,因特网称为计算机网络领域最引人注目也是发展最快的网络技术。到20世纪90年代，计算机网络迅猛发展，人类自此进入了网络时代。经过短短二十几年的发展，全球互联网已经覆盖五大洲的两百多个国家和地区，网民达到近30亿，宽带接入已成为主要的上网方式。同时，互联网迅速渗透到经济与社会活动的各个领域，推动了全球信息化进程。全球互联网内容和服务市场发展活跃，众多的ISP参与到国际互联网服务的产业链中。由此带来了互联网服务的产业发展活跃，推动形成了一些具有全球影响力的互联网企业，如Google、Facebook等。

中国的互联网发展虽然起步比国际互联网发展晚，但是进入新世纪以来，同样快速发展。2019年2月28日，中国互联网络信息中心（CNNIC）发布了第43次《中国互联网络发展状况统计报告》。截至2018年12月，我国网民规模为8.29亿，全年新增网民5 653万人，互联网普及率达59.6%，较2017年底提升3.8%。

我国手机网民规模达8.17亿，全年新增手机网民6 433万人；网民中使用手机上网的比例由2017年底的97.5%提升至2018年底的98.6%，手机上网已成为网民最常用的上网渠道之一。

我国农村网民规模为2.22亿，占整体网民的26.7%，较2017年底增加1 291万人，年增长率为6.2%；城镇网民规模为6.07亿，占比达73.3%，较2017年底增加4 362万人，年增长率为7.7%。

随着宽带的发展和全球化程度的不断加深，中国互联网的业务应用同国际主流的业务应用发展基本一致，甚至在某些方面更超前。全球互联网进入商用以来迅速拓展，已经成为当今世界推动经济发展和社会进步的重要信息基础设施，并越来越迅速地改变着人们的生活、学习和工作方式，使人们足不出户便可以了解全球发生的重大事件。互联网的发展使人们可以用快捷、方便的方式与朋友联络、获取知识、办公和购物等，网络使世界变得越来越小。网络的普及不仅扩大了计算机的应用范围，而且为信息化社会的发展奠定了技术基础。

我们现在已经进入 Web 2.0 的网络时代。这个阶段互联网的特征包括搜索，社区化网络，网络媒体（音乐，视频等），内容聚合和聚集（RSS），Mashups（一种交互式 Web 应用程序），以及更多。目前大部分都是通过计算机接入网络，但是，未来人们将从移动设备和电视机上感受到更多登录网络的愉悦。

未来的计算机网络将更关注于带宽、应用、安全、QoS（服务质量）、终端多样性、智能化。例如：光纤到户、4G 技术、5G 技术等极大地提高了网络终端的带宽；物联网技术使得装有传感器的设备都可以与互联网连接；P2P、云计算等技术使得服务器和客户端融为一体，也使得整个网络融为一体；语音识别技术、虚拟技术、人工智能、移动网络技术、在线视频和网络电视等也将取得进一步的发展。

5G 网络

物联网

云计算

人工智能

也许有一天，当司机出现操作失误时汽车会自动报警，公文包会提醒主人忘带了什么东西，衣服会告诉洗衣机对颜色和水温的要求。

思考与练习

一、填空题

1. 计算机网络是________和________结合发展的产物，是由________和________组成。

2. 计算机网络的硬件是构成网络的________，它主要由________、________和________3部分组成。

3. 计算机网络的资源共享中的资源包括________、________、________和________4部分资源。

4. 计算机网络的主要功能有________、________、________和________。

5. 计算机网络发展的第二阶段的时间是________，特点是________。

6. 互联网是________。国际标准的互联网写法是________。

7. 因特网是________的一种，是目前全球最大的一个________，国际标准的因特网写法是________。

8. 判断自己是否接入的是因特网，首先是看自己计算机________，其次看是否拥有一个________。

二、问答题

1. 简要介绍什么是计算机网络、什么是互联网、什么是因特网。
2. 简要介绍计算机网络的主要组成和主要功能。
3. 简要介绍计算机网络发展的4个阶段的特点。
4. 什么是互联网？什么是因特网？什么是网络（或者是三网）？

1.2 数据通信系统概述

通信系统是用以完成信息传输过程的技术系统的总称。在计算机网络中，数据通信系统的任务是把数据源计算机所产生的数据迅速、可靠、准确地传输到目的计算机或专用外设。

1.2.1 数据通信系统

1. 数据和数据信息

① 数据（Data）：它的概念包括两个方面：其一，数据内容是事物特性的反映或描述；其二，数据以某种介质作为载体，即数据是存储在介质上的。数据可以分为模拟数据和数字数据两种。模拟数据取连续值，如表示声音、图像、电压、电流等数据；数字数据取离散值，如自然数、字符、文本的取值都是离散值。例如，字母A的ASCII码是01000001，这类文字编码属于数字数据。

② 数据信息：信息（Information）是人们对现实世界事物存在方式或运动状态的某种认识。信息的表示形式多种多样，可以是数值、文字、图形、声音、图像和动画等，这些信息的表现形式通常被称为数据。所以数据可以定义为把事物的某些属性规范化后的表现形式，它能被识别，也可以被描述，如十进制数、二进制数、字符、图像等。

数据是信息的载体，它是客观存在的文字、图像、音频和视频等用于通信的一种形式化表现。信号是数据的电或电磁的编码。在通信中，把数据变成相应的、可通过传输介质来传送的信号。信号有数字信号和模拟信号两种。通常把具有一定编码、格式和位数要求的数字信号称为数据信息。

显然，数据和信息的概念是相对的，甚至有时可以将两者等同起来。

2. 数据通信系统的定义和组成

① 数据通信系统定义：数据通信是指在两点或多点之间以二进制形式进行信息交换，它只有在数据的发送方和接收方能够发生通信的基础上才能实现。数据通信系统又称数据传输系统。数据通信系统又称数据传输系统，它是计算机网络系统的重要组成部分，是计算机网络各种功能的基础。

离散值

信息

数据通信系统的主要任务是把地理位置不同的计算机和计算机（或其他终端）两点或多点连接起来，在它们之间传送符号或字符形式的信息，如电报系统、电话系统、传真系统等，高效完成数据传输、信息交换和通信处理三大任务。

② 数据通信系统的组成：数据通信系统由数据通信设备、数据终端设备（传输控制设备）和传输控制协议与通信软件组成。数据终端设备（DTE）是对数据进行最终处理的设备，可以是计算机，也可以是显示器、电传打字机、打印机等发送或接收数据的其他设备。数据通信设备（DCE）是指不对数据进行最终处理的设备，只是把数据接收下来，通过一定转换又发送出去的设备，如调制解调器。

数据通信技术和计算机技术的紧密结合可以说是通信发展史上的一次飞跃。

3. 数字信号与模拟信号

信号（Signal）有数字信号和模拟信号两种，这两种信号的相互转换使用了调制解调器。信号是数据的具体物理表现，具有确定的物理描述，如电压、磁场强度等。信号可以是模拟的，也可以是数字的。

① 模拟信号（Analog Signal）：它是由连续变化的电平构成，是最常见的电信号。例如，音频信号和正弦波状的交流电信号等都是模拟信号。模拟信号是数字信号的基础。图 1-2-1（a）所示是一种音频信号，水平坐标轴代表时间，垂直坐标轴代表电平振幅。

② 数字信号（Digital Signal）：它是指其波形在一定的误差允许范围内只包括高、低两个电压值，在图像上，这些信号通常表现为一个矩形波，如图 1-2-1（b）所示，高、低电平随时间交替变化，高电平对应“1”，低电平对应“0”。计算机使用数字信号，也就是通过一串特定电平序列来传输数据。

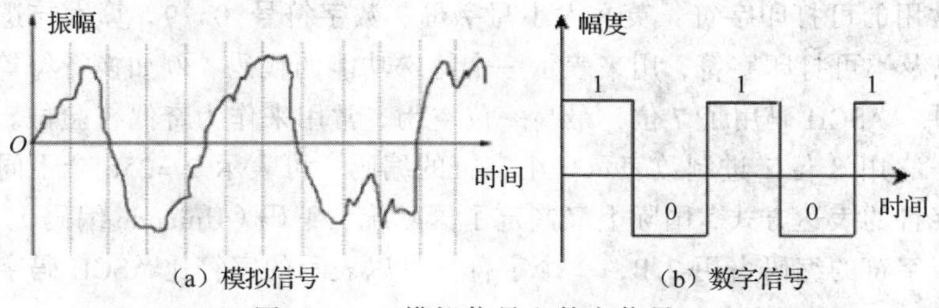

（a）模拟信号　　（b）数字信号

图 1-2-1　模拟信号和数字信号

③ 调制解调器的应用：在绝大多数的计算机通信中，计算机与计算机和其他终端设备之间的数据传输都使用数字信号，大多数的局域网也都是使用数字信号的。在远程通信中，大多数情况下，计算机与计算机和其他终端设备之间并没有像局域网那样直接连接，而是利用电话系统上现成的硬件和通信介质来实现物理连接。由于电话是一种模拟设备，所以计算机无法和电话模拟设备直接通信。为此在计算机和电话机之间安装了调制解调器。

在发送端，利用一个调制解调器设备将计算机输出的数字信号转换（调制）成模拟信号，再将该信号经过通信介质送到电话系统（电话设备），模拟信号通过电话系统处理送到接收端；在接收端，也利用一个调制解调器将电话系统送来的模拟信号转换（解调）成数字信号，再送到计算机内，如图 1-2-2 所示。整个通信系统既有使用数字信号进行通信的模拟设备，也有使用模拟信号进行通信的数字设备。

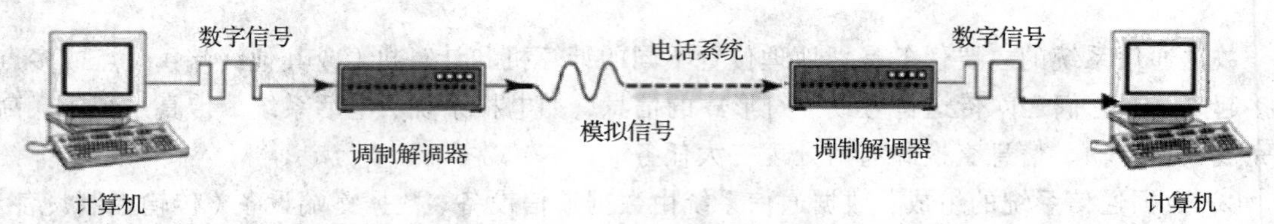

图 1-2-2 调制解调器进行信号转化

4. 数据传输编码

计算机和其他硬件设备中的数字电子器件只有两种状态，即开和关。因此计算机智能识别、处理和传送两种状态（用符号 0 或 1 表示）的二进制数字信号，每位只能存储 0 或 1，它的单位是 bit。两位二进制数是 2 bit，可以有 $2^2=4$ 种不同的组合（00、01、10 和 11），n 位二进制数有 n bit，有 2^n 个组合。用一个二进制数表示某个确定的内容（例如一个字符或是一个数字），这就称为编码。例如，可以用一位二进制数（即 1 bit）表示性别，用 2 位二进制数（即 2 bit）表示单位每个人的编号。数据通信的过程是把字符或符号转换成编码，产生与编码相对应的信号，信号传送到目的地后被接收设备接收，按编码的规则将信号解码，再还原成相应的字符或符号。

目前，最为流行的编码是 ASCII 编码（American Standard Code for Information Interchange，美国信息交换标准代码），它为每一个键盘字符和一些特殊功能分配一个唯一的组合，每一个代码对应一个可打印或不可打印的字符。可打印字符包括字母、数字和标点符号等，不可打印字符是用来表示一个特殊功能的代码，例如换行等。ASCII 编码是由美国标准化委员会制定的。该编码被国际标准化组织 ISO 采纳，作为国际通用的信息交换标准代码，是目前在计算机中普遍使用的字符编码。

ASCII 码是用 7 位二进制数表示一个字符，共能表示 $2^7=128$ 个不同的字符。其中包括了计算机处理信息常用的可打印字符：英文大小写字母、数字符号 0～9、算术与逻辑运算符号、标点符号等，以及不可打印字符，用来表示一个特殊功能的代码，例如换行符等。在一个字节（8 位二进制）中，ASCII 码用了 7 位，最高一位空闲，常用来作为奇偶校验位。另外，还有扩展的 ASCII 码，它用 8 位二进制数表示一个字符的编码，可表示 $2^8=256$ 个不同的字符。为了统一各种语言字符的表达方式，国际上又制定了国际统一编码（Unicode 编码）。在这种编码的字符集中，一个字符的编码占用 2 B，一个字符集可以表示的字符比 ASCII 码字符集所表示的字符扩大了一倍。

为了使计算机可以处理汉字，也需要对汉字进行编码。计算机进行汉字处理的过程实际上是各种汉字编码间的转换过程。这些汉字编码有：汉字信息交换码、汉字输入码、汉字内码、汉字字形码和汉字地址码等。汉字信息交换码（即汉字的字符集）全称为“信息交换用汉字编码字符集”，它也称为国标码集。国标码集共收集了 6 763 个汉字，以及 682 个数字、序号、拉丁字母等图形符号。国标码集规定，一个汉字的编码用两个字节表示。

1.2.2 数据通信基本概念

1. 工作站、结点和网络接口

① 工作站：是指运行精简指令集合的计算机。简单地理解，用户在平时工作、学习和生活中使用的计算机都是工作站。最常见的就是个人计算机。相对于高档的服务器机型来说，性

能低的供普通用户使用的计算机就是工作站。

② 结点（Node）：计算机网络中的所有网络硬件都是网络中的结点。结点包括计算机和网络互联设备，由传输介质把各结点连接构成网络。

③ 网络接口：网络中的结点与网络相连接的部分。网络接口包括物理网络接口和逻辑网络接口。物理网络接口指网络硬件与传输介质相连接的部分，如计算机的网卡接口、交换机的网络接口。逻辑网络接口指网络中的结点与逻辑网络相连的虚拟接口。

2. 信道和带宽

① 信道：信道是信号传输的通道，信号中包含了所要传递的数据。数据传输的过程就是发送方把数据编码成信号，通过信道将信号传递到接收方，接收方再把信号解码成数据，以便进一步处理。信号经由信道从发送方到达接收方的过程就是数据通信方式。

信道按照数据通信方式来划分，有并行传送的通信方式，还有串行传送的通信方式。信道按照使用权限来划分，有专用信道和公用信道两种。信道按照传输介质来划分，可以分为有线信道、无线信道和卫星信道。信道按照传输信号的种类来划分，有模拟信道和数字信道，模拟信道传送的是模拟信号，数字信道传送的是数字信号。不同类型的信道具有不同的特点和不同的使用方法。

② 带宽：带宽是指信道可以传送的信号的频率宽度，即传输信道的最高频率与最低频率之差，单位为赫兹（Hz）。带宽通常用来描述单位时间内通过给定的通信线路的数据量，相当于数据传输速率，单位是 bit/s。

3. 数据传输速率和误码率

计算机网络的基本功能是数据传输。从数据通信的角度看，有两个因素对网络性能的好坏起主要作用，即数据传输速率和传送质量。

① 数据传输速率：它是指每秒能传送的二进制代码位数。二进制的一位（0 或 1）是一个比特（bit），因此数据传输速率也称为比特率。衡量数据传输速率的单位称为 bit/s，即每秒比特数。例如，以太网的传输速率通常为 10 Mbit/s，指每秒可传输 10×2^{20} bit。一个汉字占用 2 个字节（Byte），一个字节由 8 bit 组成，即每秒可传输的汉字个数为 $10\times2^{20}\div8\div2=10\times2^{16}=$ 655 360。

实际上，通常用带宽衡量用户上网的快慢更确切些。例如，一条传输线路的传输速率为 10 Mbit/s，当 100 人同时用这条线路上网时，每个人分得的带宽只有 0.1 Mbit/s。

② 误码率：它是衡量数据传输质量的单位，即计算机网络在正常工作情况下传输数据的错误率，其计算公式如下：

误码率＝接收数据出错的比特数/传输数据的总比特数

误码率用专用仪器可以测量。要求计算机网络的误码率必须优于 10^{-6}。在衡量一个网络的性能时，这两个参数要综合考虑。数据传输速率和误码率中的任何一个都不能单独决定网络的好坏。

4. 信道带宽与信道容量

① 信道带宽：指信道中传输的信号在不失真的情况下所占用的频率范围，单位用赫兹（Hz）

表示。信道带宽是由信道的物理特性所决定的。例如，电话线路的频率范围在300～3 400 Hz，它的信道带宽范围也在300～3 400 Hz。

② 信道容量：它是衡量一个信道传输数字信号的重要参数。信道容量是指单位时间内信道上所能传输的最大比特数，用比特率（bit/s）表示。当传输速率超过信道的最大信号速率时就会产生失真。

通常，信道容量和信道带宽具有正比关系，带宽越大，容量越高，所以要提高信号的传输率，信道就要有足够的带宽。从理论上看，增加信道带宽是可以增加信道容量的，但实际上信道带宽的无限增加并不能使信道容量无限增加，因为在实际使用中，信道中存在噪声或干扰，制约了带宽的增加。

5. 频带利用率

在比较不同的通信系统的效率时，只看它们的传输速率是不够的，还要看传输过程所占用的频带，所以真正用来衡量数据通信系统信息传输效率的指标应该是单位频带内的传输速率，记为η。

$$频带利用率\ \eta=传输速率/占用频带带宽$$

公式中的单位为比特/秒·赫兹（bit/s·Hz）。例如某数据通信系统，其比特率为9 600 bit/s，占用频带为6 kHz，则其频带利用率η=1.6（bit/s·Hz）。

1.2.3 数据通信分类和传输模式

常见的数据通信分类方式有很多种，主要有按照通信方向和按照通信方式分类两种。按照通信方向（即传输方向），数据通信分为单工、半双工和全双工；按照通信方式（即传输方式），数据通信分为并行通信和串行通信。

1. 数据通信方向

数据通信方向又称数据传输方向，它是指通信过程中信号的流通方向。根据数据传输的方向不同，数据通信可以分为单工、半双工和全双工。

① 单工通信（Simplex Communication）方向：指信号始终保持一个方向传送，只使用一条单方向的信道，在一个方向上进行通信。如果A可以向B发送数据，但是B不能向A发送数据，这就是单工通信，如图1-2-3（a）所示。它类似于传呼机，只允许传呼台给传呼机发送信息，而传呼机不能给传呼台发送信息。

② 半双工通信（Half-Duplex Communication）方向：指信号可以在两个方向传送，但在同一时刻只限于单方向的信道，它也只使用一条单方向的信道。如果A可以向B发送数据，B也可以向A发送数据，但是这两个方向的通信不能同时发生，这就是半双工通信，如图1-2-3（b）所示。它类似于架线工人使用的无线步话机，一个人在说话时，另外一个人只能听。

③ 全双工通信（Full-Duplex Communication）方向：指信号可以同时在两个方向传送，使用双方向的信道，在两个方向上进行通信。如果A可以向B发送数据，B也可以同时向A发送数据，这就是全双工通信。这类似于用手机说话时，对方都可以说话（只是在一般情况下不会那样做而已），如图1-2-3（c）所示。

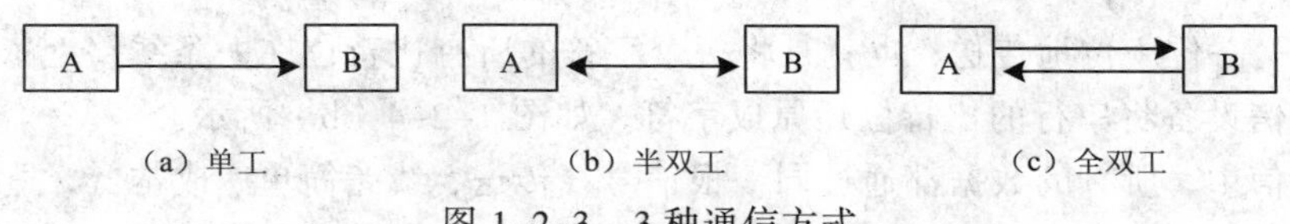

（a）单工　（b）半双工　（c）全双工

图 1-2-3　3种通信方式

单工通信是最简单的，也是通信效率最低的。全双工通信是最复杂的，其通信效率最高。双向通信比较复杂，特别是在网络上，协议必须确保信息能被正确而有序地接收，并允许设备有效地进行通信。网络设备中集线器是半双工的，多数交换机都是全双工的。早期的网卡是半双工的，现在的网卡多数是全双工的。

2．数据通信方式

数据通信方式就是信号经由信道从发送方到达接收方的过程。数据通信方式有并行通信和串行通信两种数据通信方式，如图 1-2-4 所示。两种通信方式各有利弊，并行通信适用于短距离快速通信，串行通信适用于长距离传送的情况。

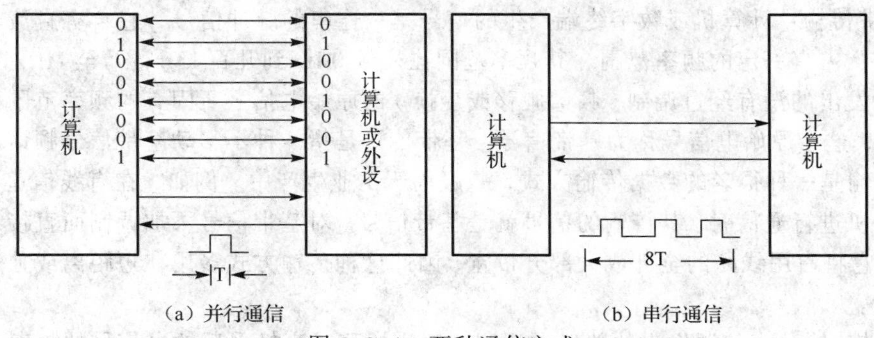

（a）并行通信　（b）串行通信

图 1-2-4　两种通信方式

① 并行通信：指使用独立的通信线路同时传输多组数据。它是以字符为单位一个字节一个字节地传送，也就是将一个字符的所有比特位在多条线路上同时传送，如图 1-2-4（a）所示。在并行方式下，每一位数据通过一根信号线传送，发送端与接收端之间信号线的连接为一一对应方式。另外，发送设备与接收设备之间又设置了相对应的判断信号接口，保证发送端每送出一个数，接收端就能收到一个数，而且每个数的数位关系都是正确的。

并行通信在单位时间内传送的信息量比串行通信的高好几倍，但是同时传送几个比特位就需要几根传输线，传输的费用要高。因此，并行通信普遍应用于两个短距离设备之间的通信，例如，计算机和打印机之间的通信。

并行传输不适合长距离传输的原因主要有以下 3 点。

◎ 在长距离上使用多信道，即多条传输线，要比使用一条单独信道的串行通信成本高很多。

◎ 为了降低信号的衰减，在长距离的传输时要求线缆比较粗，多条这样的线缆组合成并行信道比较困难。

◎ 长距离传输时，信号的同步不容易实现。

◎ 信号线存在的分布电容会引起线间串扰，影响传送的可靠性。

② 串行通信：是指使用一条通信线路，依次传送多组数据。它是以比特为单位，按照字

符比特位顺序，一位一位地传送，也就是将一个字符的所有比特位在一条线路上依次传送，到达终端再由通信设备将串行的比特位还原成字符，如图 1-2-4（b）所示。

在串行通信中，所有的数据都通过同一根信号线传送，线路简单、成本低，适合长距离传输。但是，因为它每次只能发送一个比特位，显然在同等条件下其速度比并行通信慢。

信号线上出现的信号无非是持续一定时间的高电平或低电平，那么如何识别信号，即如何判断收到了一位数据或收到了一个字符呢？显然，在通信双方之间需要约定字符的传送速率。例如，约定每秒传送两位数据时，持续时间为 1 秒的高电平代表二进制数“11”。

在数据传输中，接收端的接收速度和发送端的发送速度应保持一致，也就是接收端要根据发送端发送的信号频率和起止时间来接收信号，再校准接收端的接收时间和重复频率，使接收端和发送端信号一致。在串行通信中，可以按照二进制数位进行同步，称为位同步；也可以按字符二进制数的 7 位或 8 位进行同步，称为字符同步。

3．传输模式

① 基带传输：计算机或数字终端产生的信号是一连串的脉冲信号，它含有直流、低频和高频等分量，占有一定的频率范围，其频率范围往往从 0 Hz 到几百 kHz，乃至 MHz。

由信源发出的没有经过调制（频谱搬移或变换）的原始电信号所固有的频率范围称为基带（Baseband），这个原始电信号称为基带信号。基带传输是指一种不移动基带信号频谱的传输方式。基带传输是一种很老的数据传输方式，一般用于工业生产中。例如，在有线信道中，直接用电传打字机进行通信时，其传输的信号就是基带信号。对基带信号不加调制而直接在线路上进行传输，它将占用线路的全部或大部分带宽，因此这种传输方式多用在短距离或独占信道的数据传输中。

② 频带传输：由信源发出的并经过调制（频谱搬移或变换）后的电信号的频率范围称为频带（Frequency Band）。由于基带信号频率比较低，含直流成分，远距离传输过程中信号功率的衰减或干扰将造成信号的减弱或变形，使接收方无法接收，因此基带传输不适合远距离传输。一般将需要远距离传输的基带信号通过调制转换为频带信号才适合传输，频带信号具有较高的频率范围。

③ 宽带传输：宽带指的是比 4 kHz 更宽的频带。传统电话频率范围低于 4 kHz，因此把高于 4 kHz 的频带称为宽带。宽带传输的特点是数据传输速率更高。基带传输的速率范围为 0～10 Mbit/s，更典型的为 1～2.5 Mbit/s；而宽带传输的速率范围为 0～400 Mbit/s。一个宽带信道可以被划分为多个逻辑基带信道，这样就能把声音、图像和数据信息综合在一个物理信道中进行传输。例如采用宽带传输技术的有线电视技术，其频带高达 300～450 MHz，可以传输近 100 km。

思考与练习

一、填空题

1．数据是信息的________。信号是________，信号有________和________两种。数据信息是________。

2. 数据通信系统能高效完成________、________和________3 大任务。

3. 数据通信系统由________、________、________和________组成。

4. 目前，最为流行的编码是________编码。用一个________数表示某个确定的内容（例如字符或数字），这就称为编码。

5. 计算机网络中的所有网络硬件都是网络中的________。网络中的结点与网络相连接的部分是________。信道是________，信号中包含了所要传递的数据。

6. 信道按照数据通信方式来划分，有________的________通信方式。信道按照传输介质来划分，可以分为________和________信道。

7. 带宽通常用来描述________，相当于________，单位是________。

8. 按照通信方向（即传输方向），数据通信分为________、________和________单工、半双工和全双工。按照通信方式（即传输方式），数据通信分为________和________。

9. 以太网的传输速率为 20 Mbit/s 时，每秒可传输汉字个数为________。

二、问答题

1. 什么是数据通信系统？

2. 什么是工作站？什么是网络接口？

3. 什么是数据通信方向？

4. 什么是数据通信方式？

1.3　计算机网络分类和网络拓扑

1.3.1　计算机网络分类

由于看待网络的角度不同，网络可以有多种分类方法：按通信方向分类有单工通信、双工通信和全工通信两种；按数据通信方式分类有并行通信和串行通信两种；按传输模式分类有基带传输、频带传输和宽带传输 3 种；另外，还有按照网络覆盖范围、拓扑结构、介质访问协议等分类。最常用的是按照网络覆盖的地理范围的分类。

按网络覆盖范围的大小，可以将计算机网络分为小规模的局域网（LAN）、城市规模的城域网（MAN）、大规模的广域网（WAN）。网络覆盖的地理范围是网络分类的一个非常重要的度量参数，因为不同规模的网络将采用不同的技术。

1. 局域网

局域网（Local Area Network，LAN）通常在中等的地理范围内互连计算机资源，这个地理范围可以是一个建筑物中的几个房间或几个较近的建筑，且站点数目均有限。IEEE 规定局域网的半径在 10 km 以内。常见的局域网技术有以太网、令牌环网和光纤分布式数据接口网络。一个工作在多用户系统下的小型计算机，也基本上可以完成局域网所能做的工作。

局域网具有以下的一些主要优点。

① 能方便地共享昂贵的外围设备、主机以及软件和数据。

② 便于系统扩展和逐渐演变，各设备的位置可灵活调整和改变。

③ 提高了系统的可靠性、可用性。

④ 可以使用多种传输媒体。双绞线最便宜，原来只用于低速（1～2 Mbit/s）基带局域网，现在 100 Mbit/s 甚至 1 Gbit/s 的局域网也可以使用双绞线。光纤抗电磁干扰性好、频带宽，其数据传输速率可达 10 Gbit/s，甚至更高。随着技术的发展，点到点线路使用光纤的情况也逐渐增多。

2. 城域网

城域网（Metropolitan Area Network，MAN）基本上是一种大型的局域网，比局域网覆盖范围更大，作用范围一般为几十千米，可以覆盖一个大型城市或一组邻近的公司办公室。它拥有中型通信的能力和比较复杂的网络设备，通常使用与局域网相似的技术，可以支持数据和声音，并且可涉及当地的有线电视网。

3. 广域网

广域网（Wide Area Network，WAN）通常在较大的地理范围内互连计算机资源。广域网的半径超过 10 km，常常达到 100 km 以上，甚至几百千米到几千千米。它可以跨越辽阔的地理区域进行长距离的信息传输，所包含的地理范围通常是一个国家或者一个大洲。也可以简单地认为广域网是多个局域网的集合。常见的广域网技术有帧中继、异步传输模式（ATM）网等。在局域网刚刚出现时，局域网比广域网具有较高的数据传输速率、较低的时延和较小的误码率。随着光纤技术在广域网中普遍使用，现在的广域网也具有很高的数据传输速率和很小的误码率。

广域网由一些结点交换机以及连接这些交换机的传输介质组成。结点之间都是点到点连接，为了提高网络的可靠性，通常一个结点交换机与多个结点交换机相连。从层次上考虑，广域网和局域网的区别很大，因为局域网使用的协议主要在数据链路层（还有少量物理层），而广域网使用的协议在网络层。广域网中存在的一个重要问题就是路由选择。

广域网和局域网都是互联网的重要组成部分。尽管它们的覆盖范围相差很远，但从互联网的角度来看，它们却是平等的。因为广域网和局域网有一个共同点：连在一个广域网或连在一个局域网上的计算机在该网内进行通信时，只需要使用其网络的物理地址即可。

1.3.2 网络拓扑

网络拓扑是指网络中各个端点相互连接的方法和形式。网络拓扑结构反映了组网的一种几何形式。网络的拓扑结构主要有点对点传输结构和广播式传播结构。点对点传输结构包含星状、环状、网状和树状拓扑结构，广播式传播结构包含总线和任意拓扑结构。实际的网络拓扑结构，也可能是这两种结构的组合，如总线加星状，星状加星状等。

1. 点对点传输结构

① 星状：星状拓扑结构是以中央结点为中心，并用单独的线路使中央结点和其他各结点相连，各结点都是通过中央结点相连接，如图 1-3-1 所示。可以看出，星状结构由一台中央结点和周围的结点组成，中央结点可以与周围结点直接通信，而周围结点之间必须经过中央结点转接才能通信。中央结点可以是一台功能很强的计算机，也可以是一台网络转接或交换设备（如

交换机或集线器），近期的星状网络拓扑结构都是采用这种类型；外围结点为服务器或工作站，通信介质为双绞线或光纤。一个比较大的网络往往采用几个星状组合成扩展星状的网络。由于所有结点往外传输都必须经过中央结点来处理，因此，对中央结点的要求比较高。星状拓扑结构的主要优点和缺点简介如下。

◎ 优点：可靠性高，每台计算机及其接口的故障不会影响其他计算机，也不会发生全网的瘫痪；容易进行网络故障检测、隔离、管理和维护；可扩性好，配置灵活，容易增加或删除周围的结点、改变一个周围结点而与其他结点无关，成本低；每个结点独占一条传输线路，传输速率高。

◎ 缺点：布线和安装的工作量大；网络可靠性依赖于中央结点，一旦交换机或集线器设备出现故障会造成全网瘫痪，不过交换机或集线器设备不易出故障。

② 环状：环状拓扑结构是一个像环一样的闭合链路，各主计算机地位相同，如图 1–3–2 所示。在闭合环链路上有许多中继器和通过中继器连接到链路上的结点，共享一条物理通道，网络中的信息流是定向的，网路传输延迟也是确定的。环状拓扑结构的主要优点和缺点简介如下。

◎ 优点：由于没有信道选择问题，所以网络软件比较简单；由于闭合环链路，所以传输介质电缆长度比较短，适用于光纤等。

◎ 缺点：网络的吞吐能力较差，不适合用于大信息量的流通情况；可靠性差，故障诊断困难和调整较困难等。

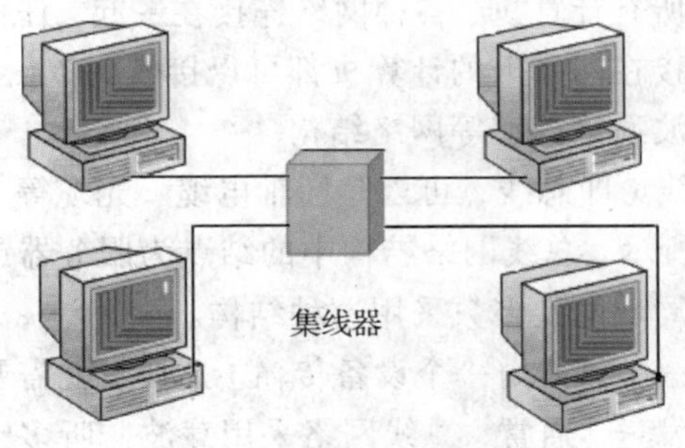

图 1–3–1　星状拓扑结构图

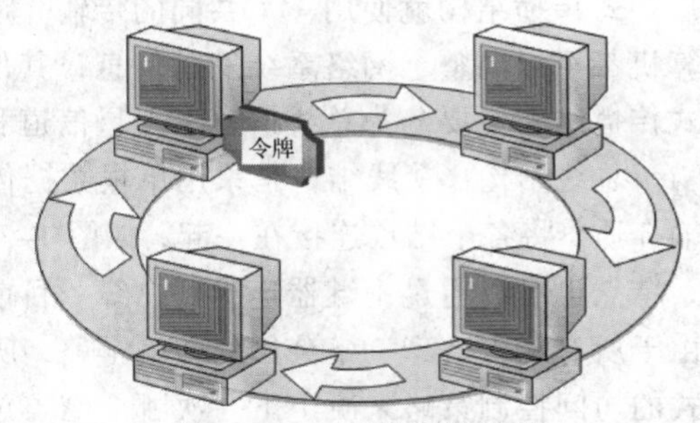

图 1–3–2　环状拓扑结构

环状网一般采用令牌（一种特殊格式的帧）来控制数据的传输，只有获得令牌的计算机才能发送数据，因此避免了冲突现象。环状网有单环和双环两种结构，双环结构常用于以光纤作为传输介质的环状网中，目的是设置一条备用环路，当光纤环发生故障时，可以迅速启用备用环，提高环状网的可靠性。

③ 网状：网状拓扑结构又称分布式拓扑结构，其中各结点通过传输线相互连接起来，并且任何一个结点至少与其他两个结点相连，如图 1–3–3 所示。网状拓扑结构的主要优点和缺点简介如下。

◎ 优点：有较高的可靠性，常用于广域网中。在广域网中还常采用部分网状连接的形式以节省经费。

◎ 缺点：结构复杂，费用高，不易管理和维护，在局域网中很少采用。

④ 树状：树状拓扑结构又称多处理中心集中式拓扑结构，它的结构如图 1–3–4 所示。它的特点是，按照树状外观结构，上下相连的主计算机之间有信息流，各主计算机能独立处理业

务，但最上边的主计算机可以通过各级的主计算机分级管理整个网络内的主计算机，适用于各种统计管理任务。树状拓扑结构的主要优点和缺点简介如下。

◎ 优点：通信线路连接较简单，网络管理软件较简单，维护方便。

◎ 缺点：资源共享能力较差，可靠性较差，如果主机发生故障，则和该计算机连接的主计算机也不能正常工作。

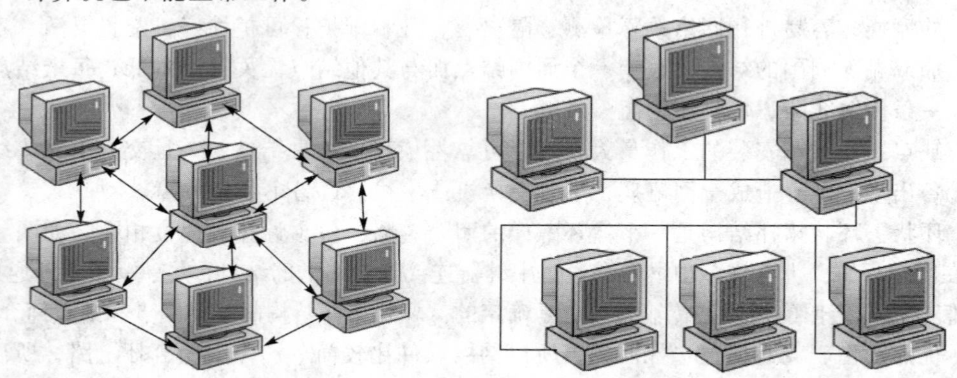

图 1-3-3　网状拓扑结构图　　　　图 1-3-4　树状拓扑结构示意图

2. 广播式传播结构

广播式传播结构就使用一个共同的传输介质把所有计算机、各种网络连接在一起，任何一台计算机都可以向整个网络系统发送信息，其他连接在网络上的计算机都可以接收到该信息。广播式传播结构主要分为总线信道、卫星信道和微波通信信道等网络结构。

（1）总线结构：总线结构是采用单根数据传输线（即总线，可以是同轴电缆、光缆等）作为传输介质，将各个结点连接在一起，如图 1-3-5 所示。总线网络结构中的结点为服务器或工作站，结点也可以通过中继器连接到总线。目前，局域网大多数采用这种结构。

由于所有结点共享一条公用的传输链路，所以一次只能由一个设备传输。这样，就需要某种形式的访问控制策略来决定下一次哪个结点可以发送。通常，总线网络采用载波监听多路访问/冲突检测（CSMA/CD）控制策略。总线结构的主要优点和缺点简介如下。

◎ 优点：在总线结构中，布线容易、电缆用量小；结点可以很方便地插入或拆卸，有利于网络的扩充和安装，当某个结点发生故障时，不会影响其他结点的正常工作，所以网络的可靠性较高。

◎ 缺点：故障诊断困难，利用中继器需要重新设置，总线上的结点须智能等。

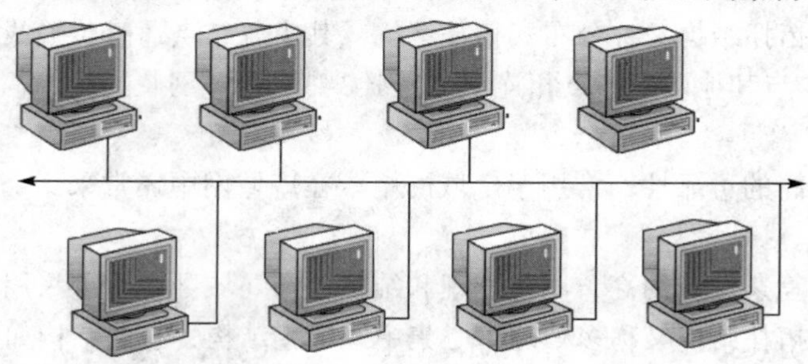

图 1-3-5　总线拓扑结构示意图

（2）任意结构：由于卫星和微波通信采用的是无线电波传输，因此无所谓网络的结构，也可以看成是任意网状结构。近年来，由于卫星技术的飞速发展，利用卫星通信组成广域网，发展互联网，是计算机网络发展的必然趋势。

1.3.3　以太网和令牌网

局域网中按照介质访问协议，可分为以太网、令牌网等几类，令牌网又分为令牌环网、令牌总线网。

1. 以太网

（1）以太网发展

过去人们曾经认为光和电磁波在空间的传播是“以太”在起作用（以太是一种看不见摸不着的神秘物质）。以太网是借助了以太这个名称，起名为 Ethernet，寓意通信的数据会弥漫于整个网络。以太网最早来源于 Xerox 公司，该公司在 1973 年建立了第一个以太网，连接了 100 多个工作站，使用同轴电缆作为传输介质。后来，Xerox、DEC 和 Intel 公司在 1982 年推出了 Ethernet II。这一版以太网对信令做了略微修改，并增加了网络管理功能。1985 年 IEEE 802 小组吸收以太网为 IEEE 802.3 标准，并进行了扩展，例如支持各种传输介质。

以太网不断发展，陆续推出了 10 Mbit/s 标准以太网、100 Mbit/s 快速以太网、1000 Mbit/s 千兆以太网和 10 Gbit/s 万兆以太网和更快的网络等。以太网是使用最广泛、发展最快的网络。这几种速率的以太网都采用了以太网的介质访问协议——CSMA/CD。

典型的以太网采用总线拓扑结构。近几年引入交换机（Switch）后，交换式以太网、交换式千兆以太网异军突起。交换机与两个以太网的集线器相连，连线可能是光缆，也可以是其他传输介质。交换机的每个接口昂贵，它连接的通常是交换机、交换式集线器、集线器、服务器或多媒体工作站。

交换式以太网是最流行的网络结构，可以根据实际需要设计成多种结构，使每条线路、每种设备发挥出最高效率，尽可能消除网络瓶颈，提升以太网的性能。

（2）CSMA/CD 概述

在以太网中，所有的结点共享传输介质。如何保证传输介质有序、高效地为许多结点提供传输服务，就是以太网的介质访问控制协议要解决的问题。CSMA/CD 可翻译成“载波侦听多路访问/冲突检测”或“带有冲突检测的载波侦听多路访问”。它提供了一个极其简单的算法，技术上易实现，网络中各工作站处于平等地位，不需集中控制，不提供优先级控制。但在网络负载增大时，发送时间增长，发送效率急剧下降。

载波侦听的意思是网络上各个工作站在发送数据前都要监听总线上有没有数据传输，若有数据传输（称总线为繁忙），则不发送数据，若无数据传输（称总线为空闲），立即发送准备好的数据。多路访问意思是网络上所有工作站收发数据共同使用同一条总线，且发送数据是广播式的。冲突的意思是若网上有两个或两个以上工作站同时发送数据，在总线上就会产生信号的混合，哪个工作站都辨别不出真正的数据是什么。这种情况称数据冲突又称碰撞。为了减少冲突发生后的影响，工作站在发送数据过程中还要不停地检测自己发送的数据，有没有在传输过程中与其他工作站的数据发生冲突，这就是冲突检测。

出于花费小、易安装、易维护以及能在恶劣环境中使用等方面的考虑，以太网被不断地修改，并在其中增加了一系列物理介质。IEEE 802.3 定义了一种缩写符号来表示以太网的某一标准实现，被称为 n–信号–物理介质。

◎ n：它是以 Mbit/s 为单位的数据传输速率。例如 100 Mbit/s、1 000 Mbit/s 等。

◎ 信号：如果采用的信号是基带的，即物理介质是由以太网专用的，不与其他的通信系统共享，则表示成 BASE；如果信号是宽带的，即物理介质能够同时支持以太网和其他非以太网的服务则表示成 BROAD。

◎ 物理介质：表示介质的类型。在最早使用这种表示法的一些系统中，介质表示以 m 为单位的最大电缆长度（以 100 m 为基数），在以后的系统中，介质只简单地表示特定的介质类型。表 1–3–1 列出了部分当前定义的以太网介质名称。

表 1–3–1 以太网介质名称

10 Mbit/s 系统	10BASE2	细同轴电缆，最长 185 m
	10BASE–F	10 Mbit/s 光纤系统的通用名称
	10BASE–FL	带有异步主动中央控制器的 2 路多模光纤，最长 2 km
	10BASE–FL	带有同步主动中央控制器的 2 路多模光纤，最长 2 km
100 Mbit/s 系统	100BASE–T	所有 100 Mbit/s 系统的通用表示
	100BASE–TX	2 对 5 类 UTP，最长 100 m
	100BASE–FX	2 路多模光纤，最长 2 km
1 000 Mbit/s 系统	1000BASE–X	使用 8B/10B 编码的所有 1 000 Mbit/s 系统的通用表示
	1000BASE–CX	2 对 150 Ω 屏蔽双绞线，最长 25 m
	1000BASE–SX	使用短波激光的 2 路多模或单模光纤

2. 令牌网

（1）令牌环网

它最早由 IBM 公司开发，后来 IEEE 将其吸收为 IEEE 802.5 标准。该通信协议通过网络线路上一个高速旋转的令牌对信道进行控制。令牌 T 占 1 B，有忙、闲两种标志，通常逆时针方向沿环高速移动，如图 1–3–6 所示。

第一个想发送数据的网站拿到令牌，将令牌的闲标志改为忙标志，并在需要发送的报文的开始处添加标志 S、在结束处添加标志 E，然后紧随令牌之后旋转，如图 1–3–6 所示。网络各站点都监听网上令牌，接收站点发现报文发给自己时，立即取回信息，在令牌上加接收正确标志，令牌回到发送站，由发送站将令牌的忙标志改为闲标志，便完成了一次发送过程。

令牌环网与总线的以太网都是共享传输介质，以广播方式发送信息。但令牌环控制简单，消除了信息流拥挤堵塞的问题，传输距离远，传输速率快，早期为 4 Mbit/s，近几年常用的为 16 Mbit/s，且有优先权，适于实时控制。

令牌环网的缺点是需要维护令牌，一旦失去令牌就无法工作，需要选择专门的结点监视和管理令牌。由于目前以太网技术发展迅速，令牌网存在固有缺点，因此令牌在整个计算机局域网已不多见，原来提供令牌网设备的厂商多数也退出了市场，所以在目前局域网市场中，令牌网可以说是“明日黄花”了。

（2）令牌总线网

它结合了以太网和令牌环网的特性。其中，结点不是通过环连接，而是通过公共总线。一个结点要想发送数据，必须等待令牌的到达，如图1-3-7所示。

例如，有5个站点，即A～E，连接到一个总线上。若逻辑顺序为A-B-C-D-E，那么A开始沿着总线发送一个令牌到B。同以太网一样，每个站点可以获得这个令牌，但是令牌的目的地址说明了哪个站点要得到它。当B收到它时，就可以发送一个帧。若B无帧要发送，它就将令牌送给C。同样地，C或者将令牌送给D，或者发送一个帧，如此继续下去。

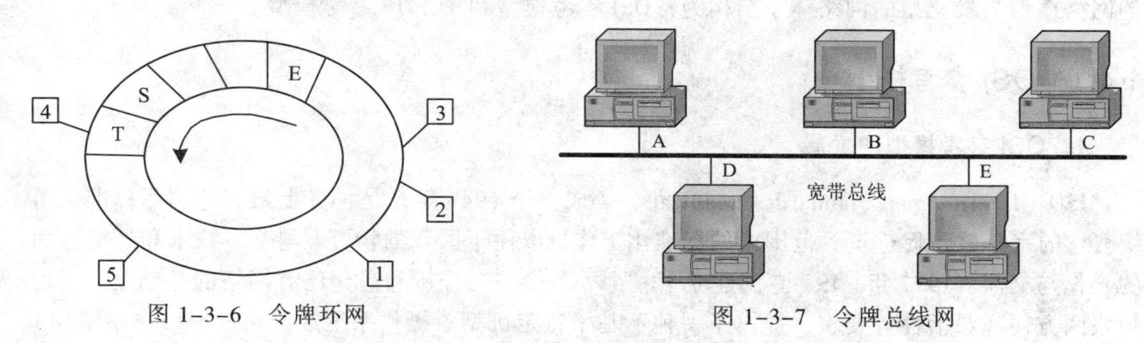

图1-3-6 令牌环网　　图1-3-7 令牌总线网

通常，一个站点从其前驱那儿获得一个令牌，并将给它的后继发送一个令牌。另一个令牌总线和令牌环之间的明显不同是，令牌总线的站点必须知道它们的前驱和后继（必须知道后继才可以知道哪个目的地址要放入令牌中）。

令牌按照站点地址的序列号，从一个站点传送到另外一个站点。这个令牌实际上是按照逻辑环而不是物理环进行传递。在数字序列的最后一个站点将令牌返回到第一个站点。这个令牌并不遵照连接到这条电缆的工作站的物理顺序进行传递。可能站点A在一条电缆的一端，而站点B在这条电缆的另外一端，站点C却在这条电缆的中间。

思考与练习

一、选择题

1. 按网络覆盖范围的大小，可以将计算机网络分为________、________和________。
2. 网络的拓扑结构主要有点对点和广播式传播结构，点对点传播结构包含________、________、________和________拓扑结构，广播式传播结构包含________和________拓扑结构。
3. 局域网中按照介质访问协议，可分为________和________等几类。
4. 树状拓扑结构又称________，它的优点是________、________和________。
5. 令牌总线网结合了________和________的特性。
6. CSMA/CD可翻译成________或________。

二、简答题

1. 简述计算机网络的分类。
2. 简述星状网络拓扑结构的特点。

1.4 计算机网络体系结构

计算机网络的体系结构指整个计算机网络通信系统的架构、连通规则和信息的传递方式，将整个计算机网络作为一个完整独立系统考虑。不同的计算机、不同计算机网络之间之所以能够实现信息传输，是因为在信息传输时遵守了共同的传输规则，这就是常说的网络协议。为了解决不同网络体系结构的计算机网络之间的互联，许多研究机构和计算机网络企业制定了自己的网络模型，最典型的网络体系结构为：OSI 参考模型和 TCP/IP 参考模型。

1.4.1 OSI 参考模型

1. OSI 参考模型的发展

ISO（International Standards Organization）成立于 1947 年，是世界上最大的国际标准化组织。它的宗旨就是促进世界范围内的标准化工作，以便于国际的物资、科学、技术和经济方面的合作与交流。1977 年，ISO 专门建立了一个委员会，在分析和消化已有网络的基础上，考虑到联网方便和灵活性等要求，提出了一种不基于特定机型、操作系统或公司的网络体系结构，即开放系统互连参考模型 OSI/RM（Open Systems Interconnection Reference Model）。OSI 定义了异种机联网的标准框架，一个试图使各种计算机在世界范围内互连成网的标准框架，即著名的开放系统互连参考模型。“开放”是指只要遵守 OSI 标准，一个系统就可以和位于世界上任何地方的、也遵循着同一 OSI 标准的其他任何系统进行通信。这一点很像世界范围的电话和邮政系统，这两个系统都是开放系统。“系统”是指在现实的系统中与互连有关的各部分。所以，开放系统互连参考模型是个抽象的概念。1983 年形成了开放系统互连参考模型的正式文件，即著名的 ISO 7498 国际标准。OSI 参考模型如图 1-4-1 所示。

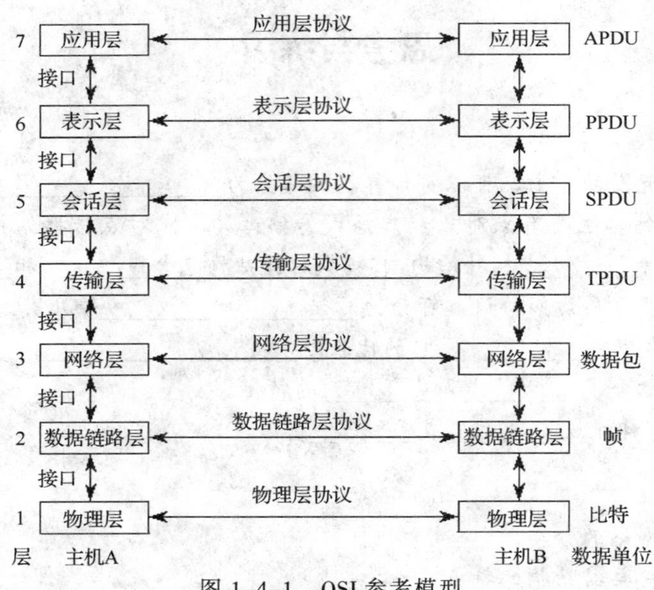

图 1-4-1 OSI 参考模型

2. OSI 参考模型分层原则

OSI 参考模型是为使各种层上使用协议的国际标准化而发展起来的，它不是网络体系结构的全部内容，它并未确切地描述用于各层的协议和服务，而是仅仅告诉我们每一层应该做什么。OSI 将计算机网络体系结构划分为七层，如图 1-4-1 所示，其分层原则如下。

① 根据不同层次的抽象分层；
② 每层应当实现一个定义明确的功能；
③ 每层功能的选择应该有助于制定网络协议的国际标准；
④ 各层边界的选择应尽量减少跨过接口的通信量；
⑤ 层数应足够多，避免不同的功能混在同一层，但不能太多，会使体系结构过大。

3. OSI 参考模型各层特点

OSI 参考模型将计算机网络分为七层，各层的特点简介如下。

（1）物理层（Physical Layer）

物理层定义了所有电子及物理设备的规范，并特别定义了设备与物理媒介之间的关系，这包括了针脚、电压、线缆规范、集线器、中继器、网卡以及其他设备的设计定义。它位于 OSI 参考模型的最底层，它直接面向原始比特流的传输。为了实现原始比特流的物理传输，物理层必须解决包括传输介质、信道类型、数据与信号之间的转换、信号传输中的衰减和噪声等一系列问题。例如，为了保证当发送时的信号为二进制"1"时，对方接收到的也是二进制"1"而不是二进制"0"，因而就需要定义哪个设备有几个针脚，其中哪个针脚发送的多少电压代表二进制"1"或二进制"0"。另外，物理层标准要给出关于物理接口的机械、电气、功能和规程特性，以便于不同的制造厂家既能够根据公认的标准各自独立地制造设备，又能使各个厂家的产品相互兼容。

（2）数据链路层（Data Link Layer）

在物理层发送和接收数据的过程中，会出现一些自己不能解决的问题。例如，当两个结点试图同时在一条共享线路上发送数据时该如何处理，结点如何知道它所接收的数据是否正确，如果噪声改变了一个报文的目标地址，结点如何察觉它丢失了本应收到的报文，这些都是数据链路层必须负责的工作。

数据链路层负责相邻结点之间的可靠数据传输，它通过在物理层传输的原始二级制数据流中增加纠错机制的方式，提供一条无差错的数据传输链路。为了能够实现相邻结点之间无差错的数据传送，数据链路层在数据传输过程中需要提供确认、差错控制和流量控制等机制。

为了更好理解物理层与数据链路层之间的区别，可以把物理层认为是主要的，是与某个单一设备与传输媒介之间的交互有关；而数据链路层则更多地关注使用同一个通信媒介的多个设备之间的互动。物理层的作用是告诉某个设备如何传送信号至一个通信媒介，以及另外一个设备如何接收这个信号。

（3）网络层（Network Layer）

网络中的两台计算机进行通信时，可能要经过许多中间结点甚至不同的通信子网。网络层的任务就是在通信子网中选择一条合适的路径，使源计算机发送的数据能够通过所选择的路径到达目的计算机。

为了实现路径选择，网络层必须使用寻址方案来确定存在哪些网络以及设备在这些网络中所处的位置，不同网络层协议所采用的寻址方案是不同的。在确定了目标结点的位置后，网络层还要负责引导数据包正确地通过网络，找到通过网络的最优路径，即路由选择。如果子网中同时出现过多的分组，它们将相互阻塞通路并可能形成网络瓶颈，因此网络层还要提供拥塞控制机制以避免此类现象的出现，网络层还要解决异构网络互连的问题。

（4）传输层（Transport Layer）

传输层是 OSI 七层模型中唯一负责端到端进程（Process）间数据传输和控制功能的层。进程可以被理解成计算机系统中正在运行的程序，一台计算机中可以同时有多个进程在运行。传输层是 OSI 七层模型中承上启下的层，它下面的三个层主要面向用户，为用户提供各种服务。传输层所提供的服务有可靠和不可靠之分。为了向会话层提供可靠的端到端进程之间的数据传输服务，传输层还需要使用确认、差错控制和流量控制等机制来弥补网络层服务质量的不足。

（5）会话层（Session Layer）

会话层的功能是在两个结点间建立、维护和释放面向用户的连接。它在传输层连接的基础上建立会话连接并进行数据交换管理，允许数据进行单工、半双工和全双工的传送。会话层提供了令牌管理和同步两种服务功能。

（6）表示层（Presentation Layer）

表示层以下的各层主要关心可靠的数据传输，而表示层关心的是所传输数据的语法和语义。它主要处理在两个通信系统之间所交换信息的表示方面，包括数据格式变换、数据加密与解密、数据压缩与恢复等功能。

（7）应用层（Application Layer）

应用层是 OSI 参考模型中的最高层，负责为用户的应用程序提供网络服务，包括为相互通信的应用程序或进程之间建立连接、进行同步，建立关于错误纠正和控制数据完整过程的协商等。作为 OSI 参考模型的最高层，应用层不为其他任何 OSI 参考层提供服务，只为 OSI 参考模型以外的应用程序提供服务。为此，应用层包含了不同的应用与应用支撑协议，例如，名字服务、文件传输、电子邮件、虚拟终端等。

1.4.2 TCP/IP 体系结构

1. TCP/IP 体系结构概述

TCP/IP 是 Transmission Control Protocol/Internet Protocol 的简写，中文译名为传输控制协议/互联网络协议。TCP/IP 协议属于 20 世界 70 年代末形成的协议规范，原是美国 ARPANET 上使用的运输层和网络层协议。所谓“协议”可以理解成机器之间交谈的语言，每一种协议都有自己的目的。由于在 ARPANET 上运行的协议很多，因此人们常常将这些相关协议称为 TCP/IP 体系结构，或简称 TCP/IP。TCP/IP 一共包括几百种协议，对互联网上交换信息的各个方面都做了规定。现在的因特网就是以 TCP/IP 协议为核心的网络系统。

TCP/IP 是 OSI 模型之前的产物，因此两者间不存在严格的层对应关系。TCP/IP 模型中并不存在与 OSI 中的物理层与数据链路层直接相对应的层，相反，由于 TCP/IP 的主要目标是致力于异构网络的互联，因此对物理层与数据链路层部分没有作任何限定。

2. TCP/IP参考模型

TCP/IP参考模型是一个抽象的分层模型。在这个模型中，所有的TCP/IP系列网络协议都被归类到4个抽象的层中，由下而上分别为网络访问层、网际层、传输层和应用层，如图1-4-2所示。每一层建立在低一层提供的服务上，并为高一层提供服务。

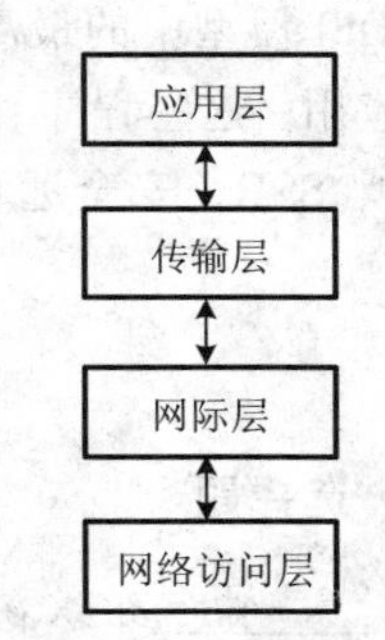

图1-4-2　TCP/IP四层模型图

（1）网络访问层（Network Access Layer）

在TCP/IP协议中，网络访问层是最底层，负责接收从网际层交来的IP数据报并将其通过底层物理网络发送出去，或者从底层物理网络上接收物理帧，抽出IP数据报，交给网际层。网络访问层允许主机连入网络是采用不同的网络技术（包括硬件与软件）。当各种物理网被用做传送IP数据报的通道时，都被认为是属于这一层的内容。TCP/IP协议并未定义具体的网络访问层协议内容，其目的在于提供灵活性，以便适用于不同的物理网络。可以使用的物理网络的种类很多，例如各种局域网、城域网、广域网，甚至点对点的链路。网络访问层使得上层的操作和底层物理网络无关。

在因特网中，物理网络是一个常用概念，它位于网际层（也就是IP层）的下面。各种物理网络的差异可能很大，例如局域网和广域网就采用了完全不同的技术体系。局域网通常仅包含物理层和数据链路层，在层次上和OSI的最低两层有很好的对应关系，而各种广域网的层次划分则没有这种严格的对应关系。在TCP/IP协议中，无论是局域网还是广域网，在数据报的传输过程中，它们都被看成是两个相邻结点之间的一条物理链路。

（2）网际层（Internet Layer）

网际层也称为网络层、IP层，是TCP/IP协议中正式定义的第一层。它所提供的是一种无连接、不可靠但尽力而为的数据报传输服务。数据报（Datagram）是网际层中的传输单元，一个数据报可能被压缩成一个或者几个数据包在数据链路层中传输。网际层负责将源主机发送的分组独立地送往目标主机，源主机与目标主机可以在同一网络中，也可以在不同的网络中。该层涉及为分组提供最佳路径的选择和交换功能，并使这一过程与它们所经过的路径和网络无关。这好比寄信时，人们不需要知道信是如何到达目的地的，而只关心其是否已到达。该层在功能上相当于OSI参考模型中的网络层。网际层是网络转发结点（如路由器）上的最高层。网络结点设备不需要传输层和应用层。

（3）传输层（Transport Layer）

传输层也称为运输层，负责在源结点和目的结点的两个对等应用进程之间提供端到端的数据通信。为了标识参与通信的传输层对等实体，传输层提供了关于不同进程的标识。为了适应不同的网络应用，传输层提供了面向连接的可靠传输与无连接的不可靠传输两类服务。这里提到的进程就是指正在运行的程序。由于一个主机可以同时运行多个进程，因此传输层有复用和分用的功能。复用就是多个应用层的进程可同时使用下面传输层的服务，分用则是传输层把收到的信息分别交付给上面应用层中的相应的进程。

（4）应用层（Application Layer）

应用层涉及为用户提供网络应用并为这些应用提供网络支撑服务。由于TCP/IP将所有与应用相关的内容都归为一层，因此该层涉及处理高层协议、数据表达和会话控制等任务，相当于对应 OSI 模型中的最高 3 层。一些特定的程序被认为运行在这个层上，它们提供服务直接支持用户应用。这些程序和其对应的协议包括 HTTP（万维网服务）、FTP（文件传输）、SMTP（电子邮件）、SSH（安全远程登录）、DNS（名称-IP 地址寻找）以及许多其他协议。

思考与练习

一、选择题

1. ________组织在 1977 年提出了一种不基于特定机型、操作系统或公司的网络体系结构，即________。

2. OSI 参考模型将计算机网络分为________、________、________、________、________、________和________七层。

3. TCP/IP 模型分为________层，由下而上分别为________、________、________和________。

二、简答题

1. 简述计算机网络 OSI 参考模型各层的特点。
2. 简述计算机网络 OSI 参考模型的分层原则。
3. 简述计算机网络 TCP/IP 参考模型各层的特点。

1.5 网络需求和综合布线系统分析

1.5.1 网络需求分析

1. 网络需求来源

需求来源及其收集方法有多种途径，大致可分为政策和技术两个方面。

（1）政策方面

政策方面需要了解国家或特定行业的政策，例如，政府网络中涉及国家机密的计算机设备，物理上不能与 Internet 有连接。另一方面，还需要充分了解及依照决策者的建设思路，这往往是项目中关键的一个因素。

（2）技术方面

技术方面需要参照用户提供的一些历史资料和行业资料，以及使用状况等资料，还需要与用户技术人员进行细致的沟通，以获取设计中的一些技术细节，并对这些资料进行整理，将其具体化为一些技术指标。网络设计还应该满足用户的使用要求。

2. 网络需求收集

根据用户提供的资料及相关政策，可将需求分析分解为商业需求、用户需求、应用需求、计算平台需求、网络需求五方面。首先，从上层管理者开始收集商业需求，接着收集用户群体需求，之后收集支持用户和用户应用的网络需求，网络通常是最后才需要考虑的对象。需求的收集过程及结果必须归档，文档有助于交流及最终网络项目的实施。

（1）收集商业需求

商业需求会贯穿整个网络设计过程，应尽可能使网络类型与商业类型一致。通常，公司的 IT 部门会对自身公司的目的和任务有比较清楚的了解，能提供更多与商业策略匹配的网络需求。对于外部的设计者，则需要通过对站点、行业的分析以及对关键任务或公司管理者的访问，来理解公司的商业策略。根据项目的开发过程，以下几点在各项目中都需要考虑到。

① 确定项目计划：对于大型项目，采用清晰的项目计划是一个非常好而且必需的方法，它可以用来跟踪项目进度，确定任务在何时、由何人完成，在项目的开发中非常重要。

② 决定投资规模：在网络的设计和实施中，费用决定于预算整个网络工程的实施，投资的规模将会影响到网络提供的服务水平。投资是一个管理问题，在开发中应该计算一次性和非一次性投资，正确估算网络的生命周期效益。

③ 预测增长：它指出网络所需的伸缩性，增长率可通过未来 3～5 年内公司人员的数量及应用的通信量来预测。还需要考虑远程和移动办公等需要，这涉及网络结点的定位。

（2）收集用户需求

通常，从用户的人员组织结构图入手，与适当的管理层及技术人员进行交流，记录用户的服务需求。可以采用观察和问卷调查、集中访谈等方式。在交流过程中，必须找出哪些服务和功能是用户完成工作所必需的。当然，这些服务并不一定需要网络来完成。在最后的网络设计中，需要对这些服务需求进行整理，对需要的网络服务进行重点关注。

（3）收集应用需求

在一定用户需求的基础上，可以整理确定应用需求。用户需求与应用紧密相关，并随完成的工作不同而变化。但在一个组织中，总会有一些应用占据重要地位。通过对各种应用的分析，可根据对网络的主要特性需求，将应用服务从以下几个方面进行归类及评估。

① 可靠性/可用率。网络持续执行预定功能的可能性/网络设备可用于执行预期任务的时间总量，这是企业网络设计的目标之一。

② 响应时间。服务请求发出至接收到所花费的时间，依赖于网络和处理器的工作情况。

③ 安全性。保证网络及数据不受攻击、不泄密等。

④ 可实现性。当前的技术或投资是否能满足应用的需要。

⑤ 实时性。对某些业务，需实时响应，例如银行的实时交易业务等。

对于这些应用服务的需求，可结合用户需求进行列表归类有助于设计实施。

（4）收集计算机平台需求

网络中的计算平台性能将影响对网络的规划，目前的计算机平台主要从处理能力及功能上分为桌面系统、工作站、中型机、大型机等平台。对于这些平台的评价信息可以从以下几方面进行。

① 处理器的系列、型号、主频是多少，CPU 内置的核心数目等。

② 内存的型号、RAM 的大小是多少，磁盘缓存的数量有多大等。

③ 输入/输出（I/O）的总线类型，是 PCI、PCI-E、SCSI 等哪一种。

④ 操作系统主要考虑是否是多任务、多用户、多处理器的，实时支持特性如何等。

⑤ 网络配置主要考虑网卡的性能，带宽的大小，是要组建局域网还是广域网等。

另外，对于大型机还需要考虑可利用率、备份及恢复、安全性、事务处理能力等特性。

（5）收集网络需求

收集需求的最后阶段是网络需求，首先了解当前局域网或广域网的拓扑结构，例如，是星状、环状还是树状，这有助于分析网络的性能及提供修改的建议。

网络软件主要是指网络操作系统，更为关键的是需要了解网络采用的协议体系，是TCP/IP、IPX/SPX，还是SNA、AppleTalk，这些网络协议分别由不同的网络操作系统来支持，这涉及网络的迁移、扩建等问题。安全需求很大程度是一个管理的问题，但也必须有网络支持，设计出的网络要能避免非法操作和网络灾难，并设计出好的安全策略，并在信息的保密性、完整性和可信性方面进行保护。

1.5.2 综合布线系统概述

随着全球信息化与经济国际化的深入发展，人们对信息共享的需求日趋迫切，而信息共享需要一个适合信息时代的布线方案。美国电话电报（AT&T）公司贝尔实验室的专家经过多年的研究，在办公楼和工厂试验成功的基础上，于20世纪80年代末期率先提出建筑与建筑群综合布线系统的概念，并及时推出了结构化布线系统。

1. 综合布线系统的概念

综合布线系统的定义为：通信电缆、光缆、各种软电缆及有关连接硬件构成的通用布线系统，它能支持多种应用系统。即使用户尚未确定具体的应用系统，也可以进行布线系统的设计和安装。通常，综合布线系统中不包括应用的各种设备。综合布线是一种预布线，该布线系统应是完全开放型的，能够支持多级多层网络结构，易于实现大厦内的配线集成管理。系统应能满足大厦目前与将来对通信的需求，系统可以适应更高的传输速率和带宽。

综合布线是一种模块化、灵活性极高的建筑物内或建筑群之间的信息传输通道。它既能使语音、数据、图像和交换设备与其他信息管理系统相连，也能使这些设备与外部相连接。它还包括建筑物外部网络或电信线路的连接点与应用系统设备之间的所有线缆及相关的连接部件。它由不同系列和规格的部件组成，其中包括传输介质、相关连接硬件（如配线架、连接器、插座、插头、适配器）以及电气保护设备等。这些部件可用来构建各种子系统，它们都有各自的具体用途，不仅易于实施，而且能够随需求的变化而平稳升级。建筑与建筑群综合布线系统在国家标准GB/T 50311—2016中命名为综合布线系统（GCS）。

综合布线系统应具有灵活的配线方式，布线系统上连接的设备在物理位置上的调整，以及语音或数据的传输方式的改变，都不需要重新安装附加的配线或线缆来进行重新定位。

智能大厦的重要组成部分是综合布线系统，它包含了建筑物所有系统的布线。目前，在商用建筑布线工程的实施上往往遵循的是结构化布线系统（Structured Cabling System，SCS）标准。结构化布线系统和综合布线系统实际上是有区别的，是两个不同的概念，前者仅限于电话和计算机网络的布线，而后者则不仅包含前者，还包含了更多的系统布线。结构化布线系统的产生是随着电信发展而出现的，当建筑物内的电话线和数据线缆越来越多时，人们需要建立一套完善可靠的布线系统对成千上万的线缆进行端接和集中管理。目前，结构化布线系统的代表产品为建筑与建筑群综合布线系统（PDS）。通常，人们所说的综合布线系统是指结构化布线系统。结构化布线系统有以下特点。

① 实用：支持包括数据、语音和多媒体等多种系统的通信，能适应技术发展的需要。

② 灵活：同一个信息接入点可支持多种类型的设备，如可连接计算机和电信设备。

③ 开放：可以支持任何计算机网络结构，可以支持各个厂家的网络设备。

④ 模块化：使用的所有接插件都是积木式的标准件，使用方便，容易管理。

⑤ 经济：一次投资建设，长期使用，维护方便，整体投资经济。

2. 综合布线系统的结构和组成

综合布线是建筑物内或建筑群之间的一个模块化、灵活性极高的信息传输通道，它既能使语音、数据、图像设备和交换设备与其他信息管理系统彼此相连，也能使这些设备与外部通信网相连接。综合布线由不同系列和规格的部件组成，其中包括传输介质、相关的连接硬件（如配线架和适配器等）和电气设备等。它一般采用分层星状拓扑结构。该结构下的每个分支子系统都是相对独立的单元，对每个分支子系统的改动都不影响其他子系统，只要改变结点连接方式就可使综合布线在星状、总线、环状和树状等结构之间进行转换。

综合布线采用模块化的结构，按每个模块的作用，可把综合布线划分成六个部分，这六个部分中的每一部分都相互独立，可以单独设计，单独施工。更改其中一个子系统时，不会影响其他子系统。

① 工作区子系统：它提供了从水平子系统端接设施到设备的信号连接，通常由连接线缆、网络跳线和适配器组成，如图 1-5-1 所示。用户可以将电话、计算机和传感器等设备连接到线缆插座上，插座通常由标准模块组成，能够完成从建筑物自控系统的弱电信号到高速数据网和数字语音信号等各种复杂信息的传送。

② 水平干线子系统：提供楼层配间至用户工作区的通信干线和端接设施，如图 1-5-2 所示。水平主干线通常使用屏蔽双绞线（STP）和非屏蔽双绞线（UTP），也可以根据需要选择光缆。端接设施主要是相应通信设备和线路连接插座。对于利用双绞线构成的水平干线子系统，通常最远延伸距离不能超过 90 m。

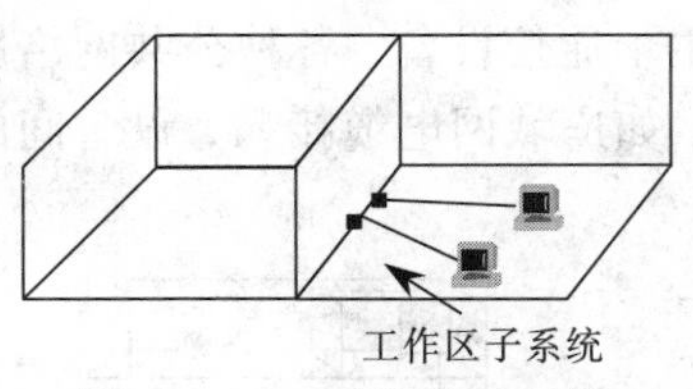

图 1-5-1　工作区子系统

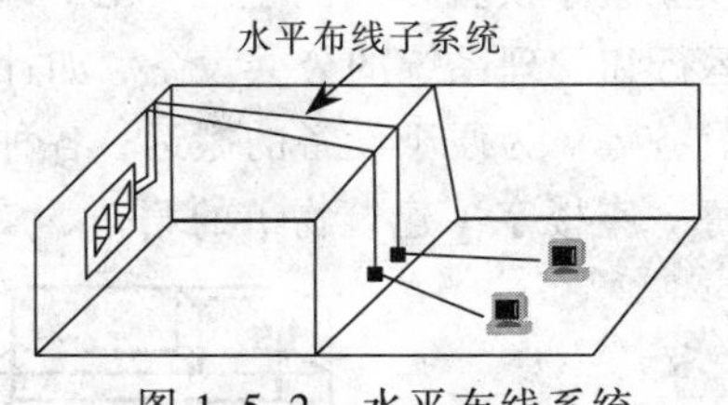

图 1-5-2　水平布线系统

③ 管理间子系统：管理间子系统是水平干线子系统和垂直干线子系统的连接管理系统，由通信线路互连设备组成，通常设备在专门为楼层服务的设备配线间内，如图 1-5-3 所示。常用的管理间子系统设备包括局域网交换机、布线配线系统和其他有关的通信设备和计算机设备。利用布线配线系统，网络管理者可以很方便地对水平主干子系统的布线连接关系进行变更和调整。

④ 垂直干线子系统：垂直干线子系统是建筑物中最重要的通信干道，通常由大多数铜缆或多芯光缆组成，安装在建筑物内，如图 1-5-4 所示。垂直干线子系统提供多条连接路径，将

位于主控中心的设备和位于各个楼层配线间的设备连接起来，两端分别端接在设备间和楼层配线间的配线架上。垂直干线子系统线缆的最大延伸距离与所采用的线缆有关。

布线配线系统常称为配线架，由各种各样的跳线板和跳线组成。在结构化布线系统中，当需要调整配线连接时，即可通过配线架的跳线来重新配置布线的连接顺序。从一个用户端跳接到另一个线路上。跳线有各种类型，如光纤、双绞线、单股和多股跳线。跳线机构的线缆连接大都采用无焊快速接续方法。基本的连接器件是接线子。接线子根据不同的快接方法具有不同的结构，其中根据绝缘移位法而发展起来的快速夹线法被广泛使用。这种接线子一般为钢制带刃的线夹，当把电缆压入线夹时，光纤的刀刃会剥开电缆的绝缘层而与缆芯相连。随着光纤技术在通信和计算机领域的广泛使用，光纤在布线系统中也得到了越来越多的应用。布线系统中光纤的连接需要有专门的设备、技术并严格按照规程操作。

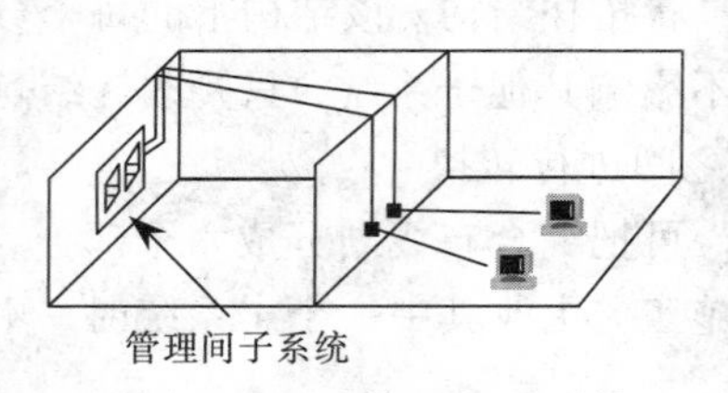

图 1-5-3　管理间子系统

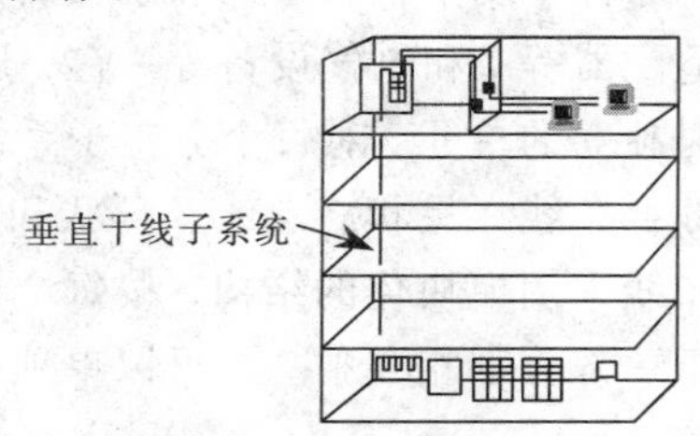

图 1-5-4　垂直干线子系统

⑤ 楼宇（建筑群）子系统：楼宇（建筑群）由两个或两个以上的建筑物组成，如图 1-5-5 所示。它们彼此间要进行信息交流。综合布线的楼宇子系统的作用是构建从一座楼宇延伸到其他楼宇的标准通信连接。系统组成包括连接各楼宇之内的线缆、楼宇综合布线所需的各种硬件，例如，电缆、光纤和通信设备、连接部件和防止电缆的浪涌电压进入楼宇的电气保护设备等。

⑥ 设备间子系统：设备间子系统是结构化布线系统的管理中枢，整个楼宇（建筑物）的各种信号都经过各类通信电缆汇集到该子系统，如图 1-5-6 所示。具备一定规模的结构化布线系统通常设立集中安置设备的主控中心，即通常所说的网络中心机房或信息中心机房。在设备间安排、运行和管理系统的公共设备，如计算机局域网主干通信设备、各种公共网络服务器和程控交换设备等。为便于设备的搬运，各种汇接的方便，如广域网电缆接入，设备间的位置通常选定在每一座楼宇（建筑物）的第一、二层或第三层。

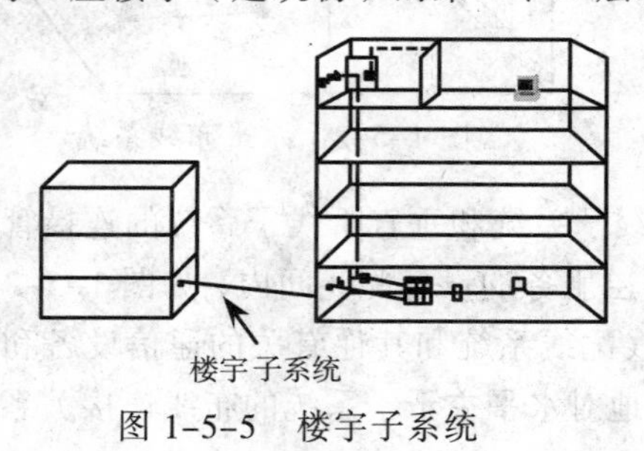

图 1-5-5　楼宇子系统

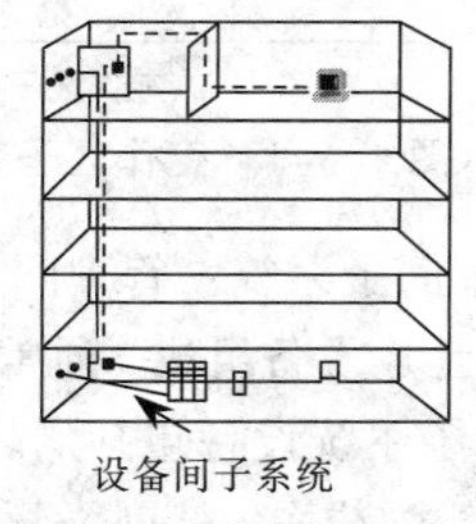

图 1-5-6　设备间子系统

3. 综合布线系统特点

综合布线同传统的布线相比，有着许多优越性，是传统布线所无法相比的，其特点主要表现在它具有兼容性、开放性、灵活性、可靠性、先进性和经济性，而且在设计、施工和维护方面也给人们带来了许多方便。

① 兼容性：指其设备或程序可以用于多种系统中。综合布线系统将语音信号、数据信号与监控设备的图像信号配线经过统一的规划和设计，采用相同的传输介质、信息插座、交连设备和适配器等，把这些性质不同的信号综合到一套标准的布线系统中。与传统布线系统相比，这种布线系统可节约大量的物质、时间和空间。在使用时，用户不用定义某个工作区的信息插座的具体应用，只把某种终端设备接入这个信息插座，然后在管理间和设备间的交连设备上作相应的跳线操作，这个终端设备就被接入到自己的系统中。

② 开放性：传统的布线方式，只要用户选定了某种设备，也就选定了与之相适应的布线方式和传输介质。如果更换另一种设备，则原来的布线系统就要全部更换。综合布线系统由于采用开放式的体系结构，符合多种国际上流行的标准，它几乎对所有著名的厂商都是开放的，如 IBM、DEC、SUN 的计算机设备，AT&T、NT、NEC 等交换机设备，并对几乎所有的通信协议也是开放的，如 RS-422、ETHERNET、TOLENRING、FDDI、CDDE、ISDN 等。

③ 灵活性：综合布线系统中，由于所有信息系统皆采用相同的传输介质、星状拓扑结构，因此所有的信息通道都是通用的。每条信息通道可支持电话、传真、多用户终端。10 BASE-T 工作站及令牌环工作站（采用 5 类连接方案，可自制 100BASE-T 及 ATM 等）所有设备的开通及更改均不需改变系统布线，只需增减相应的网络设备以及进行必要的跳线管理即可。另外，系统组网也可灵活多样，甚至在同一房间可有多用户设备，10/100 BASE-T 工作站、令牌环工作站并存，为用户组织信息提供了必要条件。

④ 可靠性：综合布线系统采用高品质的材料和组合压接的方式构成一套高标准的信息通道。所有器件均通过 UL、CSA 及 ISO 认证，每条信息通道都要采用物理星状拓扑结构，点到点端接，任何一条线路故障均不影响其他线路的运行，为线路的运行维护及故障检修提供了极大方便，从而保障了系统的可靠运行。各系统采用相同的传输介质，可互为备用。

⑤ 先进性：综合布线系统通常采用光纤与双绞线混布方式，这种方式能够十分合理地构成一套完整的布线系统。所有布线采用最新通信标准，信息通道均按布线标准进行设计，按八芯双绞线进行配置，通过敷设超 5 类、6 类、超 6 类的双绞线，数据最大传输速率可达到 1 000 Mbit/s，对于需求特殊的用户，可将光纤敷设到桌面（Fiber To The Desk）。干线光缆可设计为 10 Gbit/s 带宽，为未来的发展提供足够的带宽。同时，星状结构的物理布线方式为未来发展交换式网络奠定了基础。

⑥ 经济性：衡量一个建筑产品的经济性，应该从两个方面加以考虑，即初期投资与性能价格比。一般来说，用户总是希望建筑物所采用的设备在开始使用时应该具有良好的适用性，而且还应该有一定的技术储备。在今后的若干年内应保护最初的投资，即在不增加新的投资情况下，还能保持建筑物的先进性。

1.5.3　综合布线系统标准

由于市场的激烈竞争，各个结构化布线系统的厂商通常都在推行自己的布线系统标准，但如果厂商推行的标准不符合国际标准，其产品就没有市场，所以，现在绝大多数的布线产品都符合综合布线的国际标准。目前，结构化布线系统在国外主要有两大标准。

1. EIA/TIA 568A、EIA/TIA 568B、EN 50173 和 ISO/IEC 11801 布线标准

① EIA/TIA 568A 是在北美广泛使用的商业建筑通信布线标准，1985 年在美国开始编制，1991 年形成第一个版本，后经过改进于 1995 年 10 月正式定为 EIA/TIA 568A。

② EIA/TIA 568B 是由 EIA/TIA 568A 演变而来，经过 10 个版本的修改，于 2002 年 6 月正式出台。新的 568-B 标准从结构上分为 3 部分：568-B1 综合布线系统总体要求、568-B2 平衡双绞线布线组件和 568-B3 光纤布线组件。

③ EN 50173 是欧洲的标准，与前两个标准在基本理论上是相同的，都是利用铜质双绞线的特性实现数据链路的平衡传输，但欧洲标准更强调电磁兼容性，提出通过线缆屏蔽层，使线缆内部的双绞线在高带宽传输的条件下，具备更强的抗干扰能力和防辐射能力。

④ ISO/IEC 11801 是国际化标准组织在 1995 年颁布的国际标准。

我国对建筑物综合布线系统和计算机系统制定和颁布了有关国家标准，包括以下标准。

◎ GB 50312—2017《综合布线系统工程验收规范》。

◎ GB 50339—2016《智能建筑工程质量验收规范》。

◎ GB 50303—2016《建筑电气工程施工质量验收规范》。

◎ GB/T 50174—2016《电子计算机机房设计规范》。

◎ SJ/T 30003—97《电子计算机机房施工及验收规范》。

◎ GB 50311—2016《建筑与建筑群综合布线系统工程设计规范》。

◎ GB 50312—2016《建筑与建筑群综合布线系统工程施工及验收规范》。

这些标准作为综合布线工程实施的技术执行和验收标准支持下列计算机网络标准：

◎ IEEE 802.3 总线局域网络标准。IEEE 802.5 环型局域网络标准。

◎ FDDI 光纤分布数据接口高速网络标准。

◎ CDDI 铜线分布数据接口告诉网络标准。

◎ ATM 异步传输模式。

2. 综合布线标准要点

① 目的：规范一个通用语音和数据传输的电信布线标准，以支持多设备、多用户的环境；为服务于商业的电信设备和布线产品的设计提供方向；能够对商用建筑物中的结构化布线进行规划和安装，使之能够满足用户的多种电信要求；为各种类型的线缆、连接件以及布线系统的设计和安装建立性能和技术标准。

② 范围：其标准针对的是“商业办公”电信系统。布线系统的使用寿命要求在 10 年以上。

③ 标准内容：它为所用介质、拓扑结构、布线距离、用户接口、线缆规格和连接件性能等。

④ 几种布线系统的涉及范围和要点。

◎ 水平干线布线系统：涉及水平跳线架，水平线缆；线缆出入口/连接器，转换点等。

◎ 垂直干线布线系统：涉及主跳线架、中间跳线架；建筑外和建筑内主干线缆等。

◎ UTP 布线系统：UTP 布线系统传输特性划分为 5 类线缆。5 类，指 100 MHz 以下的传输特性；4 类，指 20 MHz 以下的传输特性；3 类，指 16 MHz 以下的传输特性；超 5 类，指 155 MHz 以下的传输特性；6 类，指 200 MHz 以下的传输特性。目前主要使用 5 类、超 5 类和 6 类布线系统，但最新的 7 类布线产品也已上市，并开始在工程中应用。

◎ 光缆布线系统：在光缆布线中分水平和垂直干线子系统，分别使用不同类型的光缆。

◎ 水平干线子系统：62.5 μm/125 μm 多模光缆（出入口有两条光缆），多为室内光缆。

◎ 垂直干线子系统：62.5 μm/125 μm 多模光缆或 10 μm/125 μm 单模光缆。

综合布线系统标准是一个开放型的系统标准，应用广泛。因此，按照综合布线系统进行布线，会为用户今后的应用提供方便，也保护了用户的投资，使用户投入较少的费用，便能向高一级的应用范围转移。

1.5.4　综合布线系统的设计等级

对于建筑物的综合布线系统，一般定为 3 种不同的综合布线系统等级，分别是基本型综合布线系统、增强型综合布线系统和综合型综合布线系统。

1．基本型综合布线系统

基本型综合布线系统方案是一个经济有效的布线方案。它支持语音或综合型语音/数据产品，并能够全面过渡到数据的异步传输或综合布线系统，它包括以下基本配置。

① 每一个工作区有一个信息插座。

② 每一个工作区有一条水平布线的双绞线。

③ 完全采用 110A 交叉连接硬件，并与未来的附加设备兼容。

④ 每个工作区的干扰电缆至少有 4 对双绞线。基本型综合布线系统的特点为：能够支持所有语音和数据传输应用；支持语音、综合型语音/数据高速传输；便于维护人员维护、管理；能够支持众多厂家的产品设备和特殊信息的传输。

2．增强型综合布线系统

该系统不仅支持语音和数据的应用，还支持图像、影像、影视和视频会议等。它具有为增加功能提供发展的余地，并能够利用接线板进行管理，它包括以下基本配置。

① 每个工作区有两个以上信息插座。

② 每个信息插座均有水平布线 4 对 UTP 系统。

③ 具有 110A 交叉连接硬件。

④ 每个工作区的电缆至少有 8 对双绞线。增强型综合布线系统的特点是：每个工作区有两个信息插座，灵活方便、功能齐全；任何一个插座都可以提供语音和高速数据传输；便于管理与维护；能够为众多厂商提供服务环境的布线方案。

3．综合型综合布线系统

综合型综合布线系统是将双绞线和光缆纳入建筑物布线的系统，它包括以下基本配置。

① 在建筑、建筑物的干线或水平布线子系统中配置 62.5 μm 的光缆。

② 在每个工作区的电缆内配有 4 对双绞线。

③ 每个工作区的电缆中应有两条以上的双绞线。

该系统的特点为：每个工作区有两个以上的信息插座，不仅灵活方便而且功能齐全；任何一个信息插座都可供语音和高速数据传输；有一个很好的环境为客户提供服务。

1.5.5 综合布线系统设计的用户需求分析

综合布线系统是智能建筑和智能化小区的重要基础设施之一，为了使综合布线系统更好地满足客户需求，在综合布线系统工程规划及设计之前，必须对智能建筑和智能化小区的用户信息需求进行分析，用户信息需求进行调查分析就是对信息点的数量、位置以及通信业务需求进行分析。分析结果是综合布线系统的基础数据，它的准确和完善程度将会直接影响综合布线系统的网络结构、线缆规格、设备配置、布线路由和工程投资等重大问题。由于智能建筑和智能化小区使用功能、业务范围、人员数量、组成成分以及对外联系的密切程度服务不同，每一个综合布线功能的建设规模、工程范围及性质都不一样，因此，要对用户信息需求进行详细地分析。设计方以建设方提供的数据为依据，充分理解建筑物近期和将来的通信需求后，最后分析得出信息点数量和信息分布图，分析结果必须得到建设方的确认，由于设计方和建设方对工程理解上存在一定的偏差，对分析结果的确认有一个反复的过程。得到双方认可的分析结果，才能作为设计的依据。

1. 需求对象分析

通常，综合布线系统建设对象分为智能建筑和智能小区两种类型。综合布线系统是随着智能建筑的兴起而发展起来的。智能小区是继智能建筑后的又一个热点，人们把智能建筑技术应用到一个区域内的多座建筑物中，将智能化的功能从一座大楼扩展到一个区域，实现统一管理和资源共享，这样区域就成为智能小区。目前智能小区可以分为以下 3 种。

（1）住宅智能小区（有时称为居民智能小区）

它是城市中居民居住生活的聚集地，小区内除基本住宅外，还需有与居住人口规模相适应的公共建筑、辅助建筑及公共服务设施。

（2）商住智能小区

它是由部分商业区和部分住宅区混合组成的，一般位于城市中繁华街道附近，有一边或多边是城市中的骨干道路，其两侧都是商业和贸易等房屋建筑。小区的其他边界道路或小区内部有大量城市居民的住宅建筑。

（3）校园智能小区

它通常是由高等院校、科研院所和医疗机构等大型单位组成。小区内除教学、科研和医疗等公共活动需要的大型智能化房屋建筑（如教学楼、科研楼和门诊住院楼）外，还有单位的大量集体宿舍、住宅楼及配套的公共建筑（如图书馆、体育馆）等。

2. 用户信息需求量估算

综合布线系统工程中的用户信息包括语音、数据、图像和监控信号等，智能建筑的建筑规模、使用性质、工程范围和人员结构也不尽相同，因此信息点估算较为复杂，目前尚无完全准确估算的方法，即使有参考指标，也应随着经济社会形式的不断发展变化而不断修正、补充和完善。在使用这些数据和指标时，还应结合工程现场的实际情况。

对智能建筑信息需求量估算，除了通常的按建筑面积的估算方法外，还可根据建筑性质，按其内部具体单位数量来估算，或采取人员数量和建筑面积相结合的方法进行估算，对于特殊的办公环境需求，还可按组织机构设置、人员多少和经营规模大小等分析估算。

（1）智能建筑信息需求量估算

根据建筑性质，按其内部具体单位数量来估算，例如，以租赁大厦的租用单位多少进行估算，或采取人员数量和建筑面积相结合进行估算。表 1-5-1 中列出一些综合布线系统工程中对属于办公性质的场所初步积累的数据。此外还参考国内外有关智能小区的资料列出居住建筑的参考指标，供用户信息需求量估算时使用，但不能作为标准的依据。

表 1-5-1　办公性质场所的综合布线

类　别	1（一般）	2（中等）	3（高级）	4（重要和特殊）
办公室面积	15 m^2 以下/间	10～20 m^2 /间	15～25 m^2/间	20～30 m^2/间
行政办公信息点	1～3（个）	2～4（个）	3～5（个）	4～6（个）
商贸租赁信息点	1～3（个）	3～5（个）	3～5（个）	5～7（个）
新闻等信息点	1～3（个）	2～4（个）	2～4（个）	4～6（个）
信息业务种类	语音、数据、图像	语音、数据、图像、监控	语音、数据、图像、监控、保安	语音、数据、图像、监控、保安、报警

备注：① 办公室房间面积一般不小于 10 m^2/间；② 办公室房间面积大于 30 m^2/间时，本表不适用。

表中类别 1、2、3、4 类分别为“一般”“中等”“高级”和“重要和特殊”，它们是按智能建筑所处环境、建筑性质和使用功能来分类的。例如，以智能建筑所处环境来分类。“一般”是指中等城市的行政办公楼；“中等”是指大中城市中的办公楼；“高级”是指首都、直辖市或特大城市中的办公楼；“重要和特殊”是指用户要求极高、内部功能齐全、社会影响较大的国家级办公楼。表中信息业务是指在一般情况下所包含的内容，它不是绝对的。由于智能建筑的性质和功能不同，用户所需的信息业务各异。在用户信息需求估算时，应按智能建筑中用户的实际需求调查数据。

（2）智能化小区信息需求量估算

表 1-5-2 中列出了综合布线工程中对智能化小区用户信息点分析预测的经验作法，分别从居住建筑的户型、房间数和智能化程度来估算。

表 1-5-2　智能化小区的综合布线

户　型	特大	大	中	小
房间数（室）	>4	3～4	2～3	1～2
智能化程度类型	领先型（超前型）	先进型（领先型）	普及型（先进型）	普及型
用户信息点数（个）	>5	4～5	3～4	2～3
信息业务种类	所有智能化功能且有开发性的前景	语音、监控、保安、数据、报警、视频、计算机连网	同左边所述	同左边前 6 项

备注：有些国外产品和资料将智能化程度分为 2 级或 3 级，与本表有所不同。

1.5.6　综合布线系统的设计概要

要设计出一个结构合理、技术先进、满足需求的综合布线系统方案，需要作好技术准备工作，确定设计原则、选定设计等级、规范设计术语，按设计步骤逐步完成设计任务。

1．设计原则

从理想化的角度来说，综合布线系统应该是建筑物所有信息的传输系统，可以传输数据、语音、影像和图文等多种信号，支持多种厂商各类设备的集成与集中管理控制。通过统一规划、统一标准、模块化设计和统一建设实施，利用同轴电缆、双绞线或光缆介质（或某种无线方式）来完成各类信息的传输，以满足楼宇自动化、通信自动化、办公自动化的“3A”要求。实际上大多数综合布线系统只包含数据和语音的结构化布线系统，有些布线系统将有线电视、安全监控等部分其他信息传输系统加入进来，真正集成建筑物所有信息传输的综合布线还比较少。同时，由于智能建筑物所有信息系统都是通过计算机来控制，综合布线系统和网络技术息息相关，在设计综合布线系统时应充分考虑到使用的网络技术，使两者在技术性能上得到统一，避免硬件资源冗余和浪费，以最大程度地发挥综合布线系统的优点。进行综合布线系统的设计时，应遵循如下设计原则。

① 纳入建筑物整体设计：尽可能将综合布线系统纳入到建筑物整体规划、设计和建设之中。例如，在建筑物整体设计中就完成垂直和水平干线子系统的管线设计，完成设备间和信息插座的定位。

② 综合考虑用户需求等：应该考虑用户需求、建筑物功能、当地技术和经济的发展水平等因素。尽可能将更多的信息系统纳入到综合布线系统。

③ 长远规划且保持一定的先进性：综合布线是预布线，在进行布线系统的规划设计时可适度超前，采用先进的技术、方法和设备，做到既能反映当前水平，又具有较大发展潜力。目前，综合布线厂商都有 15 年的质量保证，就是说在这段时间内布线系统不需要有较大的变动，就能适应通信的需求。

④ 具有可扩展性：综合布线系统应是开放式结构，应能支持语音、数据、图像（较高传输率的应能支持实时多媒体图像信息的传送）及监控等系统的需要。进行布线系统的设计时，应适当考虑今后信息业务种类和数量增加的可能性，预留一定的发展余地。实施后的布线系统能适应现在和未来技术的发展，实现数据、语音和楼宇自控一体化。

⑤ 标准化：为了便于管理、维护和扩充，综合布线系统的设计均应采用国际标准或国内标准及有关工业标准，支持基于基本标准的主流厂家的网络通信产品。

⑥ 灵活的管理方式：综合布线系统应采用星状/树状结构，采用层次管理原则，同一级结点之间应避免线缆直接连通。建成的网络布线系统应能根据实际需求而变化，进行各种组合和灵活配置，方便改变网络应用环境，所有的网络形态都可以借助于跳线完成。例如，语音系统和数据系统的方便切换；星状网络结构改变为总线网络结构。

⑦ 经济性：在满足上述原则的基础上，力求线路简洁，距离最短，尽可能降低成本。

2．设计等级特点

综合布线设计等级分为基本型、增强型和综合型。基本型适用于综合布线中配置标准较低的场合，使用双绞线电缆。增强型适用于综合布线中中等配置标准的场合，使用双绞线电缆。综合型适用于综合布线中配置标准较高的场合，使用光缆和双绞线电缆或是混合电缆。综合型综合布线配置应在基本型和增强型综合布线的基础上增设光缆及相关连接件。

所有基本型、增强型、综合型综合布线都能支持语音/数据服务等，能随着工程的需要转向更高功能的布线。它们之间的主要区别表现在支持语音和数据服务所采用的方式、移动和重新布局是实施连路管理的灵活性两个方面。

① 基本型综合布线大多数能支持语音/数据服务，具有以下特点：

◎ 是一种富有价格竞争力的综合布线方案，能支持所有语音和数据的应用；

◎ 采用半导体放电管式过压保护和能自动恢复的过流保护；

◎ 应用于语音、语音/数据或低速数据，便于技术人员管理。

② 增强型综合布线不仅具有增强功能，而且还有发展余地。它支持语音和数据应用，并可按需要利用配线盘进行管理，具有以下特点：

◎ 每个工作区有两个信息插座，灵活方便；

◎ 任何一个信息插座都要提供语音和数据应用；

◎ 可统一色标，按需要可利用配线架或插座面板进行管理；

◎ 是一个能为多个应用设备创造部门环境服务的、经济有效的综合布线方案；

◎ 采用半导体放电管式过压保护和能够自动恢复的过流保护；

◎ 综合型综合布线中引入光缆，可适用于规模较大的职能建筑。

平衡电缆是指具有特殊交叉方式及材料结构、能够传输高速率信号的电缆，非一般市话电缆。夹接式交接硬件是指夹接、绕接固定连接的交接，例如，美国贝尔实验室研制的 110A 型。接插式交接连接件是指用插头、插座连接的交接，例如 110P 型。

综合布线连接件能满足所支持的语音、数据、视频信号的传输要求。在设计时，应按照近期和远期通信业务、计算机网络等需要，选用合适的综合布线线缆及有关连接件设施。选用线缆及相关连接件的各项指标应高于综合布线设计指标，才能保证系统指标得以满足。若选得太高，会增加工程造价；若选得太低，则不能满足工程需要。若选用 6 类标准，则线缆、配线架、跳线、接插线等连接件全都必须为 6 类，才能保证通道为 6 类。如果采用屏蔽措施，则全通道所有部件都应选用带屏蔽的硬件，而且应按设计要求作良好的接地，才能保证屏蔽效果，还应根据其传输速率，选用相应等级的线缆和连接件。

3．设计步骤

综合布线是一项新兴的综合技术，它不完全是建筑工程中的“弱电”工程。综合布线设计是否合理，直接影响通信、计算机等设备的功能。

综合布线的设计过程可用流程图来描述，如图 1-5-7 所示。

由于综合布线配线间以及所需的电缆竖井、孔洞等设施都与建筑结构同时设计和施工，即使有些内部装修部分可以不同步进行，但是它们都依附于建筑物的永久性设施，所以在具体实施综合布线的过程中，各工种之间应共同协商、紧密配合，切不可互相脱节和发生矛盾，避免因疏漏造成不应有的损失或留下难以弥补的后遗症。

设计一个合理的综合布线系统一般由以下 7 个步骤完成：

① 分析用户需求；

② 获取建筑物平面图；

③ 系统结构设计；

④ 布线路由设计；

⑤ 技术方案论证；

⑥ 绘制综合布线施工图；

⑦ 编制综合布线用料清单。

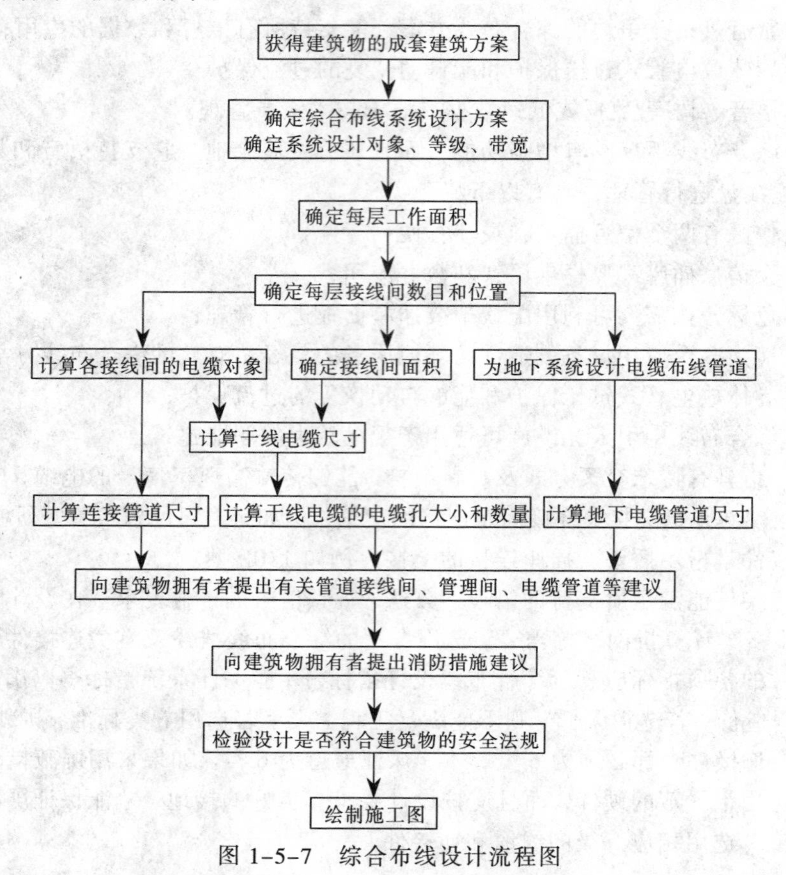

图 1-5-7　综合布线设计流程图

思考与练习

一、填空题

1. 需求来源及其收集方法有多种途径，大致可分为________和________两个方面。

2. 根据用户提供的资料及相关政策，可将需求分析分解为________、________、________、________、________5 方面。

3. 综合布线的设计则是________、________、________、________、________、________和________7 个。

4. 根据用户提供的资料及相关政策，可将需求分析分解为________、________、________、________和________5 方面。

5. 综合布线系统的特点有________、________、________、________、________、________6 个。

二、简答题

1. 什么是综合布线系统？简述综合布线系统的概念。
2. 简述综合布线系统的结构和组成。
3. 简述综合布线系统的特点。
4. 简述综合布线系统的设计原则。
5. 简述设计一个合理的综合布线系统的7个步骤。

第 2 章　网络设备的配置和管理

本书将以 JJB 公司管理网络为实例，以建设进程为主线全面讲解局域网的组建、网络系统的安装、网络中用户的添加、网络安全的设置、文件服务器的设置、打印服务器的设置、Internet 网络访问的设置等网络中相关内容的配置和管理。读者可以假设自己作为 JJB 公司的网络管理员完成相应的建设和管理任务。

JJB 公司驻北京分公司原有 2 台计算机，为了扩大公司可提供服务的规模，另外新购置了 6 台计算机，网络管理员王帅需要将这 8 台计算机连接到新购置的交换机上，完成内部局域网的建立，本章将完成上述任务。

2.1 【案例 1】安装网络适配器

案例描述

JJB 公司原有的两台旧计算机没有安装网络适配器（俗称网卡），王帅采购了 10 Mbit/s 和 100 Mbit/s（即 10 Mbit/s 和 100 Mbit/s）两种带宽自适应的以太网卡，并将网卡安装到旧计算机中。

网卡是组建网络的基本部件。每一块网卡在出厂时都有唯一的编号，称为 MAC 地址，也称物理地址。它是由多个十六进制代码组成，如 00-50-55-C0-00-01。通过该地址在局域网中可以识别安装了网卡的计算机。

操作步骤

① 关闭计算机并切断电源，打开机箱盖，主板中 PCI 插槽的位置如图 2-1-1 所示。拆下机箱上对应的挡片，取出网卡，如图 2-1-2 所示。

图 2-1-1　主板中的 PCI 插槽

图 2-1-2　网卡

② 用手轻握网卡两端，将网卡接口垂直对准主板上的 PCI 插槽，向下轻压到位，注意不要用力过大，以免损坏主板。

③ 用螺钉将网卡固定在机箱上原挡片位置，即完成了网卡的安装过程。

④ 将机箱盖复原，接通电源即可。

⑤ 在安装网卡后必须将网卡附带的设备驱动程序安装在计算机中，它会告诉网卡应当在存储器的什么位置存储局域网传送来的数据块，还能够实现以太网协议。

相关知识

1. 网络接口卡概述

网络接口卡又称为通信适配器、网络适配器（Network Adapter）或网卡。它是局域网中最基本的部件之一，是工作在物理层的网络组件，是局域网中连接计算机和传输介质的接口，它不仅能实现与局域网传输介质之间的物理连接和电信号匹配，还涉及帧的发送与接收、帧的封装与拆封、介质访问控制、数据的编码与解码以及数据缓存等功能。

网卡上装有处理器和存储器（包括 RAM 和 ROM）。网卡和局域网之间的通信是通过电缆或双绞线以串行传输方式进行的。而网卡和计算机之间的通信则是通过计算机主板上的 I/O 总线以并行传输方式进行。因此，网卡的一个重要功能就是要进行串行/并行转换。由于网络上的数据率和计算机总线上的数据率并不相同，因此在网卡中必须装有对数据进行缓存的存储芯片。

每块网卡都有一个唯一的 MAC 地址，它是网卡生产厂家在生产时烧入 ROM 中的。MAC 地址就是在媒体接入层上使用的地址，又称物理地址、硬件地址或链路地址，由网络设备制造商生产时写在硬件内部。无论将带有这个地址的硬件（例如，网卡、集线器、路由器等）接入到网络的何处，都有相同的 MAC 地址，它由厂商写在网卡的 BIOS 里。MAC 地址可采用 6 字节（48 位）或 2 字节（16 位）这两种中的任意一种。但随着局域网规模越来越大，一般都采用 6 字节的 MAC 地址。48 位都有其规定的意义，前 24 位是由生产网卡的厂商向 IEEE 申请的厂商地址，后 24 位由厂商自行分配，这样的分配使得世界上任意一个拥有 48 位 MAC 地址的网卡都有唯一的标识。

MAC 地址通常表示为 12 个 16 进制数，每 2 个 16 进制数之间用冒号隔开。例如，08:00:20:0A:8C:6D 就是一个 MAC 地址，其中前 6 位 16 进制数 08:00:20 代表网络硬件制造商的编号，它由 IEEE 分配，而后 3 位 16 进制数 0A:8C:6D 代表该制造商所制造的某个网络产品（如网卡）的系列号。每个网络制造商必须确保它所制造的每个以太网设备都具有相同的前 3 字节以及不同的后 3 个字节，这样就可保证世界上每个以太网设备都具有唯一的 MAC 地址。地址是一个指明特定站或一组站的标识，如图 2-1-3 所示，说明了 MAC 地址的格式。

2. 网卡的分类

（1）按照网卡总线分类

计算机中常见的总线插槽类型有 VESA、PCI、PCI-X1 和 PCMCIA 等。服务器通常使用 PCI 总线的智能型网卡，工作站则采用 PCI 或 ISA 总线的普通网卡，笔记本或计算机使用 PCMCIA

总线的网卡或并行接口的便携式网卡。目前 PC 基本上已不再支持 ISA 连接，一般采用主板内置网卡。

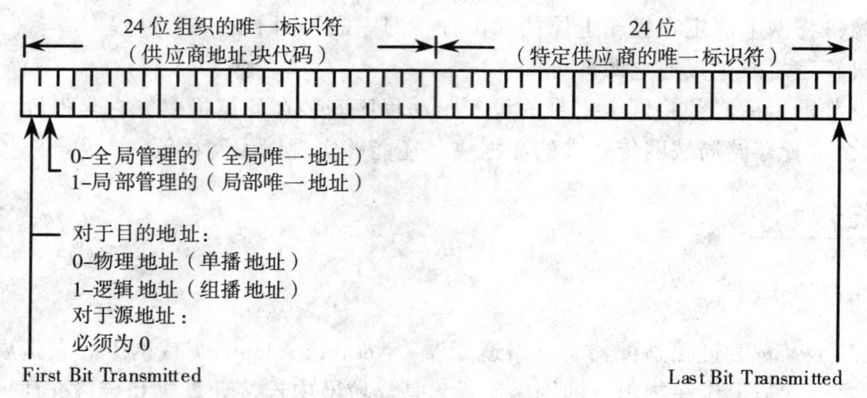

图 2–1–3　MAC 地址格式

（2）按照网卡通信方式分类

① 有线网卡，通过网线进行设备的连接，实现网络间数据的传输，如图 2–1–2 所示。

② 无线网卡，利用无线电波作为信息介质，无线网卡相当于接收器，还需要无线路由进行协作发出信号，实现网络间数据的传输，如图 2–1–4 所示。

（3）按照带宽分类

不同带宽的网卡所应用的环境会不同，价格也完全不一样。应用较广泛的网卡主要有以下 4 种，简介如下。

①10 Mbit/s 网卡，它是比较老式、低档的网卡，带宽限制在 10 Mbit/s，这在当时的 ISA 总线类型的网卡中较为常见，目前 PCI 总线接口类型的网卡中也有一些是 10 Mbit/s 网卡，不过目前这种网卡已不是主流。

②100 Mbit/s 以太网卡，它的传输 I/O 带宽可达到 100 Mbit/s。

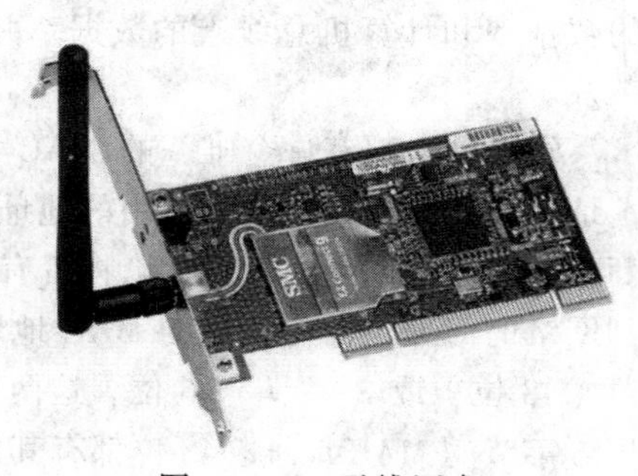

图 2–1–4　无线网卡

③ 10 Mbit/s/100 Mbit/s 自适应网卡，这是一种有 10 Mbit/s 和 100 Mbit/s 两种带宽的自适应网卡。它能自动适应两种不同带宽的网络需求，保护了用户的网络投资。它既可以与老式的 10 Mbit/s 网络设备相连，又可应用于较新的 100 Mbit/s 网络设备连接，所以得到了用户普遍的认同。这种带宽的网卡会自动根据所用环境选择适当的带宽，如果与老式 10 Mbit/s 旧设备相连，则它的带宽就是 10 Mbit/s，如果与 100 Mbit/s 网络设备相连，则它的带宽就是 100 Mbit/s，仅需简单的配置或不用配置都可以。也就是说它能兼容 10 Mbit/s 的老式网络设备和新的 100 Mbit/s 网络设备。

④ 1 000 Mbit/s 千兆以太网卡，千兆以太网（Gigabit Ethernet）是一种高速局域网技术，它能够在铜线上提供 1 Gbit/s 的带宽，与它对应的网卡就是千兆网卡了，同理这类网卡的带宽也可达到 1 Gbit/s。千兆网卡的网络接口也有两种主要类型，一种是普通的双绞线 RJ–45 接口，另一种是多模 SC 型标准光纤接口。目前，基本上主板内置网卡都是千兆以太网卡。

3. 无线网卡

无线上网的方式有无线局域网（WLAN）和通过移动网络（TD-SCDMA、WCDMA 等 4G 标准）方式。无线局域网主要使用无线路由器（见图 2-1-5）和无线网卡将终端接入因特网。4G 是第四代移动通信技术，它的传送速度快，覆盖范围大，是目前最流行的移动数据接入方式。

无线网卡按照接口的不同可以分为以下几种。

（1）PCI 无线网卡：台式计算机专用的 PCI 接口无线网卡，如图 2-1-6 所示。

（2）PCMCIA 无线网卡：笔记本电脑专用的 PCMCIA 接口网卡，如图 2-1-7 所示。

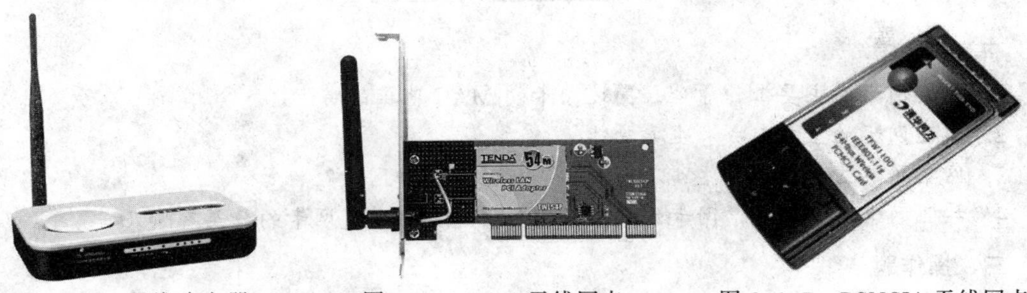

图 2-1-5 无线路由器　　图 2-1-6　PCI 无线网卡　　图 2-1-7　PCMCIA 无线网卡

（3）USB 无线网卡：这种网卡不管是台式机用户还是笔记本用户，只要安装了驱动程序，都可以使用。在选择时要注意的只有采用 USB2.0 接口的无线网卡才能满足 802.11g 或 802.11g+ 的需求。USB 无线网卡如图 2-1-8 所示。

（4）MINI-PCI 无线网卡：笔记本电脑中应用比较广泛的无线网卡，如图 2-1-9 所示。它是内置型无线网卡，主流笔记本都使用此网卡。其优点是无须占用 PC 卡或 USB 插槽。

目前这几种无线网卡在价格上差距不大，在性能/功能上也差不多，按需而选即可。

按照无线网卡的端口划分还有 E 型、T 型、PC 型、L 型和 USB 等接口无线网卡。

目前大部分笔记本计算机已经配备了无线网卡。假如计算机虽然没有配置无线网卡，但是已经内置无线网卡的天线，也有 MiniPCI 插槽，安装一个 MiniPCI 的无线网卡也可以；假如没有无线网卡天线而且不想太费事，选购一块 USB 或 PCIMA 接口的无线网卡即可。

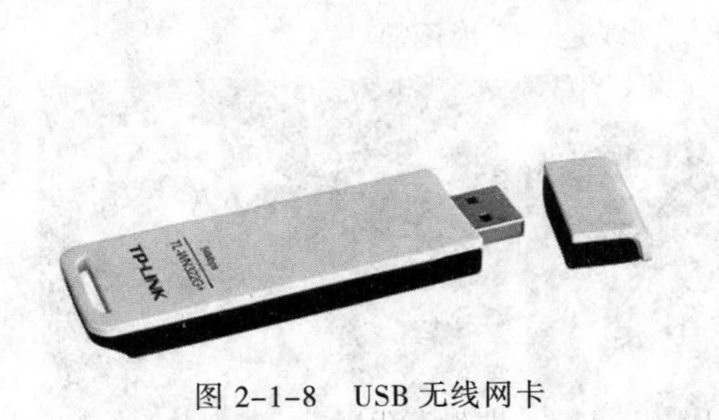

图 2-1-8　USB 无线网卡

图 2-1-9　MiniPCI 无线网卡

思考与练习

一、填空题

1. 网卡是局域网中最基本的部件之一，又称为________或________，英文简称________。它的主要工作原理是________。

2. 计算机中常见的总线插槽类型有________、________、________、________和________等。

3. 网卡按照网卡通信方式分类有________和________。

二、简答题

1. 简述网卡的主要工作原理。简述网卡的 MAC 地址的特点。
2. 简述网卡的主要组成和主要功能。
3. 网卡的总线类型有哪些？不同的计算机使用哪种网卡？
4. 按照网卡通信方式，网卡的分类有哪几种？按照带宽网卡的分类有哪几种？

三、操作题

1. 到计算机市场了解目前各种网卡的形状和价格。
2. 在计算机中安装一块网卡。

2.2 【案例 2】传输介质双绞线的制作

案例描述

王帅原本建议公司直接采购带有 RJ-45 接头的网线，但是由于所需网线的长度不好确定，而且今后还要连接更多的计算机和其他网络设备，最终建议公司购买了一整箱的网线，若干 RJ-45 水晶接头、卡线钳和测线仪各一个，以便自己制作网线。

网线是组建网络的基本部件，从一个网络设备（如计算机）连接到另外一个网络设备进行传递信息的介质。网线的两端是通过 RJ-45 连接器连接网络设备的，如图 2-2-1 所示。需用专用卡线钳在双绞线两端压制水晶头，如图 2-2-2 所示，使水晶头的金属弹片压置进双绞线中。连接好的双绞线还需要使用测线仪（见图 2-2-3）测网线是否连接正常。

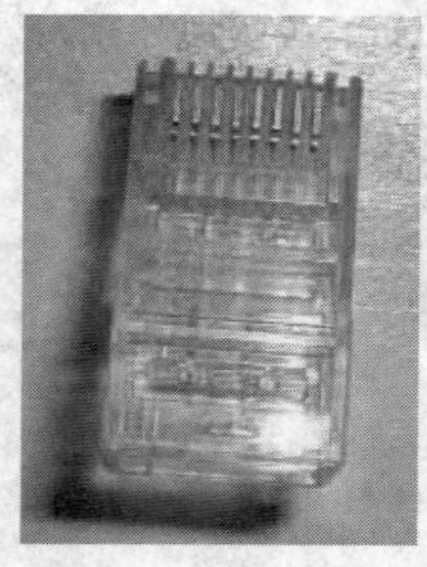
图 2-2-1 水晶头

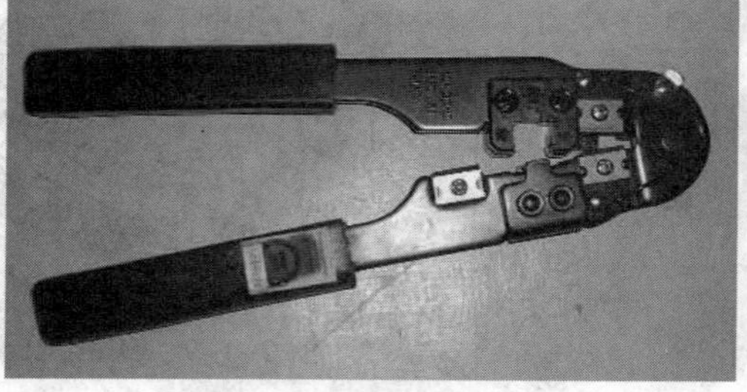
图 2-2-2 卡线钳

图 2-2-3 测线仪

操作步骤

下面以使用双绞线制作反线为例，介绍制作网线的方法。

① 剪下所需要的双绞线长度，至少 0.6 m，最多不超过 100 m。

② 利用卡线钳的剥线切口夹紧双绞线外皮的 2～3 cm 处，如图 2-2-4（a）所示，将网线左右旋转切断外皮，再将线和卡线钳反方向拉开，完成剥线，如图 2-2-4（b）所示。

③ 有些双脚线电缆上还包有尼龙绳，如果裸露部分太短不利于制作 RJ-45 接头时，可以紧握双绞线外皮，再捏住尼龙绳网外皮的下方剥开，可以获得较长的线。

④ 进行拨线调整线的方向，将裸露的双绞线中的橙色对线拨向自己的左侧，棕色对线拨向右侧，绿色对线拨向正前方，蓝色对线拨向正后方，如图 2-2-5（a）所示。依次反向谢开双绞线的绞合，如图 2-2-5（b）所示。

（a）切线

（b）剥线

图 2-2-4　剥线操作

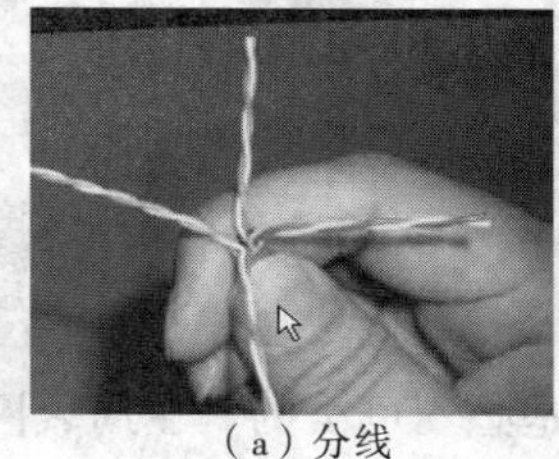
（a）分线

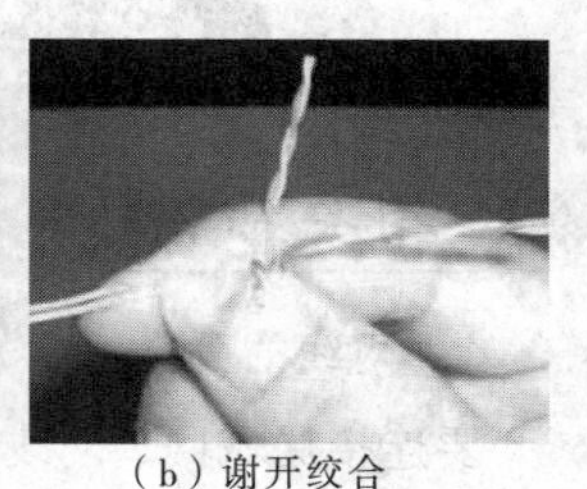
（b）谢开绞合

图 2-2-5　拨线操作

⑤ 将线对拉直并进行排序，首先遵循 EIA/TIA 568B 的标准，线的顺序从左到右依次是白橙、橙、白绿、蓝、白蓝、绿、白棕、棕，如图 2-2-6（a）所示。将裸露出的双绞线用剪刀或斜口钳剪下只剩约 1.4 cm 的长度，如图 2-2-6（b）所示。

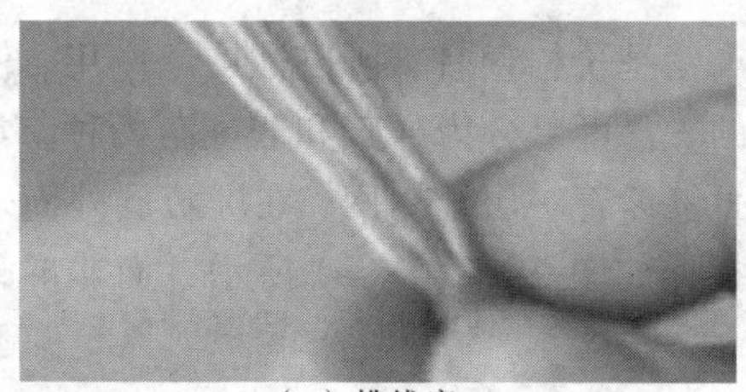
（a）排线序

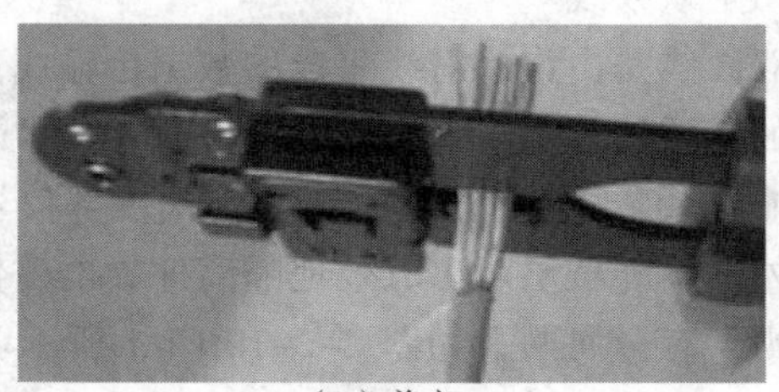
（b）剪齐

图 2-2-6　排线操作

⑥ 将排列好的双绞线水平插入水晶头，确认好每根线的顺序，并确认是否进入水晶头的底部位置，即每根线都顶在水晶头底部的金属片即可，如图 2-2-7 所示。

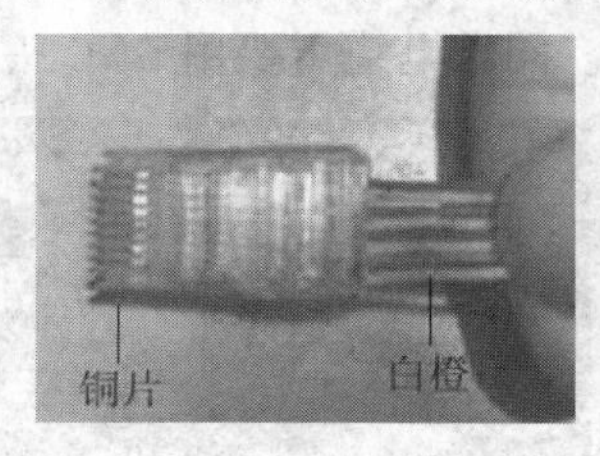

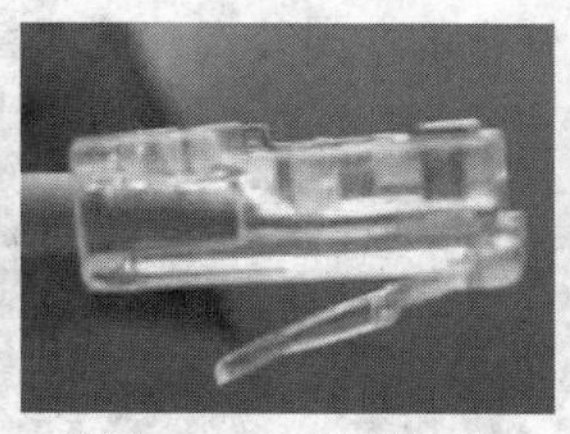

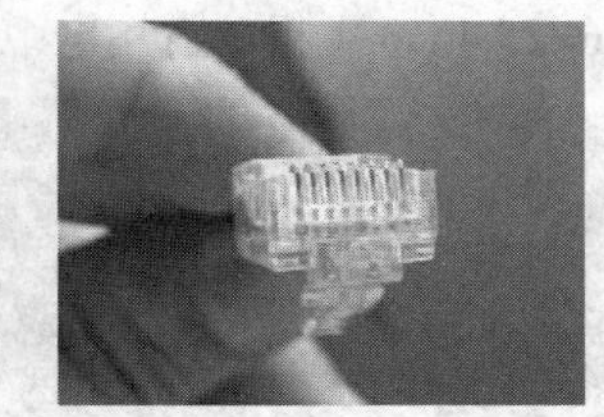

图 2-2-7　插线操作

⑦ 保持上步操作，将水晶头放入卡线钳的 RJ-45 压线口，压紧 RJ-45 接头，将水晶头内

的 8 块金属弹片压下去，使每一块铜片的尖角都接触到相应的铜线，如图 2-2-8 所示。

⑧ 重复①～⑦步骤，再制作另一端的 RJ-45 接头，注意在步骤④中，要遵循 EIA/TIA 568A 的标准，即排线的顺序从左到右依次是白绿、绿、白橙、蓝、白蓝、橙、白棕、棕。

⑨ 为了准确确认制作的网线为合格品，使用测线仪测试双绞线和水晶头是否连接正常为通路，测试从上向下依次亮灯，观察亮灯方式即可，如图 2-2-9 所示。如果没有对应亮灯，则说明连接失败未形成闭合通路。

图 2-2-8 压线操作

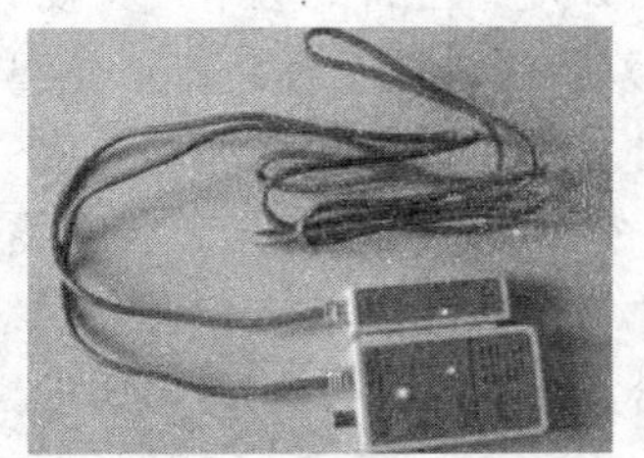

图 2-2-9 测试操作

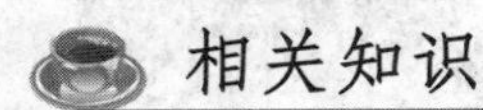

相关知识

1. 网线的分类

要连接局域网，网线是必不可少的。在局域网中常见的网线主要有双绞线、同轴电缆、光缆 3 种。通常情况下，一个典型的局域网是不会使用多种不同类型的网线来连接网络设备的。在大型网络或者广域网中为了把不同类型的网络连接在一起，就会使用不同类型的网线。在众多种类的网线中，具体使用哪一种网线需要根据网络的拓扑结构、网络结构标准和传输速率来进行选择。下面简要介绍几种网线的特点。

（1）双绞线

双绞线是由许多对线组成的数据传输线。它的特点就是价格便宜，所以被广泛应用，例如常见的电话线等。双绞线是用来和 RJ-45 水晶头相连的，它可以分为屏蔽和非屏蔽两种，常用的是非屏蔽。所谓的屏蔽就是指网线内部信号线的外面包裹着一层金属网，在屏蔽层外面才是绝缘外皮，屏蔽层可以有效地隔离外界电磁信号的干扰，如图 2-2-10（a）所示，而非屏蔽双绞线则没有金属网，如图 2-2-10（b）所示。

（2）同轴电缆

同轴电缆是由一层层的绝缘线包裹着中央铜导体的电缆线，如图 2-2-11 所示。它的特点是抗干扰能力好，传输数据稳定，提高通信质量，可以在相对长的无中继器的线路上支持高带宽通信，价格也便宜，因此被广泛使用，如闭路电视线等。它的缺点是体积较大，细缆的直径有 3/8 in（1 in=25.4 mm）粗，占用电缆管道的空间较大，成本高。同轴电缆需要用 BNC 头来连接。

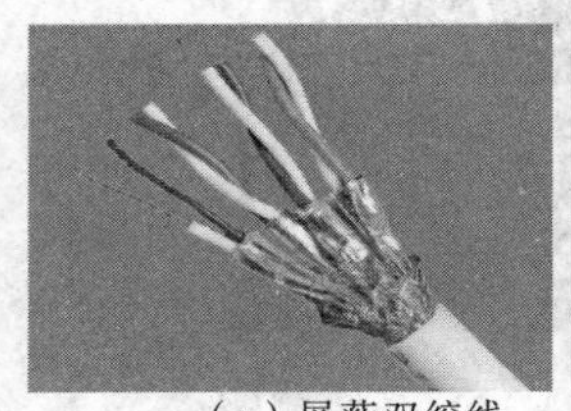

（a）屏蔽双绞线

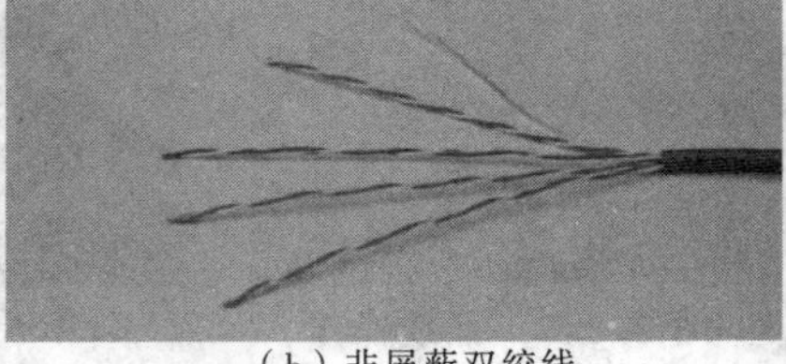

（b）非屏蔽双绞线

图 2-2-10 双绞线

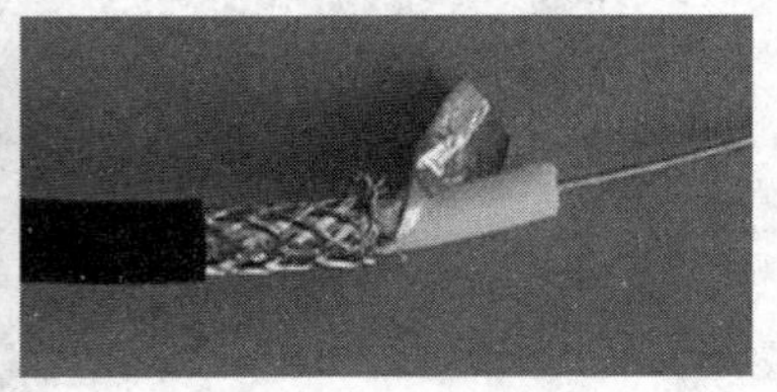

图 2-2-11 同轴电缆

（3）光缆

光缆是以光脉冲的形式来传输信号，材质以玻璃或有机玻璃为主，它由纤维芯、包层和保护套组成，如图 2-2-12 所示。光缆的结构和同轴电缆很类似，也是中心为一根由玻璃或透明塑料制成的光导纤维（光纤）、周围包裹着保护材料，根据需要还可以将多根光纤合并在一根光缆里面。根据光信号发生方式的不同，可分为单模光纤和多模光纤。

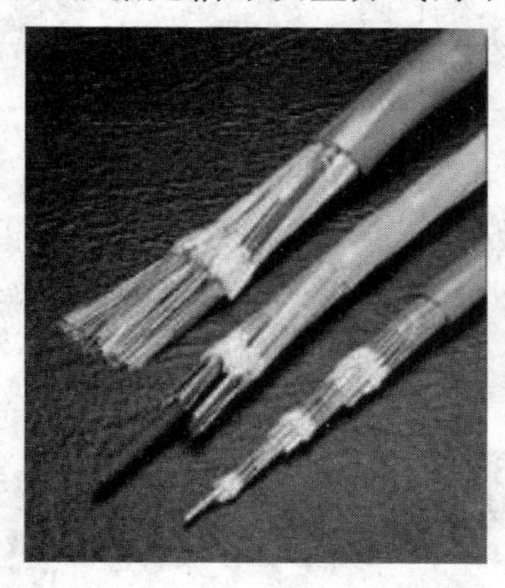

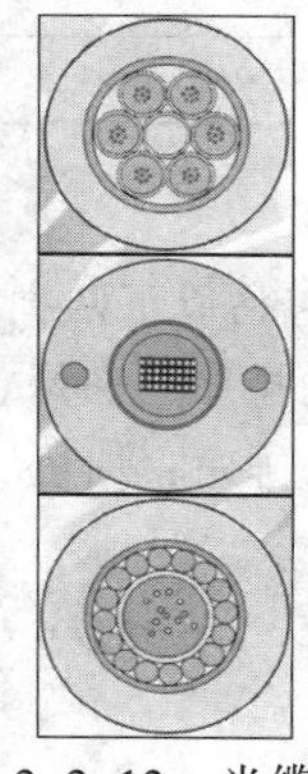

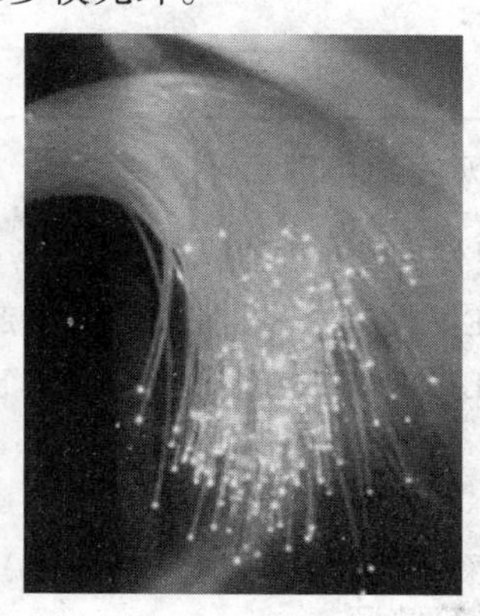

图 2-2-12　光缆

光纤的最大特点是传导的是光信号，因此不受外界电磁信号的干扰，信号的衰减速率很慢，所以信号的传输距离比以上传送电信号的各种网线要远得多，特别适用于电磁环境恶劣的地方。由于光纤的光学反射特性，一根光纤内部可以同时传送多路信号，所以光纤的传输速率可以非常高，目前 1 Gbit/s（1 000 Mbit/s）的光纤网络已经成为主流高速网络，理论上光纤网络最高可达到 50 000 Gbit/s（50 Tbit/s）的速率。

光纤网络由于需要把光信号转变为计算机电信号，因此在接头上更加复杂，除了具有连接光导纤维的多种类型接头（例如，SMA、SC、ST、FC 光纤接头）以外，还需要专用的光纤转发器等设备，负责把光信号转变为电信号，并把电信号继续向其他网络设备传送。

2. 网线的连接方式

连接网线的方式有以下两种。

① 正线：双绞线两边都按照 EIA/TIA 568B 标准连接。

② 反线：双绞线一边按 EIA/TIA 568A 标准连接，另一边按 EIA/TIA 568B 标准连接。

用户可以根据实际需要选择连接方案，如表 2-2-1 所示，表中 PC 代表计算机，hub 代表集线器，switch 代表交换机，router 代表路由器。

表 2-2-1　连接方案

A 连 接 端	B 连 接 端	传输介质方案
PC	PC	反线
PC	hub	正线
hub	hub 普通口	反线
hub	hub 级连口-级连口	反线
hub	hub 普通口-级连口	正线

续表

A 连 接 端	B 连 接 端	传输介质方案
hub 级连口	switch	正线
switch	switch	反线
switch	router	正线
router	router	反线

3. 网线的标准

在制作网线时，根据实际的需要，包括以下两种制作标准。

① EIA/TIA 568A 标准。从左起线的排序：白绿、绿、白橙、蓝、白蓝、橙、白棕、棕。

② EIA/TIA 568B 标准。从左起线的排序：白橙、橙、白绿、蓝、白蓝、绿、白棕、棕。

思考与练习

一、简答题

1. 在局域网中常见的网线主要有________、________和________3种。

2. 光缆是以________的形式来传输信号，因此材质也以________或者________为主，它由________、________和________组成。

3. 光纤网络在接头上更加复杂，除了具有连接光导纤维的多种类型接头和专用的光纤转发器等设备。光导纤维接头有________、________、________、________光纤接头，光纤转发器等设备负责________。

4. 在制作网线时，有两种制作标准，其中 EIA/TIA 568A 标准规定从左起线的排序：________、________、________、________、________、________、________、________。

二、简答题

1. 双绞线可以分为哪两种？各有什么特点？同轴电缆和光缆有哪些相同点和不同点？

2. 连接网线的方式有哪两种？各有什么特点？

三、操作题

1. 制作网卡之间直接连接的网线。

2. 制作网卡与交换机连接的网线。

2.3 【案例 3】安装和配置交换机

案例描述

公司原本打算购买一台“傻瓜”交换机，虽然成本较低，但不具有管理功能，王帅最终建议公司购买了一台可管理的思科交换机。

王帅需要为交换机添加一个主机名并为交换机设置密码保护，添加主机名是为了在繁杂的网络中可以清晰地辨别出交换机，而密码保护是为了更加安全地配置、管理交换设备，避免非法用户和不怀好意的个别人员对网络进行恶意破坏。

操作步骤

1. 安装交换机

① 准备好要安装的部件，其中包括一台交换机、一套机架安装配件（2个支架，4个橡皮脚垫和4个螺钉）、一根电源线、一个Console管理电缆。备齐后才可安装交换机。

② 可能有些公司没有专门的机柜存放交换机，那么可以把其放到一个平稳的桌面上。如果公司有机柜的话，那么就可以直接把交换机放到机柜中，这样可以增加交换机的安全性和稳定性。

③ 用螺钉将支架的另一面固定到机柜上。要确保设备安装稳固，并与底面保持水平不倾斜。注意，拧螺钉的时候不要过于紧，否则会让交换机倾斜，也不能过于松垮，否则，交换机在不稳定的工作状态下运行时设备会抖动。

④ 当交换机固定好后，将电源线拿出来插在交换机后面的电源接口，找一个接地线绑在交换机后面的接地口上，保证交换机正常接地。

⑤ 完成上面几步操作后就可以打开交换机电源，开启状态下查看交换机是否出现抖动现象，如果出现请检查脚垫高低或机柜上的固定螺钉松紧情况。

2. 连接交换机设备

① 如图2-3-1所示，把个人计算机的COM1口通过Console电缆与交换机Console端口相连，打开PC电源。

步骤2和步骤3视频

② 单击桌面上的"开始"按钮，单击"开始"→"所有程序"→"附件"→"通讯"→"超级终端"命令，弹出"连接描述"对话框。在"名称"文本框内输入该连接的标志，并在"图标"一栏内选择一个图标，如图2-3-2所示。

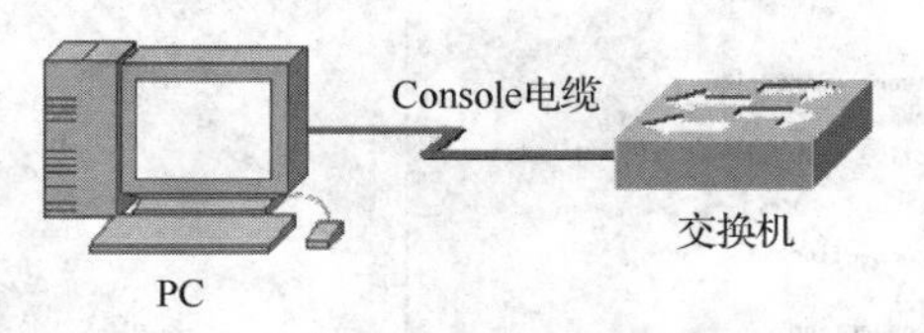

图2-3-1　通过Console线连接交换机

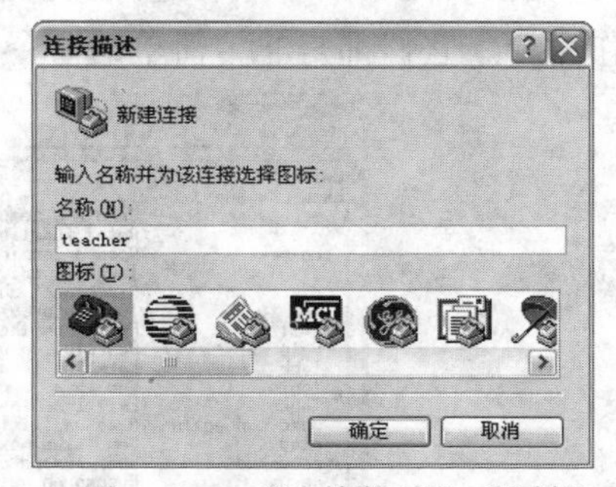

图2-3-2　"连接描述"对话框

③ 单击"确定"按钮，打开"连接到"对话框，在"连接时使用"下拉列表中选择"COM1"选项，如图2-3-3所示。单击"确定"按钮后，打开"COM1属性"对话框，单击"还原为默认值"按钮（见图2-3-4），单击"确定"按钮，即可对交换机进行配置。

④ PC 正常启动并进入超级终端程序的状态下，接通交换机的电源，超级终端就会显示 Catalyst 2950 交换机的启动过程，如图 2-3-5 所示。在启动过程中，依次显示版权信息、软件版本信息、以太网地址及各种序列号。

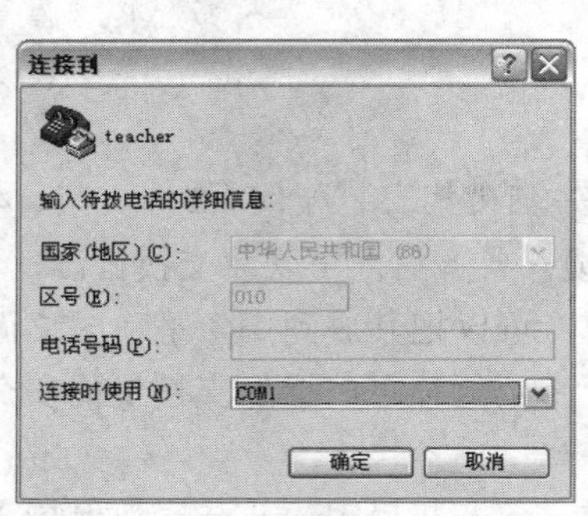

图 2-3-3 “连接到”对话框

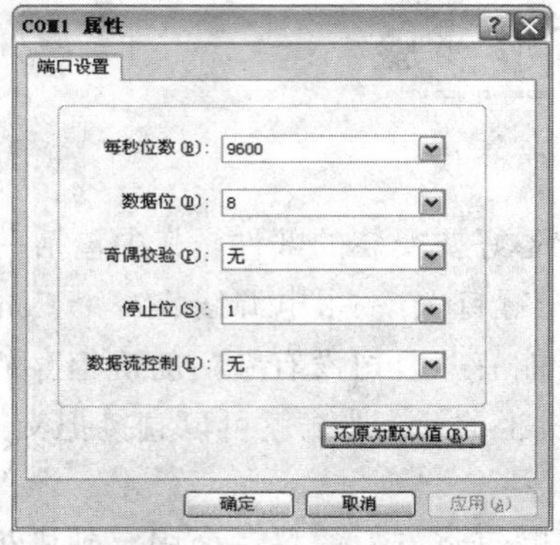

图 2-3-4 “COM1 属性”对话框

```
C2950 Boot Loader (C2950-HBOOT-M) Version 12.1(11r)EA1, RELEASE SOFTWARE (fc1)
Compiled Mon 22-Jul-02 17:18 by antonino
WS-C2950-24 starting...
Base ethernet MAC Address: 00:0f:28:a8:6e:40
Xmodem file system is available.
Initializing Flash...
flashfs[0]: 15 files, 1 directories
flashfs[0]: 0 orphaned files, 0 orphaned directories
flashfs[0]: Total bytes: 7741440
flashfs[0]: Bytes used: 2912768
flashfs[0]: Bytes available: 4828672
flashfs[0]: flashfs fsck took 6 seconds.
...done initializing flash.
Boot Sector Filesystem (bs:) installed, fsid: 3
Parameter Block Filesystem (pb:) installed, fsid: 4
Loading "flash:/c2950-i6q4l2-mz.121-13.EA1.bin"...##############################
################################################################################
################################################################################
################################################################################
###########################################################

File "flash:/c2950-i6q4l2-mz.121-13.EA1.bin" uncompressed and installed, entry p
oint: 0x80010000
executing...
```

图 2-3-5 交换机的启动过程

3. 主机名、密码及 IP 的设置

① 当交换机正常启动后，进入交换机的用户命令模式，输入“?”，可以查看此模式下的可用操作命令，它们都是非常简单的命令，如图 2-3-6 所示。

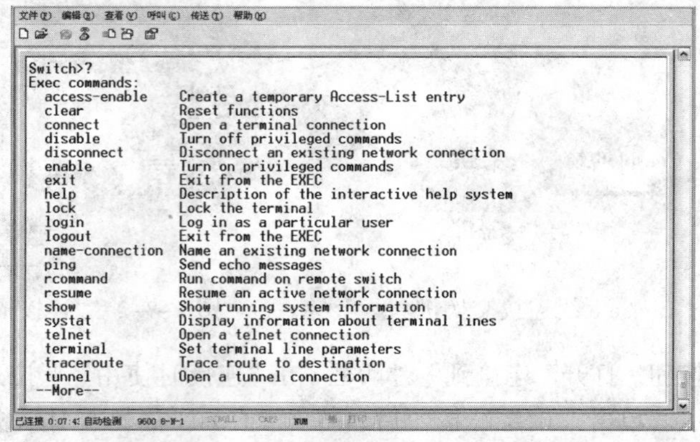

图 2-3-6 用户模式下的命令

② 在交换机的提示符下输入“enable”命令，可以进入特权执行模式，输入“?”，可以查看当前模式下的可用操作命令。

```
Switch> enable
Switch#
```

③ 在特权执行模式下输入“configure terminal”命令，可以进入配置模式，交换机的配置均在此模式下完成。

```
Switch# configure terminal
Switch(config)#
```

④ 在配置模式下输入“hostname M-2950-01”命令，可以对交换机命名，命令会立刻生效。

```
Switch(config)# hostname M-2950-01
M-2950-01(config)#
```

⑤ 使用“enable password”命令，可以设置交换机的使能口令。在2950交换机的配置中，还可以设置“enable secret”(使能密码)。设置password的使能口令为cisco，使能密码是ciscolab。

```
M-2950-01(config)# enable password cisco
M-2950-01(config)# enable secret ciscolab
```

⑥ 检验密码设置的状况。先退出配置模式，输入“end”命令；再退出使能模式，输入“disable”命令。重新进入使能模式，交换机系统要求输入密码。输入上面配置的密码ciscolab。

```
M-2950-01(config)# end
M-2950-01# disable
M-2950-01> enable
Password: ***** (输入cisco)
M-2950-01#
```

⑦ 重新进入配置模式，配置交换机的IP地址。

```
M-2950-01# configure terminal
M-2950-01(config)# interface vlan 1
M-2950-01(config)# ip address 192.168.1.1 255.255.255.0
```

4. 配置和查看交换机及其端口和MAC地址表

① 在配置模式下输入“interface fastEthernet 0/17”，观察提示符的变化。

```
M-2950-01(config)# interface fastEthernet 0/17
M-2950-01(config-if)#
```

② 进入端口配置模式后，输入“description TO M-2950-02”，可以使用“show running-config”命令来观察配置结果。

```
M-2950-01(config-if)# description TO M-2950-02
```

③ 在端口配置模式下，输入“duplex full”命令，可以设置端口为全双工模式。

```
M-2950-01(config-if)# duplex full
```

④ 在特权执行模式下，输入“show mac-address-table aging-time”命令，可以查看当前的aging时间。输入“show mac-address-table”，可以查看整个MAC地址表，并看各MAC地址的状态及所匹配的交换机端口。

```
M-2950-01# show mac-address-table aging-time
M-2950-01# show mac-address-table
```

5. 查看交换机CDP

① 在特权执行模式下，输入“show cdp interface f0/17”命令，可以查看当前端口的CDP信息。

② 在特权执行模式下，输入“show cdp traffic”命令，可以查看提示信息，主要查看其接收和发送的公告数。

③ 在特权执行模式下，输入“show cdp neighbors”命令，可以查看与本设备相邻的 CISCO 设备。

④ 在特权执行模式下，输入“show cdp neighbor detail”命令，可以查看 IP 地址、平台、接口信息、保持时间、版本信息等内容。

6. 恢复交换机的密码

① 关机。

② 按下交换机的 MODE 键，同时开机。

③ 松开 MODE 键。

④ 执行 flash_init 命令。

⑤ 把 flash 里的 config.text 文件改名为 config.old 文件。

⑥ 执行 boot 命令启动交换机。

⑦ 把 flash 里的 config.old 文件改为 config.text 文件。

⑧ 加入配置模式重新设置密码并存盘，再把密码恢复成 cisco。

相关知识

交换机概述

交换机是 20 世纪 90 年代出现的设备，它是为了解决集线器因共享传输介质的端口带宽过窄而引起的问题设计的，是集线器的升级换代产品。从外观上来看的话，它与集线器基本上没有多大区别，都是带有多个端口的长方形盒状体。它拥有一条很高带宽的背部总线和内部交换矩阵。交换机的所有端口都挂接在这条背部总线上。控制电路收到数据包以后，处理端口会查找内存中的 MAC 地址（网卡的硬件地址）对照表以确定目的 MAC 的 NIC（网卡）挂接在哪个端口上，通过内部交换矩阵直接将数据包迅速传送到目的结点，而不是所有结点，目的 MAC 若不存在，才广播到所有的端口。这种方式一方面效率高，不会浪费网络资源，只是对目的地址发送数据，一般来说不易产生网络堵塞；另一个方面数据传输安全，因为它不是对所有结点都同时发送，发送数据时其他结点很难侦听到所发送的信息。这也是交换机为什么会很快取代集线器的重要原因之一。

交换机是工作在 OSI/RM 开放体系结构中的第二层，所以称为第二层交换机，它是真正的多端口网桥。第二层交换机的弱点是处理广播包的方法不太有效，当一个交换机收到一个广播包时，便会把它传到所有其他端口去，可能形成广播风暴，降低整个网络的有效利用率。在第三层交换出现之前，网络管理人员对上述状态唯一的解决方法就是利用虚拟局域网（VLAN）或路由器将网络进行分割。

目前，根据市场需求，以太网交换机厂商推出了三层甚至四层交换机。其核心功能仍是二层的以太网数据包交换，只是带有了一定的处理 IP 层甚至更高层数据包的能力。随着计算机和互联技术（即“网络技术”）的迅速发展，以太网成为了迄今为止普及率最高的短距离二层计算机网络。以太网的核心部件就是以太网交换机。

光交换是人们正在研制的下一代交换技术。目前所有的交换技术都是基于电信号的，即使是目前的光纤交换机也是先将光信号转为电信号，经过交换处理后，再转回光信号发到另一根光纤。由于光电转换速率较低，同时电路的处理速度存在物理学上的瓶颈，因此人们希望设计出一种无须经过光电转换的“光交换机”，其内部不是电路而是光路，逻辑原件不是开关电路而是开关光路，这样将大大提高交换机的处理速率。

思考与练习

一、填空题

1. 交换机是一种用于________的网络设备，是________、________、________和________和其他功能单元的集合体，它可以为接入交换机的任意两个网络结点提供________的电信号通路。

2. 交换机可以把________、________和（或）其他要互连的功能单元根据单个用户的请求连接起来。

3. 交换机的主要功能包括________、________、________、________和________。

4. 普通交换机没有________、________、________、________这些功能，只有________可以有这些功能。

5. 就以太网设备而言，交换机和集线器的本质区别是：当 A 发信息给 B 时，如果通过集线器，则接入集线器的所有网络结点都会________，只是网卡在硬件层面就会________；而如果通过交换机，除非________，否则________。

二、操作题

1. 使用 Console 管理电缆连接交换机和 PC。
2. 使用交换机下的命令配置交换机。
3. 操作 Cisco 的 Catalyst 2950 交换机的密码恢复。

2.4 【案例 4】宽带路由器的安装与配置

案例描述

为了更稳定、更高效地将局域网内全部计算机接入 Internet，王帅采购了一个宽带路由器 D-Link DI-504，如图 2-4-1 所示。

王帅首先需要将宽带路由器和交换机连接，将中国网通提供的 ADSL Modem 与宽带路由器连接，然后将自己的计算机 TCP/IP 协议设置为“自动获取 IP 地址”。重新启动计算机后，路由器内置的 DHCP 服务器将自动为计算机设置 IP 地址。王帅就可以使用 IE 浏览器访问这台路由器，并对其进行相关设置了。

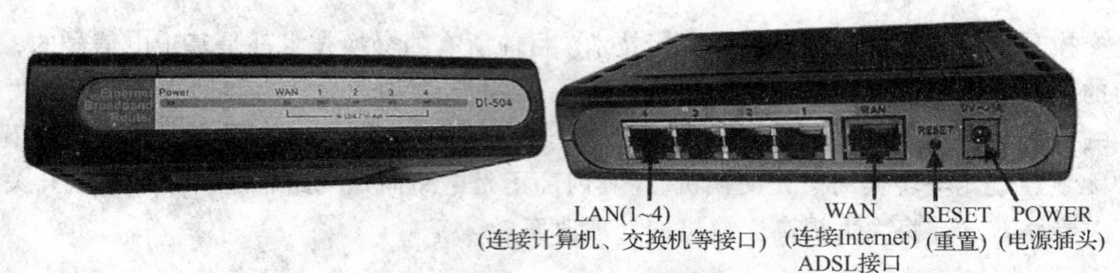

图 2-4-1　D-Link DI-504 宽带路由器

宽带路由器默认的 IP 地址是 192.168.0.1，默认的子网掩码是 255.255.255.0。不同品牌的路由器默认地址可能不同，可以从相应的安装手册中查到。

操作步骤

1. 连线宽带路由器

① 将安装滤波器的 ADSL MODEM 连接好，如图 2-4-2 所示。

② 将一条交叉双绞线一端接入宽带路由器的 LAN 端口，另一端接入局域网以太网交换机端口或计算机网卡端口（见图 2-4-2）。

③ 将一条网线（交叉双绞线，可以是以太网接口的 ADSL/Cable MODEM 线，也可以是局域网接入的网线）连接在宽带路由器的 WAN 口上，另一端接入 ADSL 调制解调器的 ETHERNET 接口或 LAN 端口（见图 2-4-2）。

④ 把宽带路由器连接好后，接通宽带路由器的电源，电源指示灯（Power）应该长亮，宽带路由器系统开始启动，SYS 或 SYSTEM（系统）灯将闪烁。如果线缆没问题的话，宽带路由器上的 WAN 口灯将长亮。宽带路由器接网线的 LAN 端口指示灯将长亮。

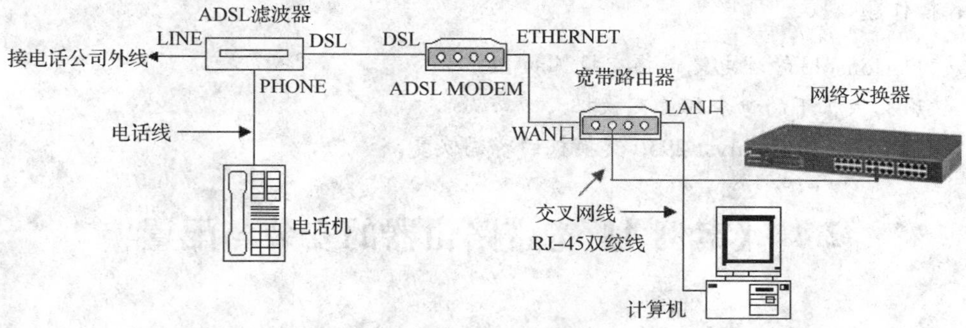

图 2-4-2　宽带路由器的安装示意图

2. 宽带路由器的配置

① 双击桌面上的“IE 浏览器”图标，启动 IE 浏览器。

② 在 IE 浏览器的地址下拉列表框内输入路由器的 IP 地址 http://192. 168.0.1，按【Enter】键，建立连接后，弹出图 2-4-3 所示的“连接到”窗口。

③ 在“连接到”对话框内的文本框中输入用户名和密码（用户名和密码的出厂设置均为 admin），然后，单击“确定”按钮，关闭该对话框。如果名称和密码正确，浏览器将显示管理员模式的界面，并弹出一个设置向导的界面，如图 2-4-4 所示。如果没有自动显示，可以单击管理员模式界面左边栏中的“设置向导”按钮，将它激活。

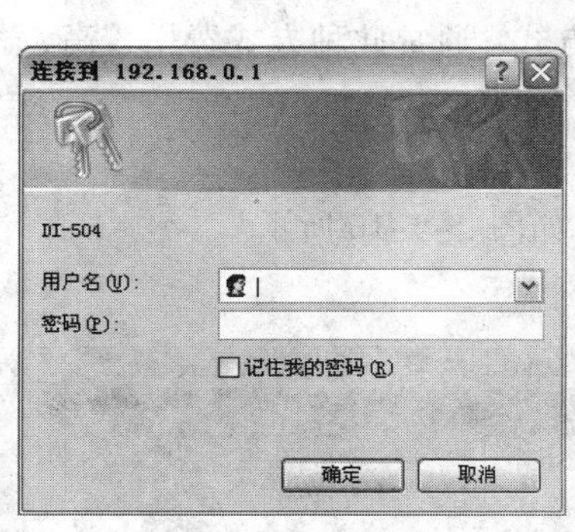

图 2-4-3　登录窗口

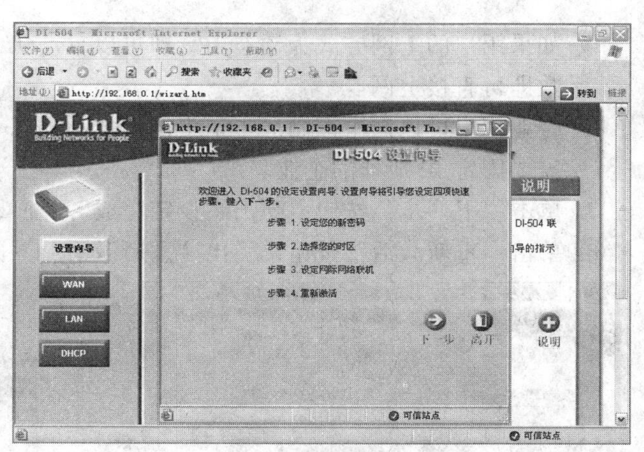

图 2-4-4　管理员模式界面

④ 单击“下一步”按钮，弹出“设定密码”界面，用来设置登录该路由的密码，如图 2-4-5 所示。

⑤ 单击“下一步”按钮，弹出“选择时区”界面，用来为该路由指定所在时区的位置，如图 2-4-6 所示。

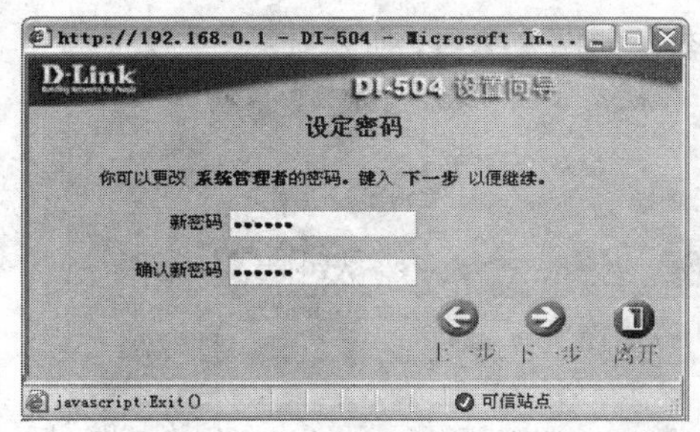

图 2-4-5　“设定密码”界面

图 2-4-6　“选择时区”界面

⑥ 单击“下一步”按钮，弹出“选择 WAN 型态”界面，如图 2-4-7 所示。

◎ 如果用户上网方式为 ADSL 虚拟拨号，即 PPPoE 方式，则需要填写的内容如图 2-4-8 所示。其中，上网账号和上网密码分别为 ISP 指定的 ADSL 账号和 ISP 指定的 ADSL 密码。

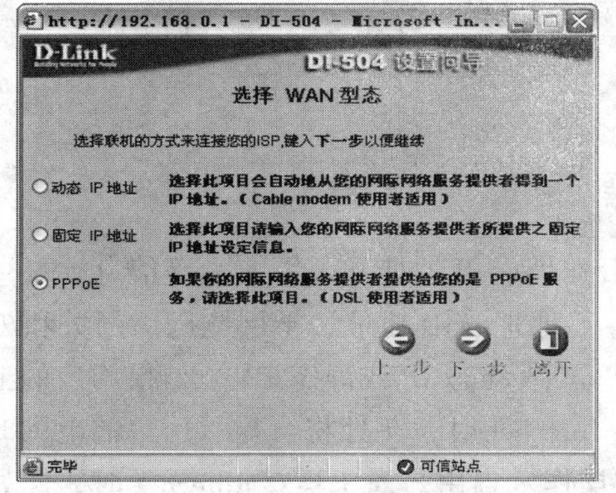

图 2-4-7　“选择 WAN 型态”界面

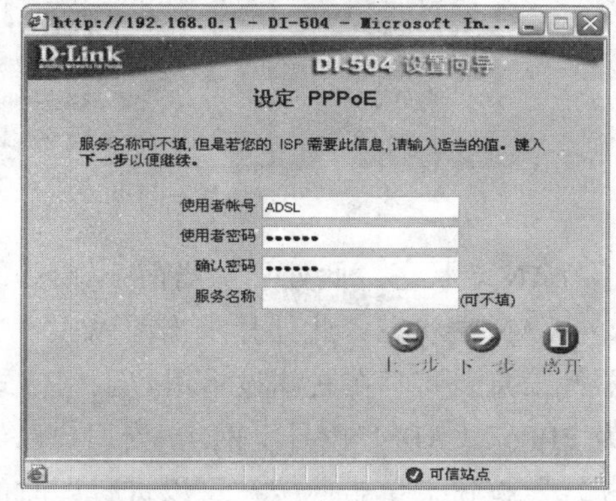

图 2-4-8　“设定 PPPoE”界面

这个上网密码可以参照 ISP 的操作说明，自行更改。

◎ 如果用户的上网方式为动态 IP，即可以自动从 ISP 获取 IP 地址，则不需要填写任何参数即可直接上网。

◎ 企业用户可以向中国网通申请上网方式为静态 IP 方式，通常此种方式费用较高，适合需要固定 IP 地址的企业。

⑦ 单击“下一步”按钮，弹出“设定完成”界面，如图 2-4-9 所示。

⑧ 单击“重新激活”按钮，弹出“重新激活”界面，如图 2-4-10 所示。

图 2-4-9 “设定完成”界面

图 2-4-10 “重新激活”界面

⑨ 单击“继续”按钮，设置生效，此时路由器已经可以正常接入 Internet。

3. 查看系统状态

单击“系统状态”菜单，将显示路由器工作状态，如图 2-4-11 所示。

图 2-4-11 路由器工作状态

① LAN 端状态，此处显示当前 LAN 口的 MAC 地址、IP 地址和子网掩码等信息。

② WAN 端状态，此处显示当前 WAN 口的 MAC 地址、IP 地址、子网掩码、网关和 DNS 服务器等信息。同时在右侧显示用户上网方式（PPPoE 或动态 IP 或静态 IP）。如果用户的上网方式为 PPPoE（ADSL 拨号上网），当用户已经连接 Internet 时，此处将会显示用户的上网时间和“断线”按钮，单击此按钮可以进行即时的断线操作。当用户尚未连接 Internet 时，此处将会显示“连接”按钮，单击此按钮可以进行即时的连接操作。

相关知识

1. 无线路由器概述

无线路由器是带有无线覆盖功能的路由器，它主要应用于用户上网和无线覆盖。无线路由器可以看作是一个转发器，将家中墙上接出的宽带网络信号通过天线转发给附近的无线网络设备（笔记本电脑、支持 Wi-Fi 的手机等）。市场上流行的无线路由器一般都支持专线 xdsl/cable，动态 xdsl，pptp 四种接入方式，它还具有其他一些网络管理的功能，如 DHCP 服务、NAT 防火墙、MAC 地址过滤等等功能。

无线路由器实际上是路由器和无线接入点（Access Point，AP）的混合体。AP 用于将带有无线网络适配器的计算机接入现有的有线以太网。AP 可以安装在天花板或墙壁上，可以在无须布线的情况下，将几十米至上百米半径范围内的计算机接入网络，适合应用在很多难以布线的场合。

随着无线连接设备价格的降低及网速的提高，无线上网越来越普及。无线上网的方式有无线局域网方式和通过移动网络（GPRS 和 CDMA 1X）方式。下采用无线局域网方式，使用无线路由器通过 ADSL 连入 Internet 的方法，如图 2-4-12 所示。

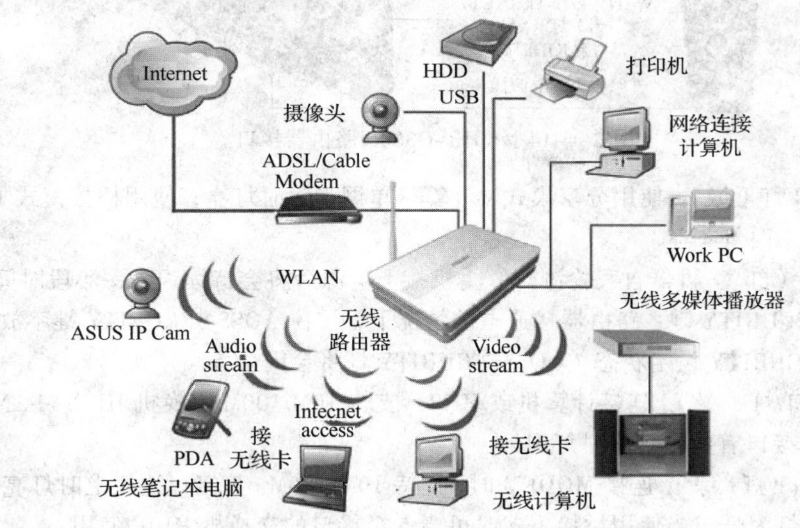

图 2-4-12　采用无线局域网方式使用无线路由器通过 ADSL 进行无线上网

2. 无线路由器结构

无线路由器的种类很多，此处介绍一种型号为 WHR-G300N 的无线路由器，它的外形如图 2-4-13 和图 2-4-14 所示。各指示灯、开关和按键的名称与作用简介如下。

① POWER 灯（绿）：通电时灯亮，无电源时灯不亮。

② SECURITY 灯（橘）：无线网络已加密灯亮，无线网络未加密时灯不亮，无线加密进行中（AOSS 进行中）时重复灯闪烁。

③ WIRELESS 灯（绿）：无线网络接通时灯亮，无线网络传输时灯闪烁。

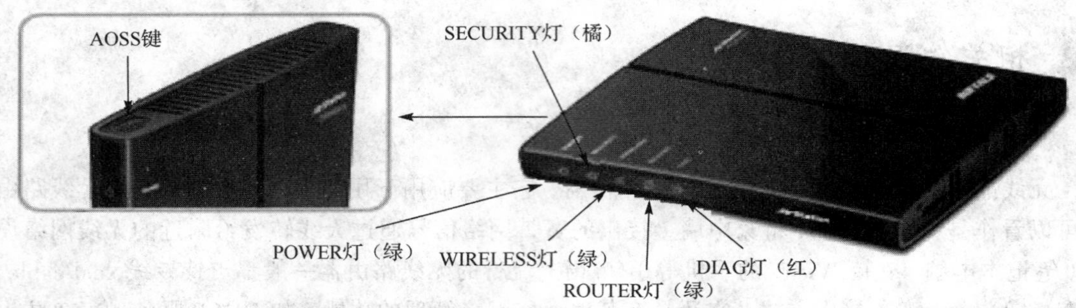

图 2-4-13 WHR-G300N 路由器指示灯和 AOSS 键

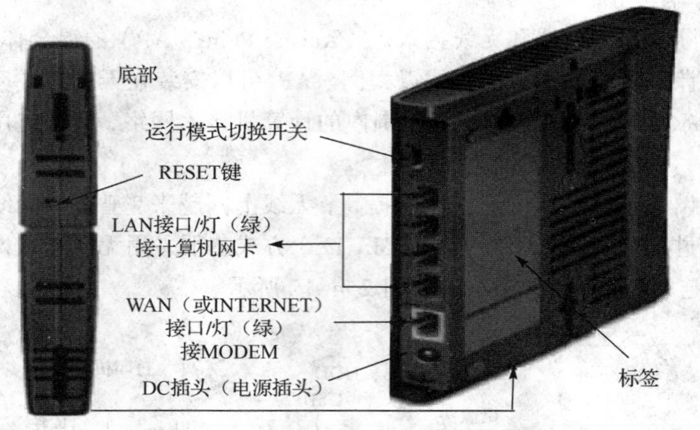

图 2-4-14 WHR-G300N 路由器接口

④ ROUTER 灯（绿）：使用分享模式（计算机单网卡）时灯亮，使用桥接模式（计算机双网卡，信号串联）时灯不亮。

⑤ DIAG 灯（红）：机器自我检测灯。主机接上电源后将会持续闪烁一小段时间。

⑥ AOSS SECURITY 键：路由器接通电的情况下，按住 AOSS SECURITY 键不放约 3 s，即可进入 AOSS SECURITY 设定状态（AOSSSECURITY 灯将会闪烁）。

⑦ LAN 接口/灯（绿）：连接计算机或 HUB，支持 10M/100M 交换机 HUB。LAN 接口连接上时灯亮，LAN 接口有数据传输时灯闪烁。

⑧ WAN 接口/灯（绿）：连接 MODEM 时，支持 10M/100M。该接口连接上时灯亮，WAN 接口有数据传输时灯闪烁。当使用桥接模式时可当 5 个接口的交换机 HUB 使用。

⑨ DC 插头（电源插头）：连接专用的电源变换器。

⑩ 运行模式切换开关：可切换路由器的运行模式。确保 Operating Mode 开关设置为 AUTO。ON 状态时此设备作为路由器（ROUTER）工作（分享模式）；OFF 状态时此设备作为接入点（BRIDGE）工作（桥接模式）；AUTO 状态时，当在广域网侧网络上检测到另一个路由器时，此设备作为透明网桥工作。

⑪ 标签：其内 SSID 记载路由器出厂的 SSID（ESSID）设定值，此处为从“001D”开始的 12 位数，是 MAC 地址，每台路由器都有一个不同的 MAC 地址；KEY 记载 AirStation 路由器出厂的加密密码（等级为 WPAAES），例如“9n759vk1w12n”；PIN 记载 AirStation 路由器出厂的身份号码（WPS 加密需使用），例如“57530192”。

⑫ RESET 键：路由器通电情况下，同时在 DIAG 灯闪烁亮之前，按住 RESET 键约 7 s，即刻恢复到出厂设定值。

3. 无线路由器的参数设置

在购买的无线路由器中，通常都会提供演示设置过程的光盘。可以按照光盘的演示进行操作。要注意的是，使用无线路由器上网，也不需要开启 ADSL MODEM 的路由功能，如果已经开启则需要关闭它，按 ADSL MODEM 内的 Reset 键，将其复原到初始状态。下面以 TL-WR340G 无线路由器为例介绍无线路由器参数设置的方法。TL-WR340G 无线路由器支持三种上网方式，即虚拟拨号 ADSL、动态 IP 以太网接入和固定 IP 以太网接入，不支持专线的 ADSL 和有线电视网（Cable MODEM）接入。

① 开启计算机进入系统。调出 IE 浏览器，在 IE 浏览的地址下拉列表框内输入厂家设置的无线路由器 IP 地址：192.168.1.1，然后按【Enter】键，弹出"需要验证"对话框，如图 2-4-15 所示。

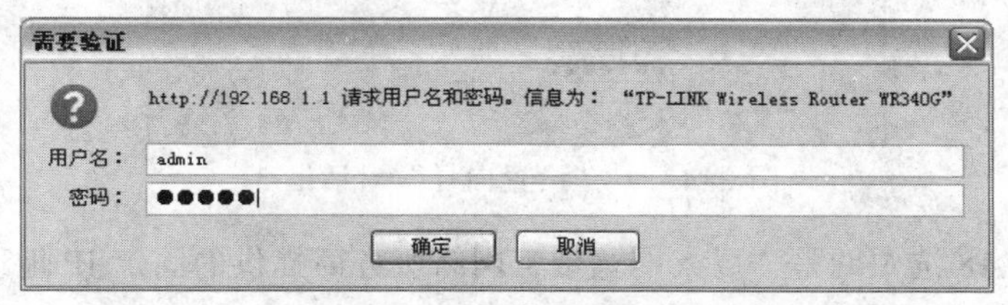

图 2-4-15　"需要验证"对话框

② 在"用户名"文本框内输入无线路由器的初始账户 admin，在"密码"文本框内输入无线路由器的密码 ZXDSL。单击"确定"按钮，进入设置界面首页如图 2-4-16 所示。因为这款无线路由器提供了向导式基本设置方法，所以在首次打开设置界面首页的同时也弹出"设置向导"对话框，如图 2-4-17 所示。初次配置可以采用向导方式，设置最基本的选项，以简便的方式使无线路由器能正常工作。

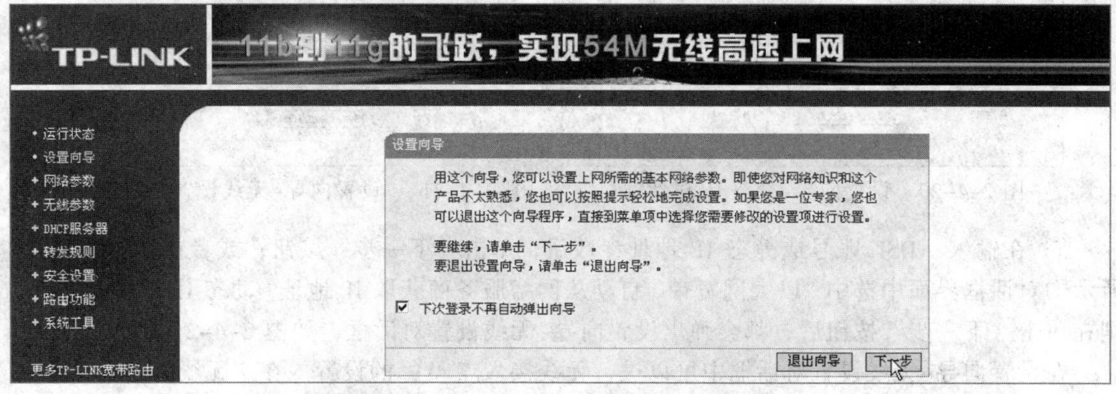

图 2-4-16　首次登录管理界面

③ 单击向导中的"下一步"按钮，弹出下一个"设置向导"对话框，如图 2-4-18 所示。指定一种上网方式。

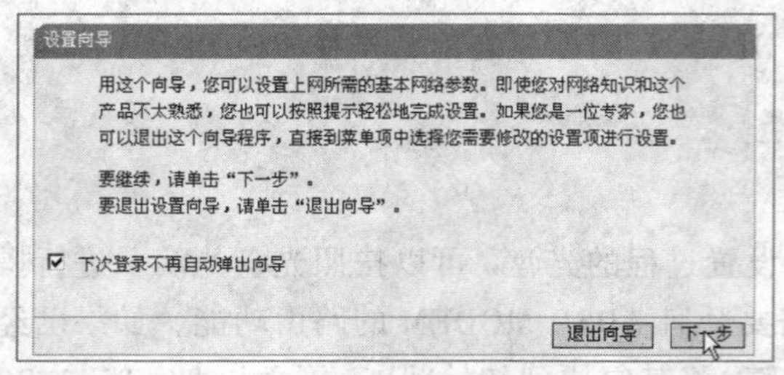

图 2-4-17 “设置向导”对话框 1

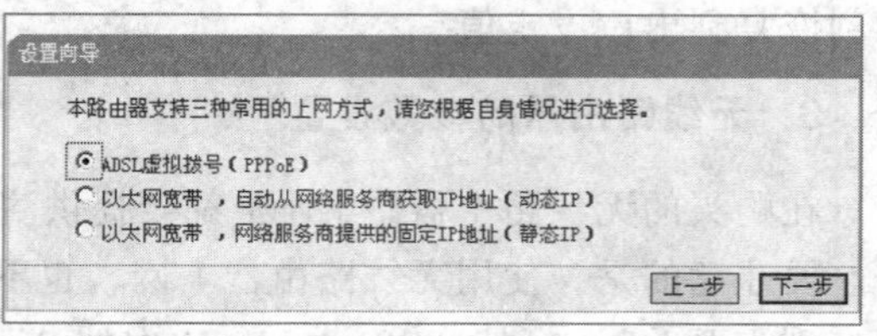

图 2-4-18 “设置向导”对话框 2

④ 在此选中“ADSL 虚拟拨号（PPPoE）”单选按钮，再单击“下一步”按钮，弹出下一个“设置向导”对话框，如图 2-4-19 所示。在该对话框内的两个文本框中分别输入上网账号和上网口令，即为虚拟拨号 ADSL 上网方式设置相应的账号和口令。

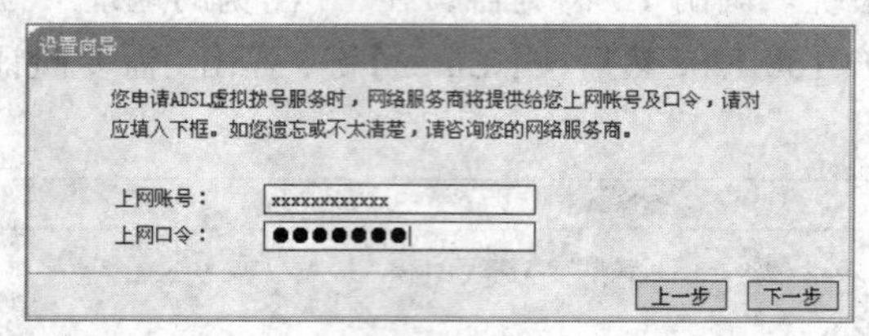

图 2-4-19 “设置向导”对话框 3

如果在图 2-4-18 选中的是“以太网宽带，网络服务商提供的固定 IP 地址（静态 IP）”单选按钮，则在单击“下一步”按钮后，会弹出设置向导-静态 IP 对话框，如图 2-4-20 所示。该对话框用来设置专线以太网接入方式的 IP 地址、网关等参数。

如果在图 2-4-18 选中的是“以太网宽带，自动从网络服务商获取 IP 地址（动态 IP）”单选按钮，则会直接进入后便要介绍的设置向导-无线设置对话框，如图 2-4-21 所示。

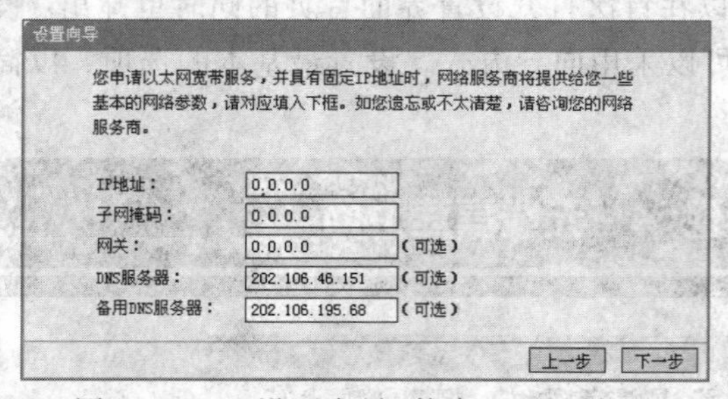

图 2-4-20 设置向导-静态 IP 对话框

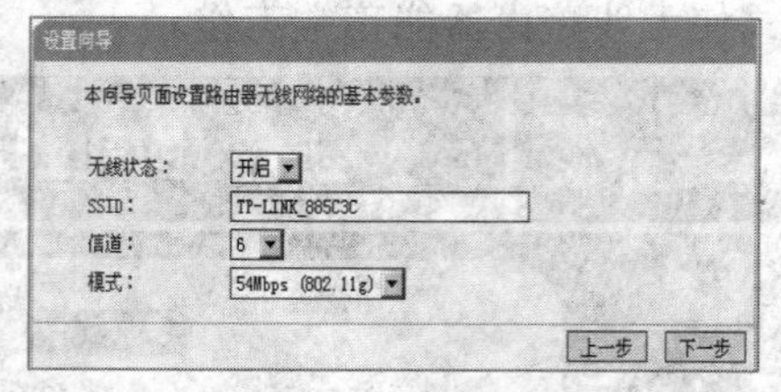

图 2-4-21 “设置向导-无线设置”对话框

⑤ 在输入 ADSL 账号或静态 IP 地址参数后，单击“下一步”按钮；或者在如图 2-4-18 所示的对话框界面中选中“以太网宽带，自动从网络服务商获取 IP 地址（动态 IP）”单选按钮，则在单击“下一步”按钮后，都会弹出设置向导-无线设置对话框，如图 2-4-21 所示。

在设置向导-无线设置对话框中可以进行无线接入点 AP 的设置。在“无线状态”下拉列表中选择“开启”选项，开启路由器的无线收、发功能；在“SSID”文本框内输入一个 SSID 号，相当于有线网络的工作组名，该网络中的所有客户端也要设置相同的 SSID 号才可以相互连接；在频段下拉列表中选择一个频段编号，在 54 Mbit/s 的 IEEE 802.11g 网络中提供了 13 个频段，主要是为了使不同无线网络不发生冲突，不同无线网络的频段不能一样；在“模式”下拉列表中选择“54 Mbit/s（802.11g）”选项，因为它兼容 IEEE 802.11b 无线网络标准，所以选择这种模式既可以确保网络连接性能最佳，还可以确保 11 Mbit/s 的 IEEE 802.11b 无线设备同样可以与这个无线路由器进行连接。

⑥ 单击设置向导-设置向导对话框中的“下一步”按钮，弹出“设置向导-向导完成”对话框，单击“完成”按钮，即可完成无线路由器的基本设置。

4. 无线网卡的参数设置

无线网卡的设置较为简单，在插入网卡，启动计算机后，系统会自动提示安装网卡的驱动程序，关于驱动程序的安装可以参考前面章节内容，此处不再重复。值得一提的是 TL-WN322G+ 无线网卡自带 TP-Link 公司的速展客户端应用程序，方便了对无线网络的设置。

安装网卡驱动和管理程序后，会在桌面上生成一个“TL-WN322G_WN322G+客户端应用程序”管理程序图标，双击该图标，就可以启动配置程序，如图 2-4-22 所示。然后单击“更多的设置”按钮，弹出对话框，如图 2-4-23 所示。

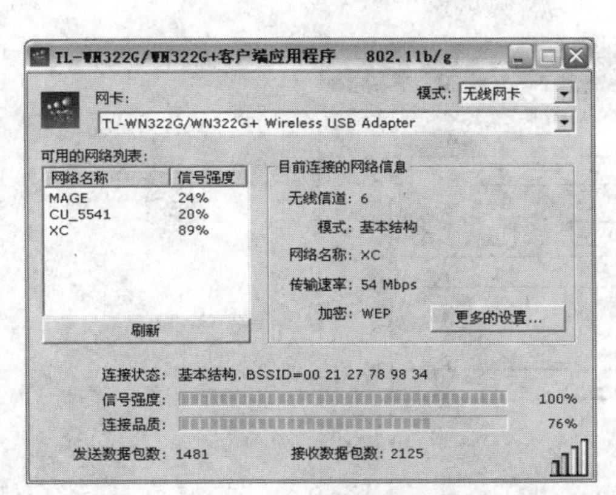

图 2-4-22　基本参数对话框

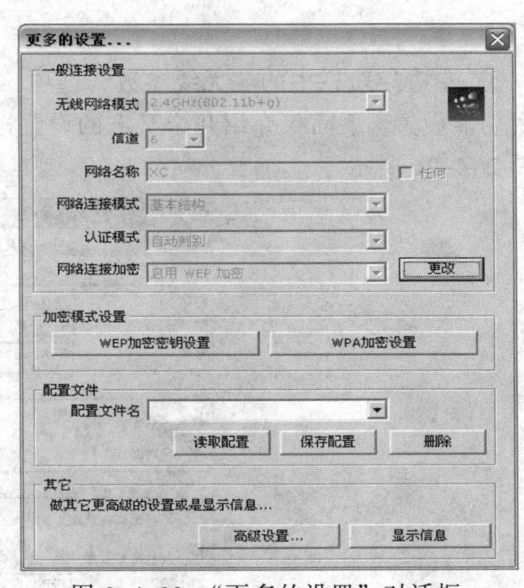

图 2-4-23　“更多的设置”对话框

如需为无线网络设置密钥，应在图 2-4-23 中单击“WEP 加密密钥设置”按钮即可，弹出对话框如图 2-4-24 所示。

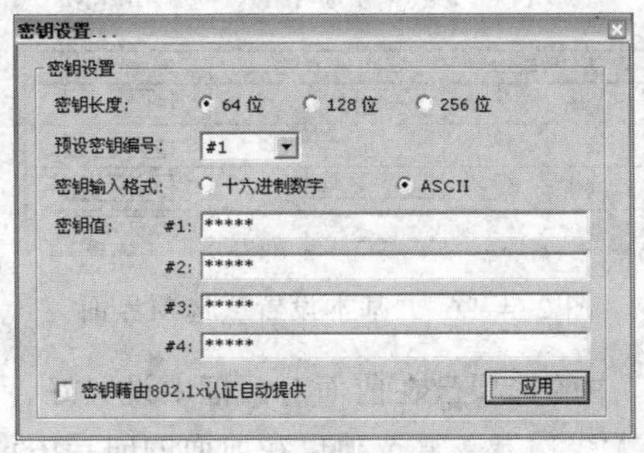

图 2-4-24　“密钥设置”对话框

5. 无线路由器的其他设置

在完成了以上的设置后，不需要做其他复杂配置，无线路由器就能正常工作了。不过为了组建更加安全、性能更高的无线网络，需要进行高级配置。在完成了设置向导后回到路由器的设置主界面，如图 2–4–25 所示。

图 2–4–25　无线路由器设置主界面

① 左边导航栏中的“无线参数”选项，在其中包括 TL–WR340G 无线路由器的所有无线路由功能设置。下面仅介绍几个必需的设置选项。单击它展开该选项，选择“基本设置”选项，如图 2–4–26 所示。

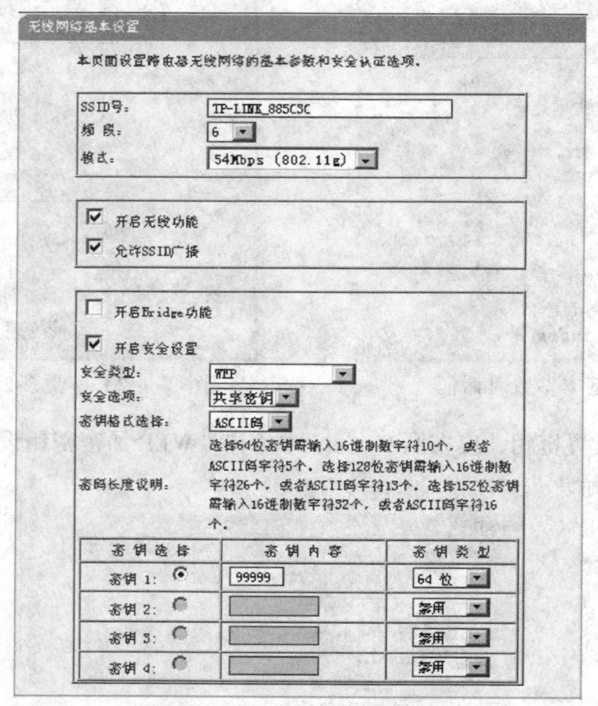

图 2–4–26　“基本设置”选项界面

在最上面的第一个小窗口中的选项已在前面对话框中设置好，无须再设置。第二个小窗口的两个复选项需全选。“开启无线功能”复选项也在前面的向导中设置过了；选择“允许 SSID 广播”复选框，是为了确保无线网络中的所有客户端都可搜索到无线网络。

② 在最下面一个小窗口中列出的全部是有关无线网络安全方面的设置选项。

在“安全类型”下拉列表中有 3 个选项：自动选择、开放系统和共享密钥。为了安全起见，选择“共享密钥”选项，然后在“密钥格式选择”下拉列表框中选择一种密钥格式，有“ASCII 码”和“16 进制”两种选择。在此选择“ASCII 码”选项。然后在下面的对应密钥项中的“密钥类型”下拉列表中选择密钥位数。如果选择 64 位，则只需输入 5 个 ASCII 码字符；如果选择 128 位，则要输入 10 个 ASCII 码字符。

设置好后单击“保存”按钮保存设置，路由器会重新启动使设置生效。配置密钥后，客户端在进行无线网络连接时会要求输入对应的密钥，只有正确才能接收连接请求，这样可使非法用户不能与无线网络连接，确保了无线网络的安全。

③ 一般家庭通常没必要为各计算机设置静态的 IP 地址，直接可采用无线路由器的 DHCP 服务功能为各连接计算机自动分配 IP 地址。在图 2-4-25 主界面的左边导航栏中单击选择“DHCP 服务器”项，在展开的选项下选择“DHCP 服务”选项，弹出“DHCP 服务”对话框，如图 2-4-27 所示。

DHCP服务

本系统内建DHCP服务器，它能自动替您配置局域网中各计算机的TCP/IP协议。

DHCP服务器：　○不启用　◉启用
地址池开始地址：192.168.1.100
地址池结束地址：192.168.1.199
地址租期：120　分钟（1～2880分钟，缺省为120分钟）
网关：0.0.0.0　（可选）
缺省域名：　（可选）
主DNS服务器：0.0.0.0　（可选）
备用DNS服务器：0.0.0.0　（可选）

保存　帮助

图 2-2-27　“DHCP 服务”选项设置界面

在这个界面中系统默认是启用了 DHCP 服务，并且配置的 IP 地址池为 192.168.100～192.168.1.199，还可重新配置网关、DNS 服务器等选项。如果要更改，可重新配置，然后单击“保存”按钮保存设置。

④ 在主界面左边导航栏中单击“安全设置”→“防火墙设置”选项，弹出如图 2-4-28 所示对话框。

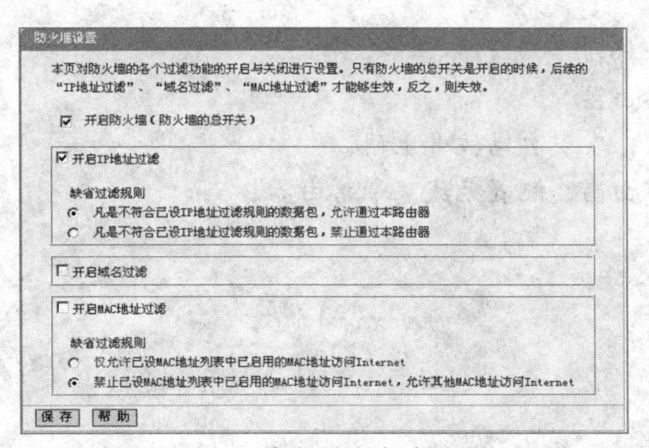

图 2-4-28　路由器防火墙设置界面

为了进一步保证上网安全，可开启路由器自带的防火墙功能，加上在无线客户端所用的Windows XP 防火墙，就有两道安全防火墙防线，双重保护、更加安全。启用路由器防火墙功能的方法是选择界面中的“开启防火墙”选项，然后单击“保存”按钮即可。其中的其他过滤选项在此不用另外配置。

⑤ 在主界面左边导航栏中单击“系统工具”选项，在展开的选项下选择“修改登录口令”选项，弹出如图 2-4-29 所示对话框。在其中可对无线路由器的初始账户和密码进行修改，以防非法进入破坏设置。如果不进行默认设置修改，网络中的其他用户就可随意修改其中的设置。

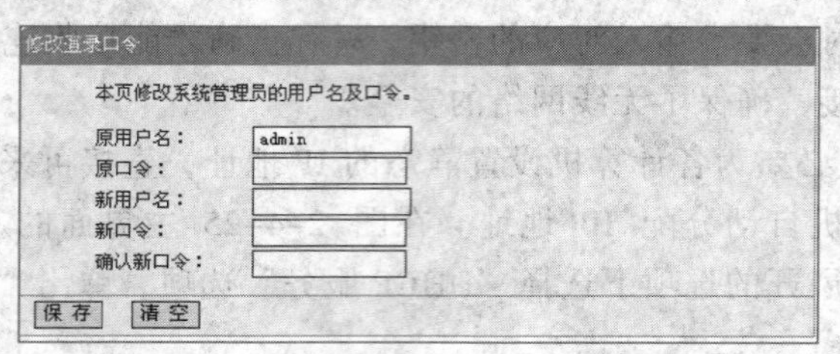

图 2-4-29 “修改登录口令”选项配置界面

思考与练习

一、填空题

1. 路由器是________的网络设备。可以认为 Internet 是通过路由器互连________的一个庞大集合，是________与________连接的桥梁。

2. 无线路由器是________的路由器，它主要应用于________和________。无线路由器可以看作是一个________。

3. 市场上流行的无线路由器一般都支持________、________和________几种接入方式，它还具有________、________和________等网络管理的功能。

二、简答题

1. 简述宽带路由器的硬件连接方法和宽带路由器的设置方法。

2. 简述无线路由器的特点。

三、操作题

1. 连接一台宽带路由器。

2. 配置宽带路由器，实现自动拨号上网。

3. 连接一台无线路由器，配置无线宽带路由器。

第3章 网络操作系统的安装和配置

通过本章的学习，可以掌握安装 Windows Server 2008 操作系统的方法，进行系统硬件的配置和服务，静态 IP 地址、网关和 DNS 服务器配置，网络连通性的调试方法，MMC 管理控制台的使用及管理工具的安装方法等。

3.1 【案例5】安装 Windows Server 2008

案例描述

随着 JJB 公司的发展，采购部门新购置了计算机，但是却没有安装操作系统。由于 JJB 公司拥有 Windows Server 2008 的安装许可，管理员王帅只需要使用公司提供的安装光盘和安装序列号，就可以安装 Windows Server 2008 操作系统了。

小提醒：此处，为了便于教学和学生自己练习，本节在虚拟计算机中安装 Windows Server 2008 操作系统。我们首先在计算机中安装一个虚拟 PC 软件 VMware Workstation 10 中文版本，利用该软件在计算机中将部分硬盘空间和内存虚拟出一台机器，以后可以像在一台新的计算机中一样，对该机器进行分区、格式化和安装操作系统和其他软件。

本案例的具体任务和操作顺序如下。

（1）安装虚拟 PC 软件 VMware Workstation 10 中文版本；

（2）在虚拟计算机内安装 Windows Server 2008 操作系统；

（3）Windows Server 2008 初始化，更改计算机名称，激活系统；

（4）在虚拟计算机内安装 VMware Tools 软件。

操作步骤

1. 安装 VMware Workstation 软件

VMware Workstation 是一个虚拟 PC 软件，使用它可以在一台机器上同时运行多个 Windows、DOS、Linux 系统。一般情况下在一个时刻只能运行一个系统，在系统切换时需要重新启动计算机。VMware 可以“同时”运行多个操作系统，就像标准 Windows 应用程序那样切换。而且每个操作系统都可以进行虚拟的分区、配置而不影响真实硬盘的数据，甚至可以将几台虚拟机连接为一个局域网，极其方便。但是操作系统性能要比直接安装在硬盘上的低一些，因此，比较适合学习和测试。

步骤 1 视频

VMware 的版本较多，此处安装 VMware Workstation 10 中文版，操作方法如下。

① 双击“VMware-Workstation-full-10.0.1-1379776.exe”安装程序，弹出“VMware Workstation 安装”对话框，单击“下一步”按钮，选中“我接受许可协议中的条款”单选按钮，如图 3-1-1（a）所示。

② 单击“下一步”按钮，弹出“VMware Workstation 安装”对话框，如图 3-1-1（b）所示。

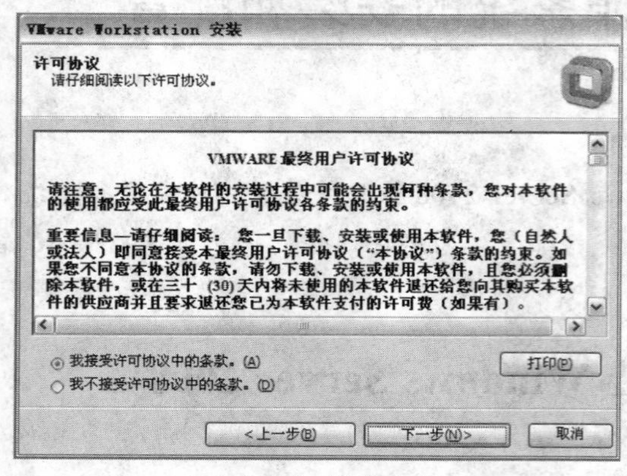

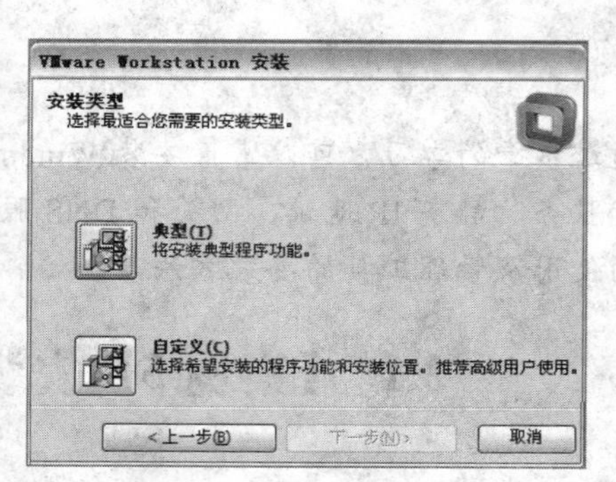

（a）接受许可协议条款　　（b）选择安装类型

图 3-1-1 “VMware Workstation 安装”对话框

③ 单击“典型”按钮，弹出如图 3-1-2 所示对话框，用来确定 VMware Workstation 文件的安装位置。单击“更改”按钮，弹出“浏览文件夹”对话框，如图 3-1-3 所示，用来选择安装位置。此处采用默认的安装位置。

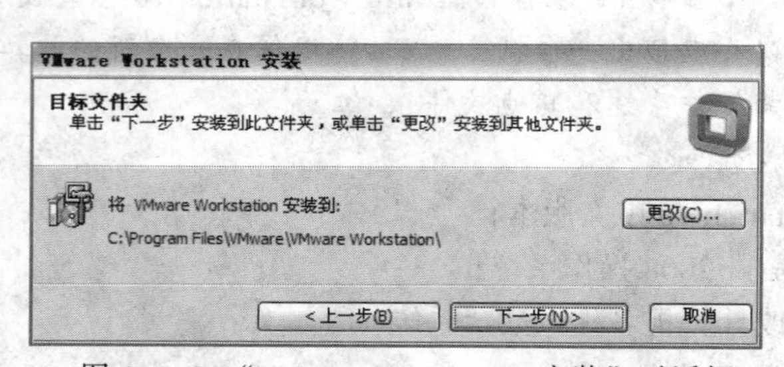

图 3-1-2 “VMware Workstation 安装”对话框

图 3-1-3 “浏览文件夹”对话框

④ 单击“下一步”按钮，弹出“VMware Workstation 安装”对话框，显示关于软件更新的文字；再单击“下一步”按钮，弹出下一个“VMware Workstation 安装”对话框，阅读对话框内的文字。

⑤ 单击“下一步”按钮，弹出如图 3-1-4（a）所示对话框，用来确定安装快捷方式的位置。此处只选中“桌面”复选框。然后，单击“下一步”按钮，弹出下一个“VMware Workstation 安装”对话框，单击“继续”按钮，进行程序的安装，程序安装完后，调出下一个“VMware Workstation 安装”对话框，在其内“输入许可证密钥”文本框内输入许可证密钥，再单击“输入”按钮，弹出最后的“VMware Workstation 安装”对话框，如图 3-1-4（b）所示。

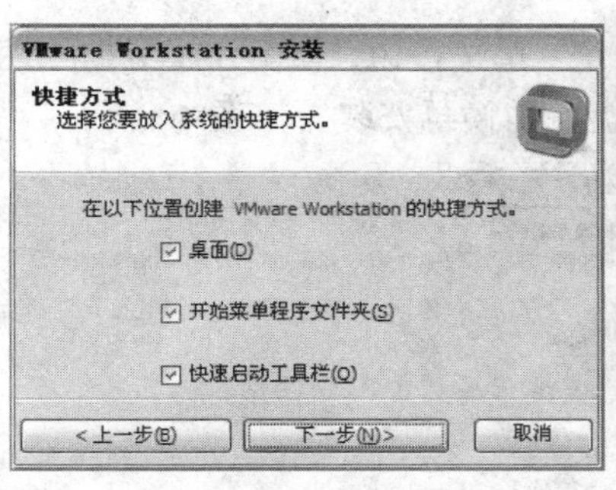

（a）选择快捷方式

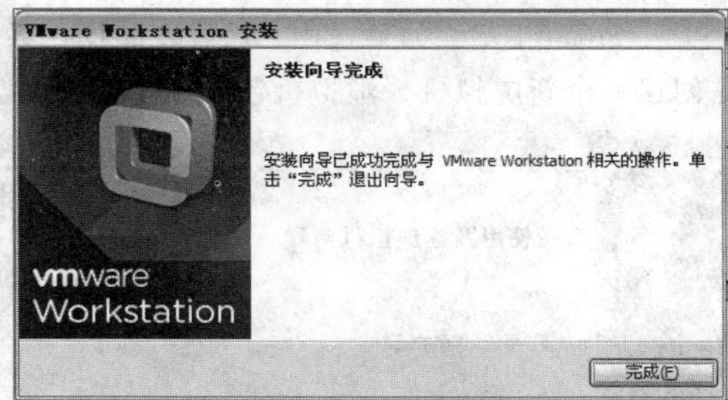

（b）安装完成

图 3-1-4　“VMware Workstation 安装”对话框

⑥ 单击“完成”按钮，完成 VMware Workstation 10 中文版软件的安装，关闭“VMware Workstation 安装”对话框。

2. 新建虚拟机

步骤 2 视频

① 在计算机硬盘中选择一个剩余空间较大的硬盘，此处选中 G 硬盘，它的剩余空间还有 320 G。在该硬盘中新建一个名称为“Win 2008”的文件夹。

② 双击桌面上的“VMware Workstation”图标，弹出“VMware Workstation”窗口，如图 3-1-5 所示。单击其内不同的图标可以完成不同的任务。

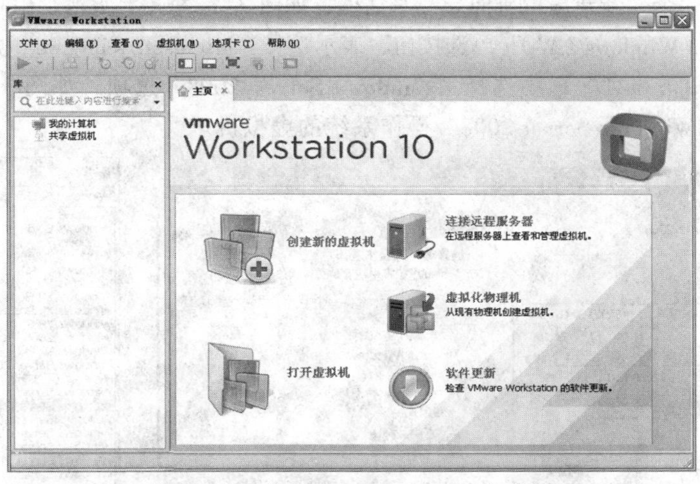

图 3-1-5　“VMware Workstation”窗口

③ 单击“创建新的虚拟机”图标，弹出“新建虚拟机向导”对话框，选中其内“典型”单选按钮，如图 3-1-6（a）所示。

④ 单击“下一步”按钮，弹出下一个“新建虚拟机向导”对话框，如图 3-1-6（b）所示。如果选中“安装程序光盘”单选按钮，则其下拉列表框会变为有效，在该下拉列表框中可以选择一个光盘驱动器，也可以选择虚拟光盘驱动器，系统会自动搜索到光盘中的 Windows Server 2008 安装程序；如果选中“安装程序光盘影响文件”单选按钮，则其下拉列表框和右边的“浏览”按钮会变为有效，利用它们选择要在虚拟机中安装的光盘虚拟文件“windows_server_2008_ x86_dvd_SkipActived.iso”；如果选中“稍候安装操作系统”单选按钮，如图 3-1-6（b）图所示，表示只是创建一个新虚拟机，虚拟机包含一个空白硬盘，稍候再安装操作系统。

（a）选择配置

（b）安装客户机操作系统

图 3-1-6 “新建虚拟机向导”对话框

⑤ 在如图 3-1-6（b）所示“新建虚拟机向导”对话框内，如果选中前两个单选按钮中的一个，则单击“下一步”按钮，都可以弹出下一个“新建虚拟机向导”对话框，需要输入产品密钥，选择 Windows 版本，输入个人密码等，如图 3-1-7（a）所示。

⑥ 此处，在“新建虚拟机向导”对话框内选中“稍候安装操作系统”单选按钮，单击“下一步”按钮，弹出下一个“新建虚拟机向导”对话框，如图 3-1-7（b）所示，用来选择操作系统，默认选中“Microsoft Windows（W）”单选按钮，表示选择“Microsoft Windows”类型的操作系统。

⑦ 在“版本”下拉列表框中选择“Windows Server 2008”选项，如图 3-1-8 所示。表示要创建一个安装“Windows Server 2008”操作系统的虚拟机。

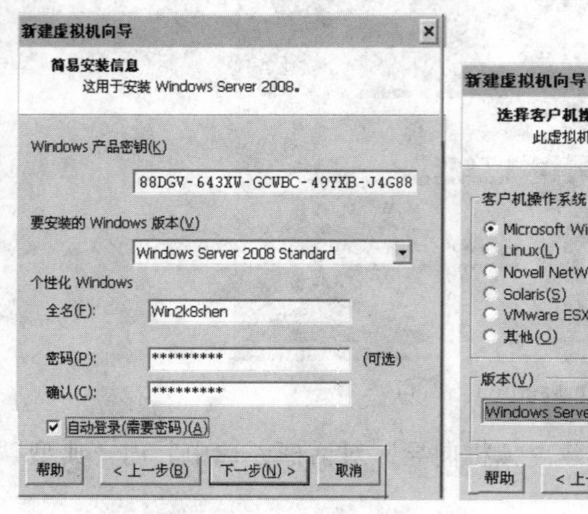

（a）输入产品密码

（b）选择操作系统

图 3-1-7 “新建虚拟机向导”对话框

图 3-1-8 “版本”下拉列表框

⑧ 单击“下一步”按钮，弹出下一个“新建虚拟机向导”对话框，如图 3-1-9 所示（未设置）。如果在图 3-1-6（b）中的“新建虚拟机向导”对话框内选中前两个单选按钮后，单击图 3-1-7（a）“新建虚拟机向导”对话框内的“下一步”按钮，弹出下一个“新建虚拟机

向导”对话框，也如图 3-1-9 所示（未设置）。

在“虚拟机名称”文本框内输入“Win2k8”。单击“浏览”按钮，弹出“浏览文件夹”对话框框，选中“G:/Win2008”文件夹，如图 3-1-10 所示。

⑨ 单击“浏览文件夹”对话框内的“确定”按钮，关闭该对话框，回到“新建虚拟机向导”对话框，“位置”文本框内已经改写为“G:/Win2008”。单击“下一步”按钮，弹出下一个“新建虚拟机向导”对话框，如图 3-1-11（a）所示，用来设置虚拟机磁盘大小。系统推荐设置 40 G，采用默认值。

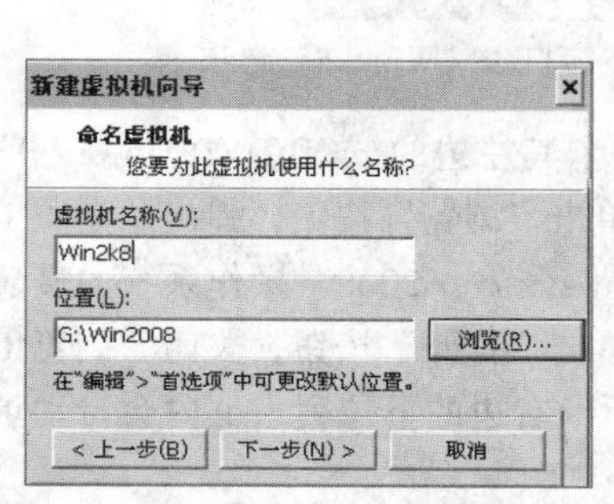

图 3-1-9 “新建虚拟机向导”对话框

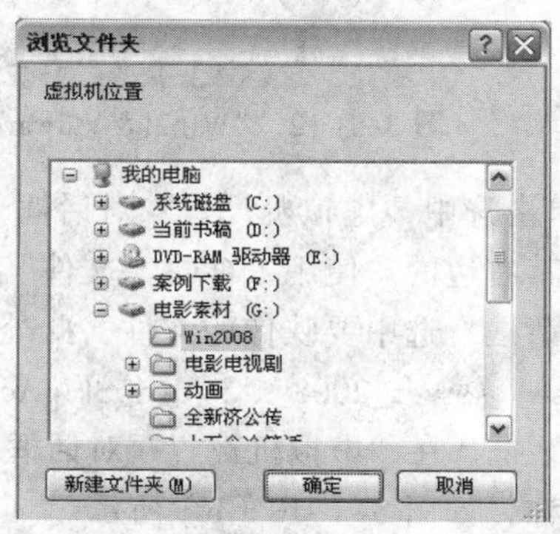

图 3-1-10 “浏览文件夹”对话框

⑩ 单击“下一步”按钮，弹出下一个“新建虚拟机向导”对话框，如图 3-1-11（b）图所示，它给出目前虚拟机的设置情况。单击“自定义硬件”按钮，弹出“硬件”对话框，利用该对话框可以修改虚拟机的硬件设置。

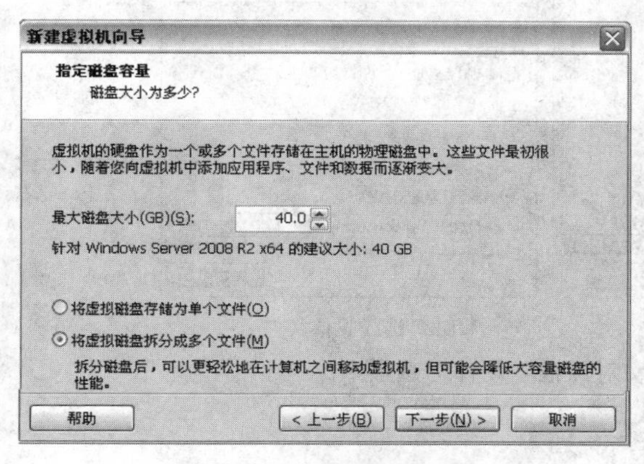

（a）设置虚拟机磁盘大小

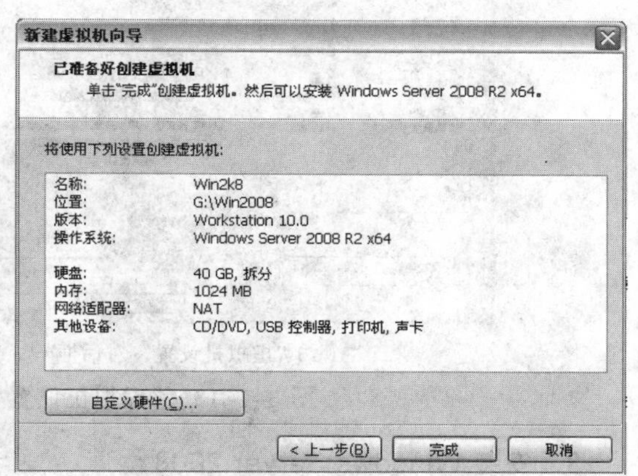

（b）目前虚拟机的设置

图 3-1-11 “新建虚拟机向导”对话框

⑪ 单击“完成”按钮，完成名称为“Win2k8”虚拟机的创建，关闭“新建虚拟机向导”对话框，回到“Win2k8 VMware Workstation”窗口“Win2k8”选项卡。此时，其内左边栏中增加了“Win2k8”选项，如图 3-1-12 所示。

⑫ 单击选中“Win2k8”选项卡内左边的“网络适配器”选项，弹出“虚拟机设置”对话框“硬件”选项卡，单击选中其左边的“网络适配器”选项，单击选中其右边“网络连接”栏内的“桥接模式：直接连接物理网络”单选按钮，如图 3-1-13（a）所示，单击“确定”按钮。

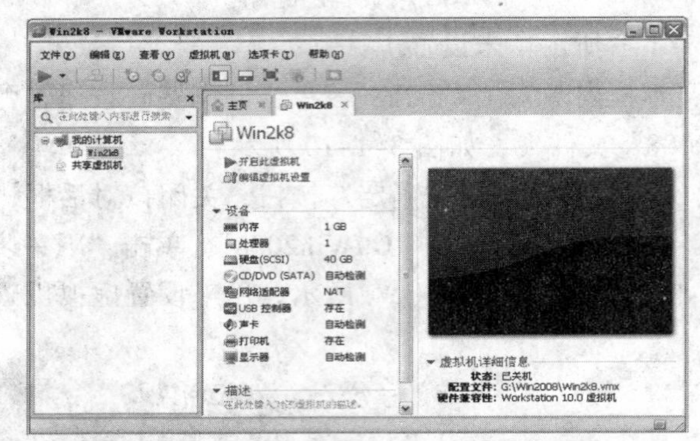

图 3-1-12 “Win2k8 VMware Workstation”窗口中“Win2k8”选项卡

⑬ 单击选中“虚拟机设置”对话框“硬件”选项卡其左边的“CD/DVD（SATA）”选项，单击选中其右边的“使用 ISO 映像文件”单选按钮，单击“浏览”按钮，弹出“浏览 ISO 映像文件”对话框，选中要映像的文件，此处选中“Windows Server 2008”操作系统的安装映像文件“windows_server_2008_x86_dvd_SkipActived.iso”，单击“打开”按钮，关闭“浏览 ISO 映像文件”对话框，在“虚拟机设置”对话框“硬件”选项卡右边的下拉列表框内会自动填入映像文件的名称，如图 3-1-13（b）所示。

如果在图 3-1-6（b）所示“新建虚拟机向导”对话框内选中上边两个单选按钮中的任意一个，则此处不用再进行“虚拟机设置”对话框内设置。

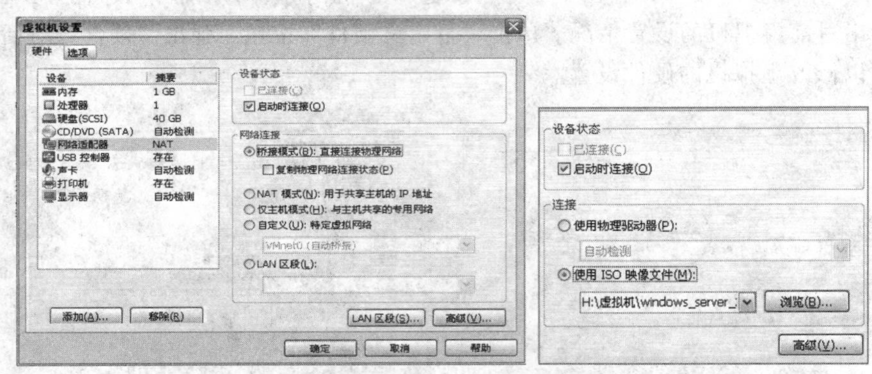

（a）“虚拟机设置”对话框　　　　（b）选择映像文件

图 3-1-13 “虚拟机设置”对话框“硬件”选项卡

3. 安装 Windows Server 2008

利用光驱直接从 Windows Server 2008 安装光盘启动安装程序，这是在没有操作系统或者操作系统损坏的情况下常用的方式，当然如果计算机里有一个完好的操作系统也可以如此操作。在具体操作时，首先需要设置由光盘引导计算机，即在 BIOS 中将计算机的启动顺序改为从 CD-ROM 引导。对于不同的主机板，进入 BIOS 状态的方法会不一样。例如，对于较多型号的主机板，在主机启动的时候，按【Delete】键，可以调出“BIOS”设置界面。使用方向键“→”调出“Boot”选项窗口进行修改，设置 CD-ROM Drive 为优先启动，如图 3-1-14 所示，按【F10】键，保存配置并退出。

步骤 3 视频

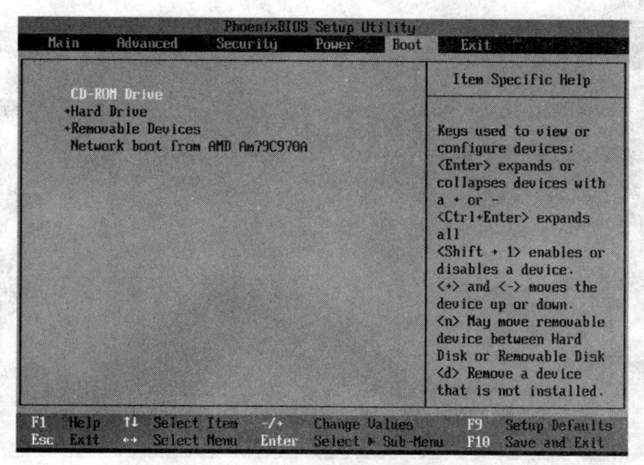

图 3-1-14　“BIOS”设置界面

然后，在光驱中放入 Windows Server 2008 的安装光盘，重新启动计算机，系统会自动搜索 Windows Server 2008 光盘上的启动文件，弹出“Windows Server 2008”安装程序的欢迎界面，可以根据提示信息完成相应操作。

此处，利用前面已经创建的“Windows Server 2008”安装程序镜像文件“windows_server_2008_x86_dvd_SkipActived.iso”，给已经创建的“Win2k8”虚拟机安装 Windows Server 2008 操作系统，操作方法与利用光驱直接安装的方法完全一样。

① 双击桌面上的“VMware Workstation”图标，弹出“VMware Workstation”窗口，切换到“Win2k8”选项卡，如图 3-1-12 所示。

② 单击“开启此虚拟机”按钮 ▶开启此虚拟机，开始准备安装“Windows Server 2008”程序，同时在“VMware Workstation”窗口“Win2k8”选项卡内显示安装过程，直至在“Win2k8”选项卡内弹出“安装 Windows”对话框，如图 3-1-15 所示。

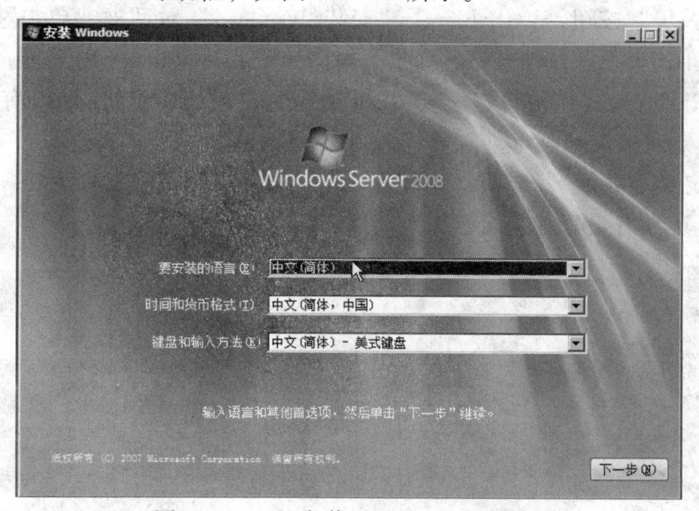

图 3-1-15　“安装 Windows”对话框

③ 在“安装 Windows”对话框中采用默认设置。单击“下一步”按钮，弹出下一个“安装 Windows”对话框，如图 3-1-16 所示。

图 3-1-16 “安装 Windows”对话框

④ 单击“现在安装”按钮，弹出下一个“安装 Windows”对话框，在该对话框内选择要安装的操作系统，此处选中“Windows Server 2008 Enterprise（完全安装）”选项，如图 3-1-17 所示。该选项完整安装 Windows Server，包括整个用户界面，并且支持所有服务角色。

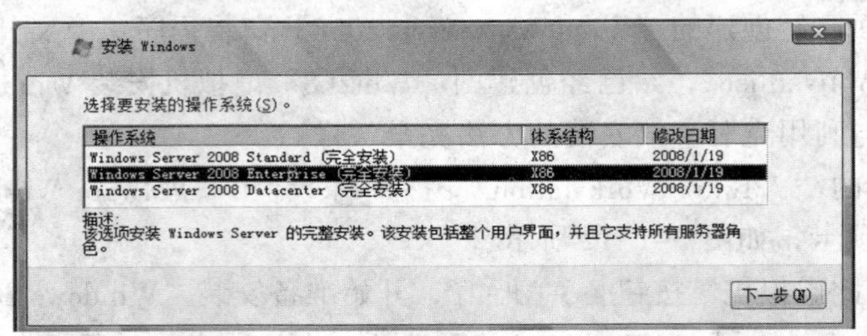

图 3-1-17 “安装 Windows”对话框

⑤ 单击“下一步”按钮，弹出下一个“安装 Windows”对话框，单击选中“我接受许可条款”复选框，再单击“下一步”按钮，弹出下一个“安装 Windows”对话框，如图 3-1-18（a）所示，用来确定是升级安装，还是自定义安装，此处因为是新建虚拟机，还没有安装过 Windows，所以只可以选择自定义安装。

⑥ 单击“自定义（高级）”选项，弹出下一个“安装 Windows”对话框，如图 3-1-18（b）所示。此时，磁盘还没有设置任何分区。

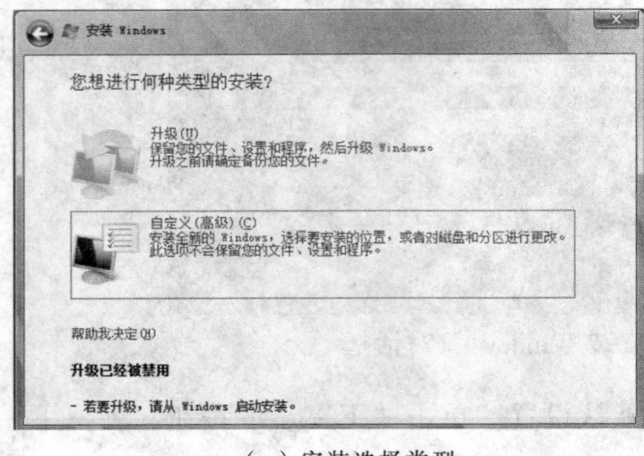

（a）安装选择类型

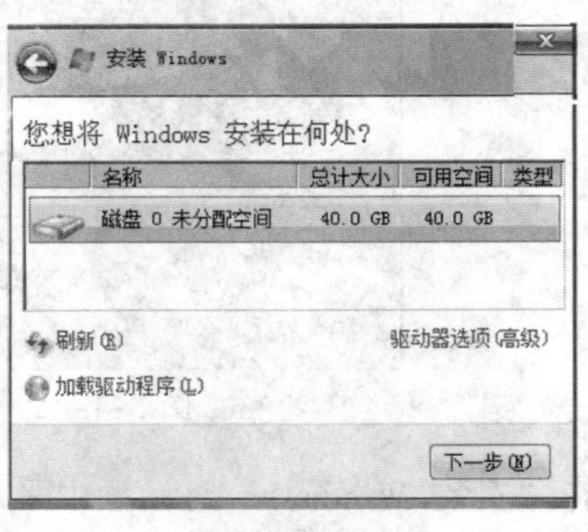

（b）选择安装位置

图 3-1-18 “安装 Windows”对话框

⑦ 单击“驱动器选项（高级）”链接文字，显示其他 4 个按钮，如图 3-1-19 所示。单击“新建（W）”按钮，在其下边展开一个数值框和 2 个按钮，如图 3-1-20 所示。

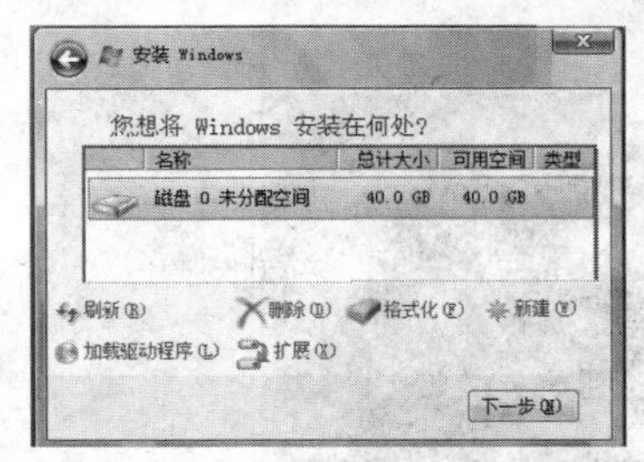

图 3-1-19　“安装 Windows”对话框

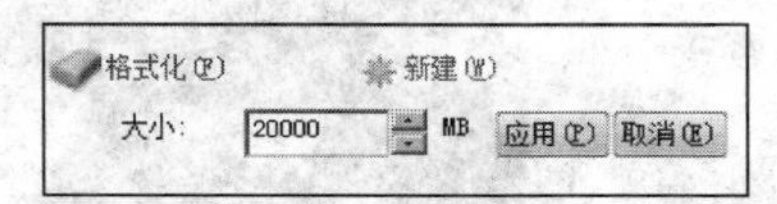

图 3-1-20　单击“新建（W）”按钮后的效果

⑧ 调整数字框内的数字为 20 000，单击“应用”按钮，稍等片刻后即可创建一个 19.5 GB 大小的磁盘分区，并设置为主分区，剩余的未分配空间的磁盘大小为 20.5 GB，如图 3-1-21（a）图所示。也可以单击选中未分配空间的磁盘选项，“新建（W）”按钮变为有效，将剩余磁盘创建为 20.4 GB 大小的另一个主分区，如图 3-1-21（b）所示。

单击“格式化”按钮，可以将选中的分区进行格式化。选中主分区后，单击“删除”按钮，可以删除主分区，但是分区还存在。当只有一个主分区，而且还有剩余磁盘时，单击选中主分区，再单击“扩展”按钮，可以重新给主分区分配磁盘空间大小。

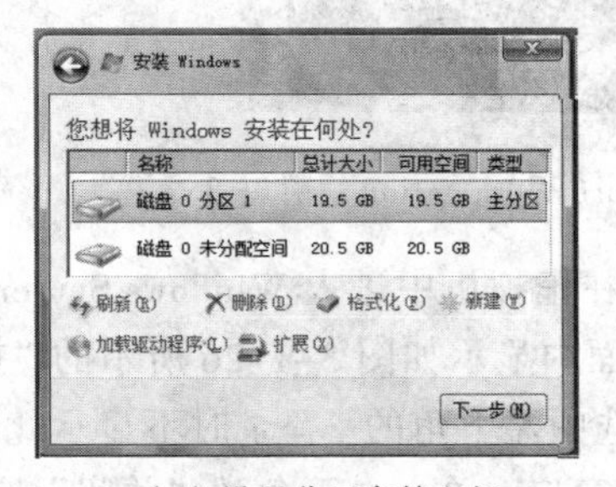

（a）设置分区存储空间

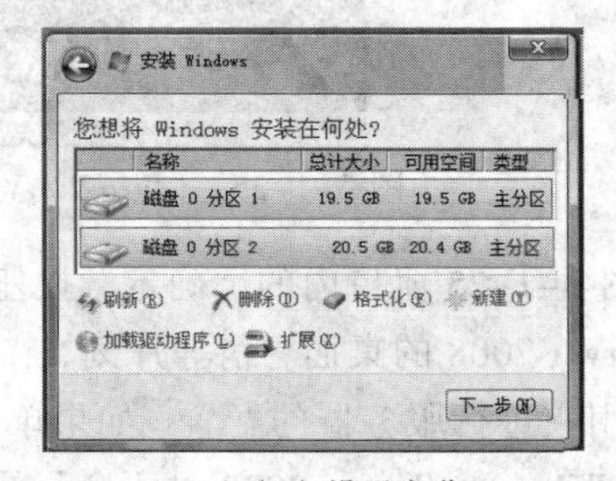

（b）设置主分区

图 3-1-21　“安装 Windows”对话框

⑨ 在创建完主分区后，单击“下一步”按钮，弹出下一个“安装 Windows”对话框，开始收集信息和安装“Windows Server 2008”程序，如图 3-1-22 所示。安装完成后自动关闭“安装 Windows”对话框，回到“Win2k8 VMware Workstation”窗口“Win2k8”选项卡，如图 3-1-23 所示。

图 3-1-22　“安装 Windows”对话框

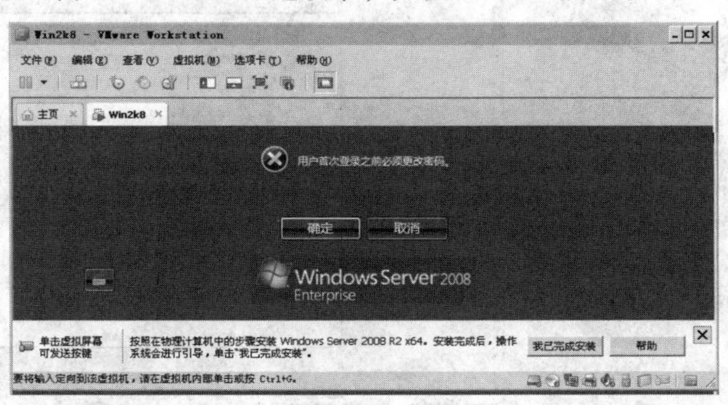

图 3-1-23　“Win2k8 VMware Workstation”窗口 1

⑩ 单击“我已完成安装”按钮，结束安装。再单击“确定”按钮，弹出登录窗口，如图 3-1-24 所示，在两个文本框内输入密码，密码一定要有一定数量的字符，且由字母、数字、符号混合组成。

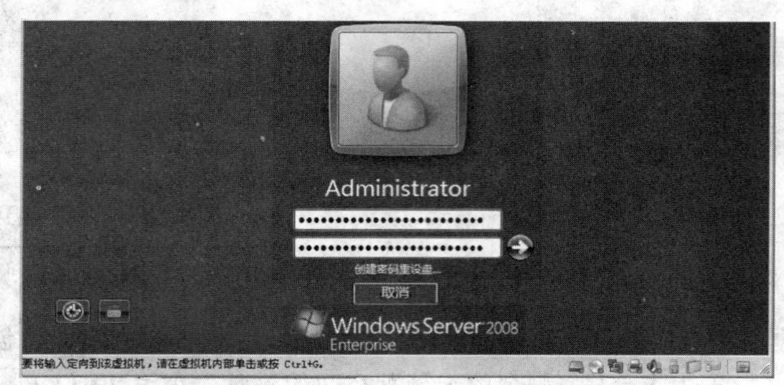

图 3-1-24 “Win2k8 VMware Workstation”窗口 2

⑪ 单击按钮，如果输入的密码符合要求就会显示下一个窗口，如图 3-1-25 所示。如果输入的密码不符合要求，则会要求用户重新输入。

图 3-1-25 “Win2k8 VMware Workstation”窗口 3

⑫ 单击图 3-1-25 窗口内的“确定”按钮，在虚拟机中进入 Windows Server 2008，首先显示 Windows Server 2008 的桌面，稍等片刻，在桌面内显示如图 3-1-26 所示的“初始配置任务”窗口，可以利用它进行服务器的配置。如果单击选中左下角的“登录时不显示此窗口”复选框，则以后再登录 Windows Server 2008 时不会显示该窗口。单击右下角的“关闭”按钮，可以关闭该窗口，回到 Windows Server 2008 的桌面，如图 3-1-27 所示。

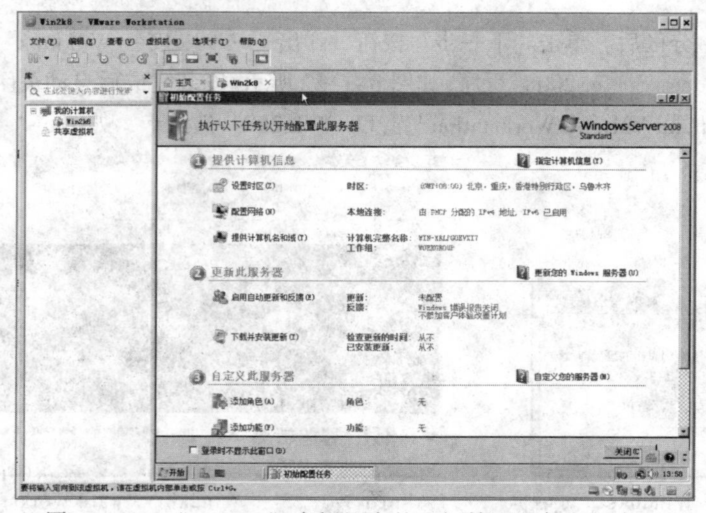

图 3-1-26 “Win2k8”虚拟机内的“初始配置任务”窗口

图 3-1-27　Windows Server 2008 的桌面

4. 关闭和登录 Windows Server 2008

① 单击“Win2k8 VMware Workstation”窗口（见图 3-1-26）内“开始”按钮，弹出它的菜单，单击该菜单内的“关闭”按钮，即可关闭所有打开的程序，在关闭 Windows Server 2008，最后关闭虚拟机。如果单击“Win2k8”标签的“关闭”按钮 ×，相当于直接关闭“Win2k8”虚拟机，同时也关闭 Windows Server 2008。

② 再打开“VMware Workstation”窗口，如果要登录 Windows Server 2008，可以单击选中“Win2k8 VMware Workstation”窗口内左边的“Win2k8”选项，再单击右边的“开启此虚拟机”按钮 ▶，显示 Windows Server 2008 登录窗口，如图 3-1-28 所示。

③ 如果不是在虚拟机内安装的 Windows Server 2008，则在第 1 次登录 Windows Server 2008 时，应按【Ctrl+Alt+Del】组合键，进入密码输入窗口。此处因为是在虚拟机内安装的 Windows Server 2008，则在登录 Windows Server 2008 时，应按【Ctrl+Alt+Ins】组合键，进入密码输入窗口，如图 3-1-29 所示。

④ 在 Windows Server 2008 密码输入窗口内“密码”文本框中输入密码，例如输入“shendalin1947@windows2008”，如图 3-1-29 所示。单击按钮，即可登录到 Windows Server 2008 操作系统，如图 3-1-27 所示。

如果密码数据是在 Word 等软件中复制到剪贴板内了，可以单击文本框内，将光标定位到文本框内，再单击“编辑”→“粘贴”命令，即可将剪贴板内的密码粘贴到文本框中。

图 3-1-28　用户登录界面

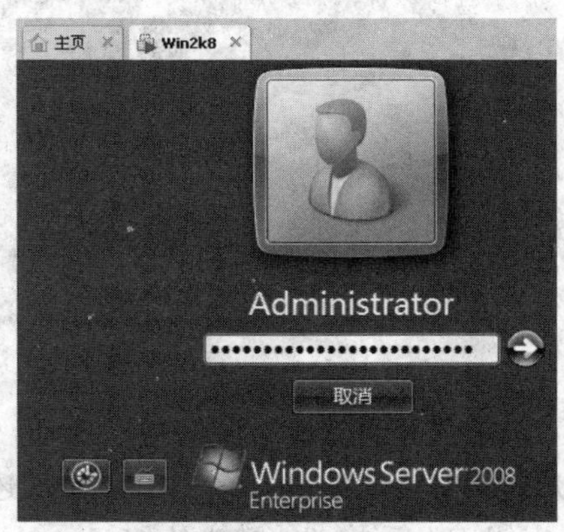

图 3-1-29　密码输入窗口

⑤ 在弹出“VMware Workstation”窗口并打开“Win2k8”虚拟机窗口后，如果输入定位在“Win2k8”虚拟机窗口内，要使输入定位返回到计算机，则可以按【Ctrl+Alt】组合键或单击“VMware Workstation”窗口外部的计算机桌面；如果输入定位在虚拟机窗口之外，要使输入定

位到“Win2k8”虚拟机窗口内，则可以按【Ctrl+G】组合键或单击“Win2k8”虚拟机窗口内部。

⑥ 采用另一种方法关闭 Windows Server 2008：单击“开始”按钮，弹出“开始”菜单，单击该菜单内的“关闭计算机和注销”按钮，弹出“关闭计算机和注销”菜单，如图 3-1-30 所示。单击该菜单内的“关机”命令，可以关闭 Windows Server 2008；单击该菜单内的“重新启动”命令，可以关闭 Windows Server 2008 后再启动 Windows Server 2008。单击其他命令，可以完成相应的任务。

图 3-1-30 “关闭计算机和注销”菜单

5. 激活系统

① 按照上述方法在“Win2k8”虚拟机中登录 Windows Server 2008 桌面。

② 单击“开始”按钮，弹出“开始”菜单，单击该菜单内的“控制面板”命令，弹出“控制面板”窗口，如图 3-1-31 所示。

图 3-1-31 “控制面板”窗口

③ 双击“控制面板”窗口内“系统”图标，弹出“系统”窗口，如图 3-1-32 所示。

④ 如果安装的 Windows Server 2008 还没有激活，则在“Windows 激活”栏内有一个“更改产品密钥（K）”按钮，单击该按钮，会弹出“Windows 激活”对话框，在该对话框内“产品密钥”文本框中输入产品密钥，再单击“下一步”按钮，弹出下一个“Windows 激活”对话框，通知激活成功。单击该对话框内的“关闭”按钮，完成激活任务。

⑤ 单击“系统”窗口右上角的“关闭”按钮，关闭“系统”窗口。

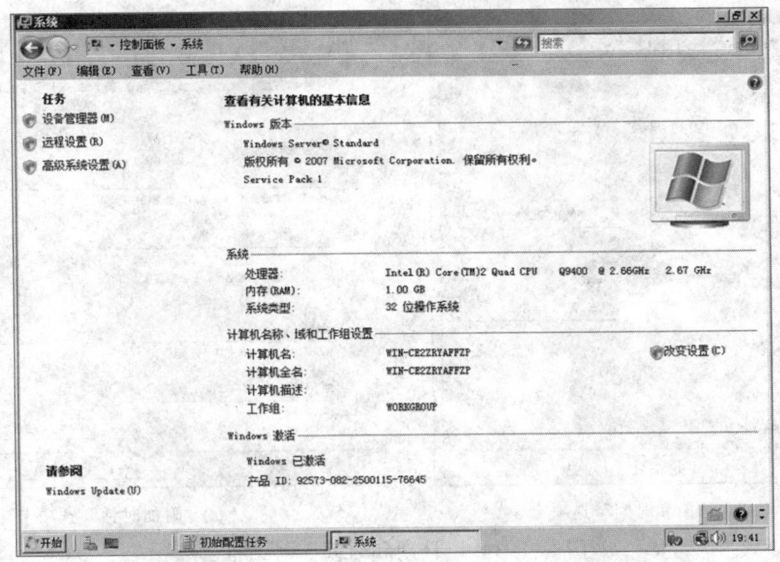

图 3-1-32　“系统”窗口

6．初始配置任务

① 弹出“初始配置任务”窗口，如图 3-1-33 所示。单击“Win2k8 VMware Workstation”窗口内工具栏中的“显示和隐藏库”按钮，使该按钮呈按下状态，左边的“库”栏隐藏。

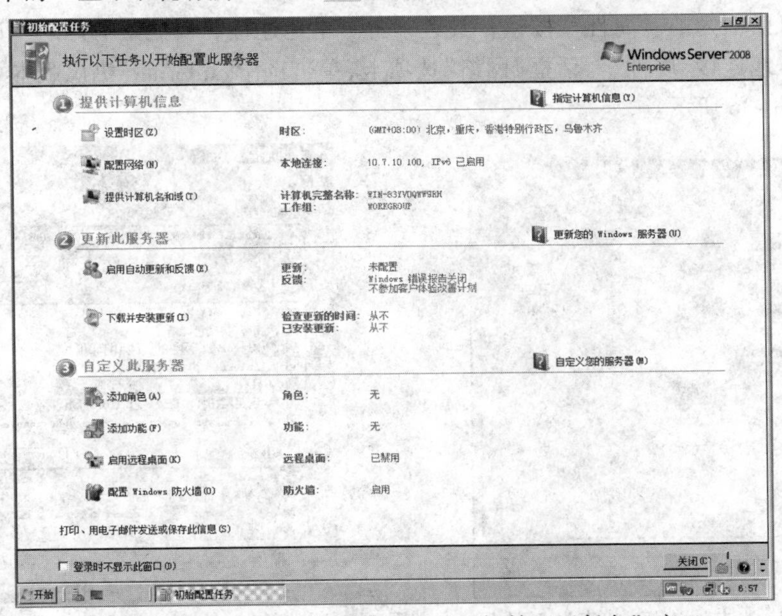

图 3-1-33　“Win2k8”虚拟机内的“初始配置任务”窗口

② 在窗口中单击“提供计算机信息”栏内的“设置时区”链接，弹出“日期和时间”对话框，如图 3-1-34（a）所示，用来设置日期和时间。切换到“附加时钟”选项卡，如图 3-1-34（b）所示，用来设置两个不同时区的日期和时间。

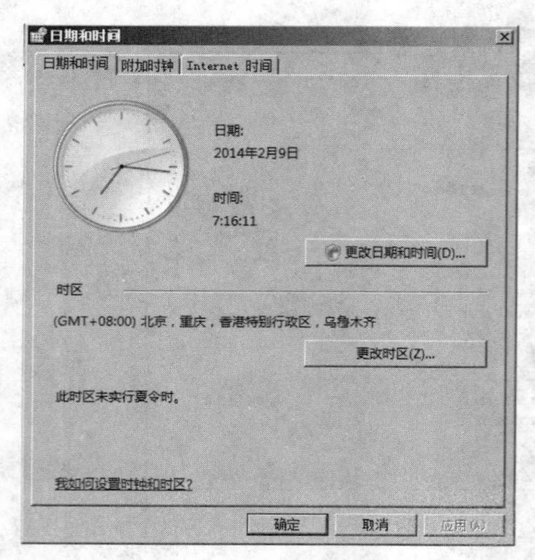

（a）“日期和时间”选项卡

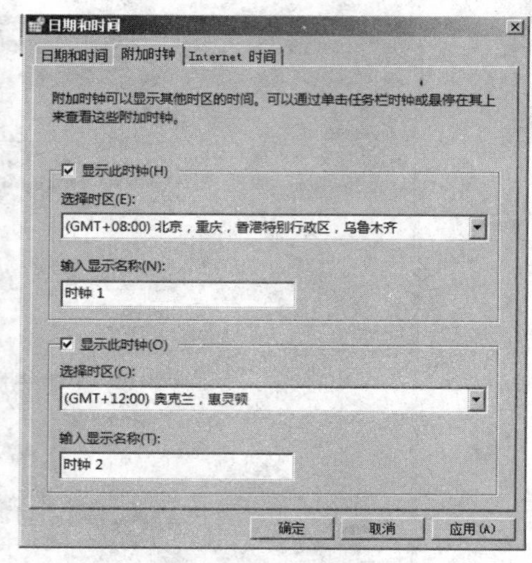

（b）“附加时钟”选项卡

图 3-1-34 “日期和时间”对话框

③ 在“初始配置任务”窗口（见图 3-1-33）中单击“提供计算机信息”栏内的“配置网络”链接，弹出“网络连接”对话框，右击其内的“本地连接”图标，弹出它的“本地连接”快捷菜单，单击该菜单内的“状态”命令，弹出“本地连接 状态”对话框“常规”选项卡，如图 3-1-35 所示，可以看到网络连接的有关信息。

④ 单击对话框内的“属性”按钮，或者单击“本地连接”快捷菜单内的“属性”命令，都可以弹出“本地连接 属性”对话框“网络”选项卡，单击选中“Internet 协议版本 4(TCP/Ipv4)”选项，如图 3-1-36 所示。

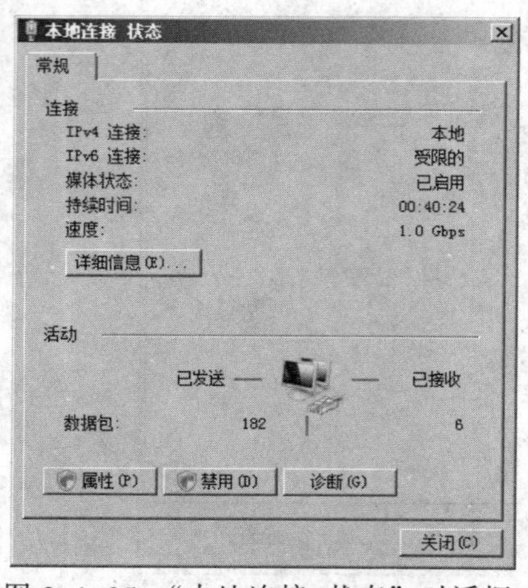

图 3-1-35 “本地连接 状态”对话框

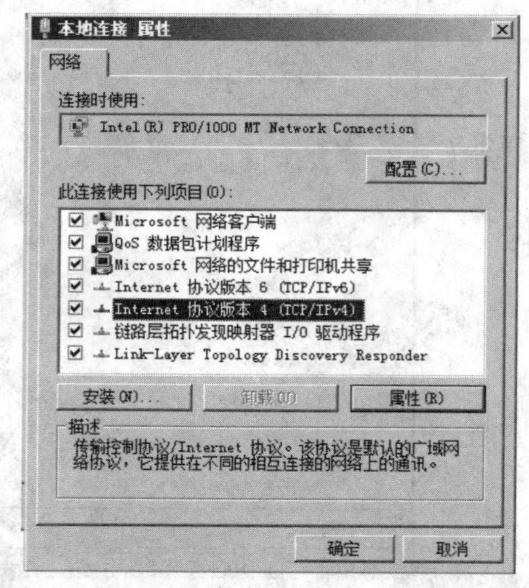

图 3-1-36 “Internet 协议版本 4（TCP/Ipv4）”选项

⑤ 单击“网络”选项卡内的“属性”按钮，弹出“Internet 协议版本 4（TCP/Ipv4）属性”对话框“常规”选项卡，如图 3-1-37 所示，用来设置 IP 地址等。

⑥ 在“初始配置任务”窗口（见图 3-1-33）中单击“提供计算机信息”栏内的“提供计算机名和域”链接，弹出“系统属性”对话框“计算机名”选项卡，如图 3-1-38 所示。

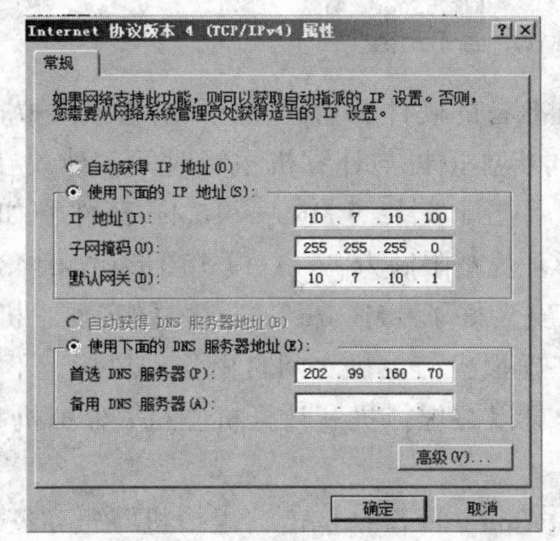

图 3-1-37　“Internet 协议版本 4（TCP/Ipv4）属性”对话框

⑦ 单击“计算机名”选项卡内的“更改”按钮，弹出“计算机名/域更改”对话框，如图 3-1-39 所示。在其内“计算机名”文本框中可以修改计算机名称，在“隶属于”栏内可以设置“域”或者“工作组”名称。当修改这些名称后，“确定”按钮会变为有效，单击“确定”按钮，即可完成名称的修改。此处将计算机名改为“WIN2k8”。

图 3-1-38　“系统属性”对话框

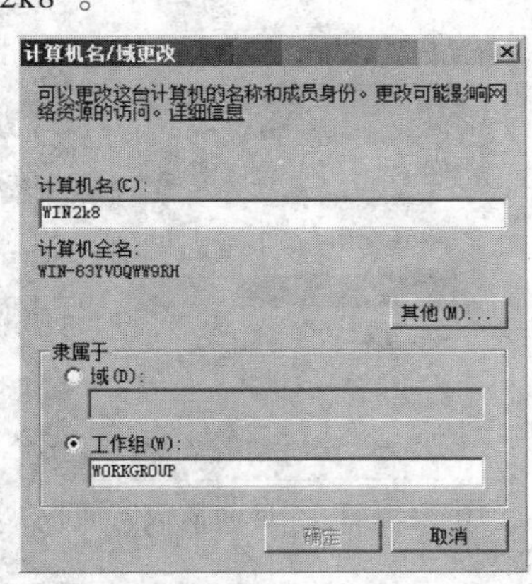

图 3-1-39　“计算机名/域更改”对话框

⑧ 单击“初始配置任务”窗口（见图 3-1-33）内的“提供计算机信息”栏“帮助”按钮右边的“指定计算机信息”链接，可以弹出“初始配置任务”对话框“提供计算机信息”的帮助窗口，如图 3-1-40 所示。其内有详细的关于该栏内各项设置的方法和作用的解释。

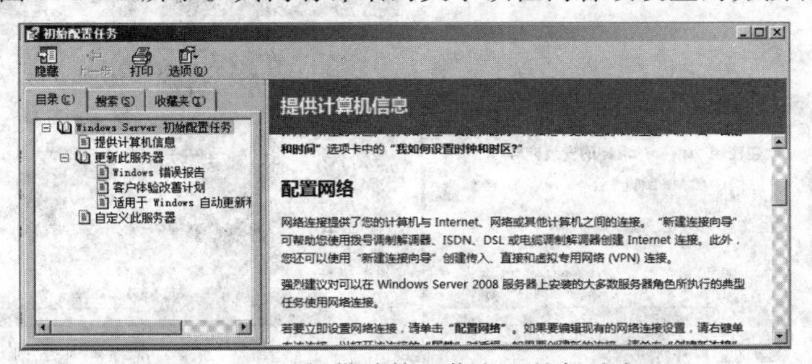

图 3-1-40　“提供计算机信息”的帮助窗口

7. 给虚拟计算机安装 VMware Tools

步骤 7 视频

VMware Tools 是为虚拟机准备的硬件驱动程序，可以增强虚拟显卡、硬盘性能，改善网络环境，以及同步虚拟机与计算机主机时间。建议在每一台虚拟机中完成操作系统安装之后立即安装 VMware Tools 套件。如果不安装 VMware Tools，虚拟机中的图形环境被限制为 VGA 模式图形（640×480，16 色）。

只有在 VMware 虚拟机中安装好了 VMware Tools，才能实现主机与虚拟机之间的文件共享，支持自由拖拽的功能（可以在虚拟机与主机之间自由移动鼠标，不用再按【Ctrl+Alt】组合键，虚拟机屏幕可以实现全屏化。可以在虚拟机和计算机主机、虚拟机和虚拟机之间进行复制粘贴操作等。安装方法如下。

① 打开“VMware Workstation”窗口，单击“虚拟机”→“安装 VMware TOOLS”命令，弹出“自动播放”窗口，如图 3-1-41 所示。

② 单击该窗口内的“运行 setup.exe”图标，开始安装 VMware Tools。如果弹出“自动播放”窗口或者无法执行“setup.exe”软件，可以单击“开始”→“运行”命令，弹出“运行”对话框，如图 3-1-42 所示（未设置文件路径和名称）。单击“浏览”按钮，弹出“浏览”对话框，选中“setup.exe”VMware Tools 安装文件。再单击“确定”按钮。如果系统是 64 位，则选中“setup64.exe”安装文件。

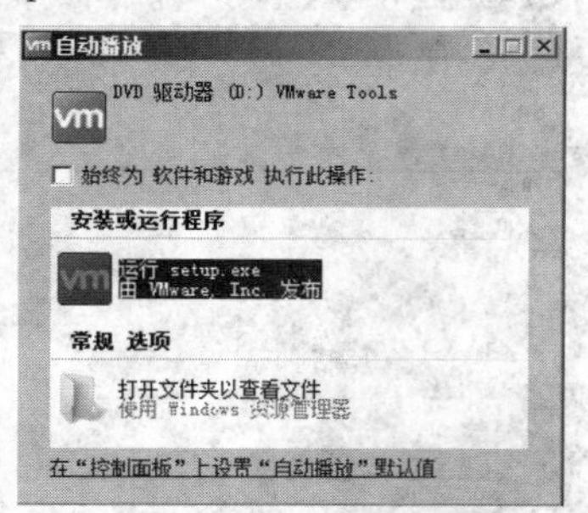

图 3-1-41 “自动播放”面板

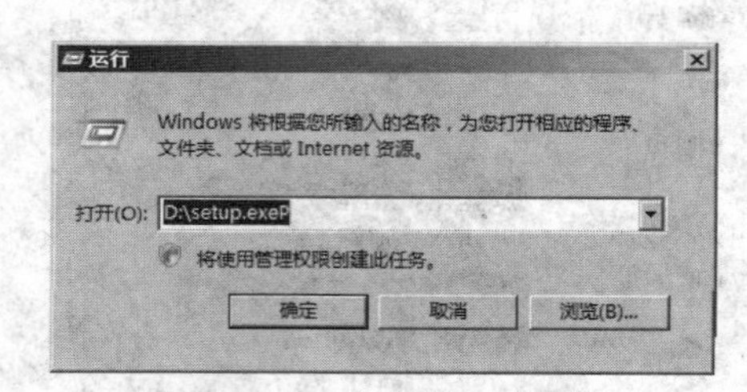

图 3-1-42 “运行”对话框

③ 开始安装 VMware Tools 后显示“VMware Tools 安装程序”对话框，如图 3-1-43（a）所示。单击“下一步”按钮，弹出下一个“VMware Tools 安装程序”对话框，选中“典型安装”单选按钮，如图 3-1-43（b）所示。

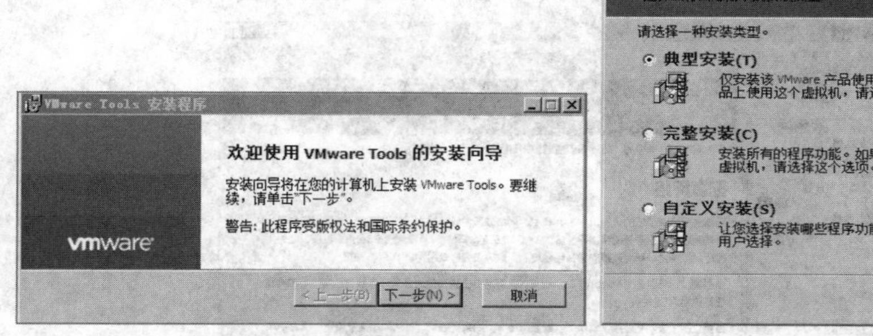

（a）开始安装　　（b）选择安装类型

图 3-1-43 “VMware Tools 安装程序”对话框

④ 单击“下一步”按钮，弹出下一个“VMware Tools 安装程序”对话框，单击其内的“安装”按钮，开始正式安装。安装完后弹出一个“VMware Tools 安装程序”对话框，单击其内的“完成”按钮，即可完成整个 VMware Tools 的安装。

⑤ 如果要修复、修改或卸载 VMware Tools，也可以按照上述操作进行，单击图 3-1-43（a）所示对话框内的“下一步”按钮，弹出“VMware Tools 安装程序”对话框如图 3-1-44 所示。选择需要的单选按钮后，单击“下一步”按钮，即可进行修复、修改或卸载 VMware Tools 工作。

安装完 VMware Tools 后，可以做移动鼠标指针的试验，做将计算机内的文件拖拽复制到虚拟机窗口内，或者将文件、文件夹复制粘贴到虚拟机窗口内的试验。

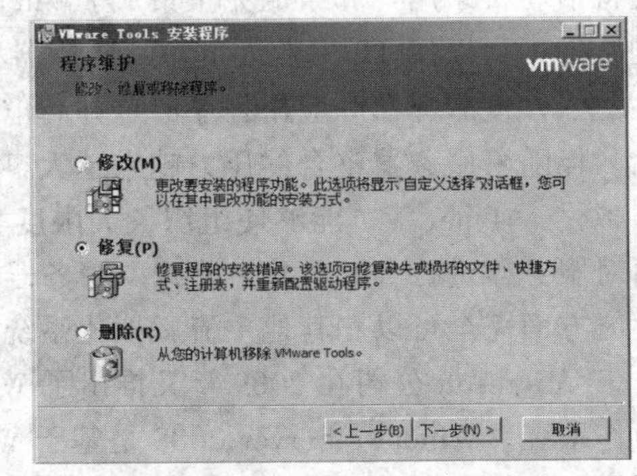

图 3-1-44　“VMware Tools 安装程序”对话框

相关知识

1. Windows 操作系统

Microsoft Windows（中文译作微软视窗或微软窗口）是微软公司推出的一系列操作系统。它问世于 1985 年，采用了 GUI 图形化操作模式，比起从前的指令操作系统——DOS 更为人性化。最初的 Windows 只是 MS-DOS 之下的桌面环境，以后的后续版本逐渐发展成为个人电脑和服务器用户设计的操作系统，并最终获得了全球个人电脑操作系统软件的垄断地位，成为目前世界上使用最广泛的操作系统。

随着电脑硬件和软件系统的不断升级，微软的 Windows 操作系统也在不断升级，从 16 位、32 位到 64 位，甚至 128 位操作系统。从最初的 Windows 1.0 和 Windows 3.2 到 Windows 95、Windows 97、Windows 98、Windows 2000、Windows Me、Windows XP、Windows Server 2003、Windows Vista、Windows 7、Windows 8、Windows 10 各种版本的持续更新。当前，最新的个人电脑版本是 Windows 10；最新的服务器版本是 Windows Server 2012 R2。

Windows 操作系统主要分为以下两大类。

① 面向家庭用户、单机用户和非专业用户。这类产品主要有 Windows 98 和 Windows XP、Windows Vista、Windows 7、Windows 10 等。这类产品对硬件要求较低，功能相对简单，易操作。

② 面向商业和企业用户。这类操作系统往往对硬件要求较高，其重点在安全性、稳定性和多样性上。这类操作系统主要有 Windows NT、Windows 2000 Server、Windows Server 2003、Windows Server 2008 等，它们主要是网络操作系统，可以在网络中担任各种服务器的角色。其中 Windows NT、Windows 2000 操作系统又分为客户端操作系统和服务器操作系统，而 Windows Server 2008 的所有版本均为服务器版本。

2. Windows Server 2008 简介

Microsoft 公司在 2008 年 1 月推出 Windows Server 2008。它继承了 Windows Server 2003，对部分功能进行了改进，并增加了一些新的功能和模块，使其在稳定性、安全性及硬件的兼容性上都得到了很大的提高。微软 Windows Server 研发部门同时宣布，Windows Server 2008（服务器端和客户端）将是微软发布的“最后一款 32 位操作系统”。

Windows Server 2008 具有增强的基础结构，先进的安全特性和改良后的 Windows 防火墙，支持活动目录用户和组的完全集成。Windows Server 2008 为服务器和网络基础结构奠定了最好的基础，可以使 IT 专业人员对其服务器和网络基础结构的控制能力更强、安全性更高、灵活性更强，使服务器和应用程序的合并与虚拟化更加简单。

伴随着服务器整合的压力越来越大，应用虚拟化技术已经成为大势所趋。Windows 服务器虚拟化（Hyper-V）能够使组织最大限度实现硬件的利用率，合并工作量，节约管理成本，从而对服务器进行合并，并由此减少服务器所有权的成本。Windows Server 2008 在虚拟化应用的性能方面完全可以和其他主流虚拟化系统相媲美并超出。

Microsoft 公司在 2009 年又推出了 Windows Server 2008 R2，它是一款 64 位版本的服务器操作系统。Windows Server 2008 是基于 Windows Vista 的服务器系统，有 32 位和 64 位两个版本。而 Windows Server 2008 R2 是基于 Windows 7 的服务器操作系统只有 64 位版。Windows Server 2008 R2 并不是 Windows Server 2008 的升级版，两个版本都是单独销售的。Windows Server 2008 R2 是第一个只提供 64 位版本的服务器操作系统。

同 Windows Server 2008 相比，Windows Server 2008 R2 继续提升了虚拟化、系统管理弹性、网络存取方式，以及信息安全等领域的应用，其中有不少功能需搭配 Windows 7。

在校学生可以到微软学院的网站申请免费的 Windows Server 2008 和 Windows Server 2008 R2 序列号，免费使用 900 天。

3. Windows Server 2008 版本

Windows Server 2008 发行了多种版本，以支持各种规模企业对服务器不断变化的需求。它有 6 种不同版本，另外还有 3 个不支持 Windows Server Hyper-V 技术的版本。

① 标准版（Windows Server 2008 Standard 版本）：它是迄今最稳固的 Windows Server 操作系统，其内建有强化 Web 和虚拟化功能，增加了服务器基础架构的可靠性和弹性，可以节省时间和降低成本，可以拥有更佳的服务器控制能力，简化设定和管理工作，增强安全性和可靠性。

② 企业版（Windows Server 2008 Enterprise 版本）：它提供企业级的平台，部署企业业务关键性的应用程序，可协助改善可用性和安全性，利用虚拟化授权权限整合应用程序减少基础架构的成本，因此它能为高度动态、可扩充的 IT 基础架构，提供良好的基础。

③ 数据中心版（Windows Server 2008 Datacenter 版本）：它提供企业级的平台，可在小型和大型服务器上部署关键的应用程序和大规模的虚拟化。可改善可用性，可利用无限制的虚拟化授权权限整合而成的应用程序，减少基础架构的成本。此外，还支持 2 到 64 位处理器，提供良好的基础，用以建置企业级虚拟化以及扩充解决方案。

④ Web 版（Windows Web Server 2008 版本）：它是特别为单一用途 Web 服务器而设计的系统，整合了重新设计架构的 IIS 7.0、ASP.NET 和 Microsoft.NET Framework，以便提供任何企业快速部署网页、网站、Web 应用程序和 Web 服务。

⑤ 安藤版本（Windows Server 2008 for Itanium-Based Systems 版本）：它是针对大型资料库、各种企业和自订应用程序进行最佳化设计的，它支持 64 位处理器。

⑥ 高效能运算版（Windows HPC Server 2008 版本）：它具备高效能运算（HPC）特性，可

提供企业级的工具，给高生产力的 HPC 环境，由于采用 64 位元技术，因此可有效地扩充至数以千计的处理核心，并可以提供管理主控台，协助主动监督和维护系统健康状况及稳定性。另外，可以让 Windows 和 Linux 的 HPC 平台间进行整合，还具有支持批次作业，增强生产力、扩充效能和使用容易等特色。它是同级中最佳的 Windows 环境。

Windows Server 2008 R2 有 7 个版本，除了上边介绍的 Windows Server 2008 的 6 个版本外，还增加了一个“基础版本”的 Windows Server 2008 R2 Foundatin，这个版本是成本低廉的项目级技术基础版本，用于支撑小型网络业务。

4．安装 Windows Server 2008 的硬件需求

在安装之前要先检查所使用的计算机是否满足安装 Windows Server 2008 的最低硬件配置要求，每一个版本的 Windows Server 2008 对硬件的需求不尽相同，在安装之前需要详细阅读操作系统的版本说明。本书以 Windows Server 2008 企业版为例进行说明。

① CPU 主频：不低于 1.0 GHz（x86）或 1.4 GHz（x64）的处理器，推荐 2.0 GHz 或更高的处理器；安腾版本的则需要 Intel Itanium 2 处理器。

② 内存：内存在 512 MB 以上 RAM，推荐 2 GB 或更多，32 位标准版最大支持 4 GB，32 位标准版最大支持 32 GB，企业版和数据中心版最大支持 64 GB，其他版本最大支持 2 TB。

对于 Windows Server 2008 R2 操作系统的内存 RAM，基础版最大支持为 8 GB，标准版最大支持为 32GB，企业版、数据中心版和安藤版本最大支持为 2 TB。

③ 硬盘分区要有足够的可用空间，建议硬盘空间最少 10 GB，推荐 40 GB 或更多。

④ 显示器：要求至少 SVGA 800×600 分辨率，或更高。

⑤ 对于大多数用户来说，由于要通过光驱来安装操作系统，所以用于读取安装光盘的 CD-ROM 是必不可少的。光驱要求 DVD-ROM。

思考与练习

一、选择题

1. Windows 操作系统主要分为________和________两大类。前者主要有________和________等产品。后者主要有________、________、________和________等产品。

2. 与 Windows XP 和 Windows Server 2003 之间存在的关系相似，Windows Server 2008 是的服务器系统，两者拥有很多相同功能。

3. Windows Server 2008 有________、________、________、________、________和________6 种不同版本，另外还有 3 个不支持 Windows Server Hyper-V 技术的版本。

4. 安装 Windows Server 2008 的硬件要求是：CPU 主频推荐________或更高，内存推荐或更多，推荐硬盘空间最好是________或更多，显示器要求至少________或更高。

5. VMware 是一个________PC 软件，VMware 可以使你在一台机器上同时运行________操作系统，就像标准 Windows 应用程序那样切换，甚至可以将几台虚拟机________。

二、操作题

1. 安装 VMware Workstation 软件，新创建一个名称为“WIN2008”的虚拟机和一个名称为

"WIN7"的虚拟机。每个虚拟机有 40 GB 一个分区的硬盘。

2. 在"WIN2008"虚拟机内安装 Windows Server 2008 企业版操作系统。在"WIN"虚拟机内安装 Windows 7.0 操作系统。

3. 将 "WIN7" 虚拟机中安装的 Windows 7.0 操作系统卸载，将 "WIN7" 虚拟机删除。

4. 给虚拟机安装 VMware Tools10.0，再卸载 VMware Tools10.0。

3.2 【案例 6】系统的基本配置

案例描述

王帅已经按要求对新购置的计算机安装 Windows7 操作系统，但对于一些硬件还需要使用"设备管理器"给未识别的硬件添加驱动程序，安装网络配置所需要的组件或服务，并管理相应的服务。

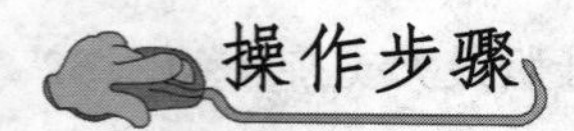

1. 管理硬件设备

① 单击"开始"→"控制面板"命令，弹出"控制面板"窗口，在窗口中双击"设备管理器"弹出"设备管理器"窗口，可以判断硬件设备的工作状态，如图 3-2-1 所示。

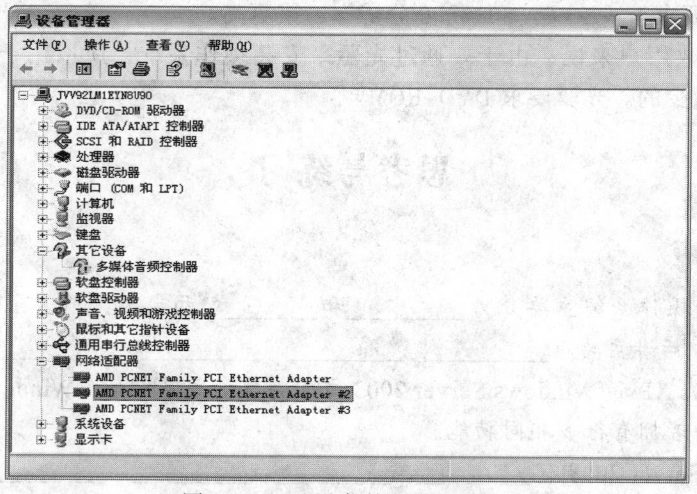

图 3-2-1 "设备管理器"窗口

◎ 如果硬件设备显示为黄色问号，代表设备工作不正常，或者没有安装驱动程序。

◎ 如果硬件设备显示为红色叉号，代表此设备已被禁用。

② 如果有些设备不允许提供服务，右击需要禁用的硬件设备，单击弹出快捷菜单中的"禁用"菜单命令，如图 3-2-2 所示。自动弹出系统提示信息对话框，如图 3-2-3 所示，请用户再次确认执行禁用操作，单击"是"按钮，"设备管理器"中该设备的图标上将出现一个红叉状态，表示该设备已经被禁用。

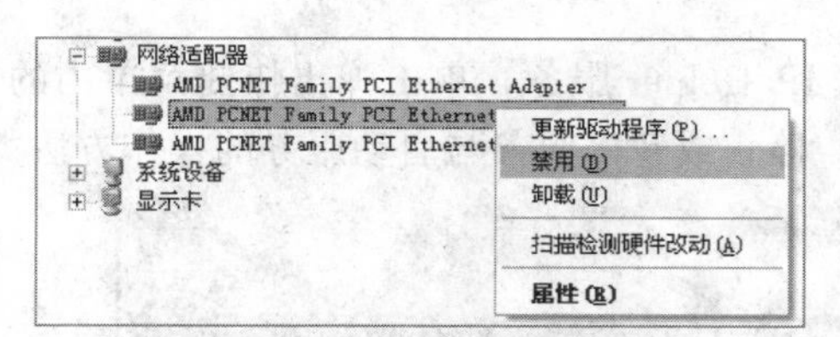

图 3-2-2　禁用硬件设备操作

图 3-2-3　系统提示操作对话框

③ Windows 7 会内置常见设备的驱动程序，但是个别设备的驱动程序仍然需要手工安装。可以根据“硬件更新向导”对话框的操作提示安装不同硬件设备的驱动程序，来完善系统中所有硬件的配置。

④ 如果需要安装声卡，弹出“设备管理器”窗口，右击声卡设备，单击弹出快捷菜单中的“更新驱动程序”命令，弹出“硬件更新向导”对话框，选中“从列表或指定位置安装(高级)”单选按钮，如图 3-2-4 所示。

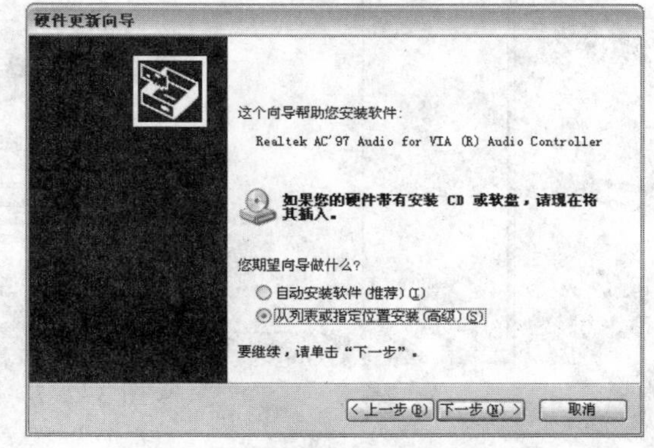

图 3-2-4　“硬件更新向导”对话框

⑤ 单击“下一步”按钮，弹出“请选择您的搜索和安装选项”界面，选择驱动程序的相应位置。选中“搜索可移动媒体（软盘、CD-ROM…）”复选项，或选中“在搜索中包括这个位置”复选项，并在其下的文本框中输入指定的搜索位置，如图 3-2-5 所示。

⑥ 单击“下一步”按钮，弹出“向导正在搜索，请稍后……”界面，系统会在指定的位置搜索与硬件相符的驱动程序，如图 3-2-6 所示。

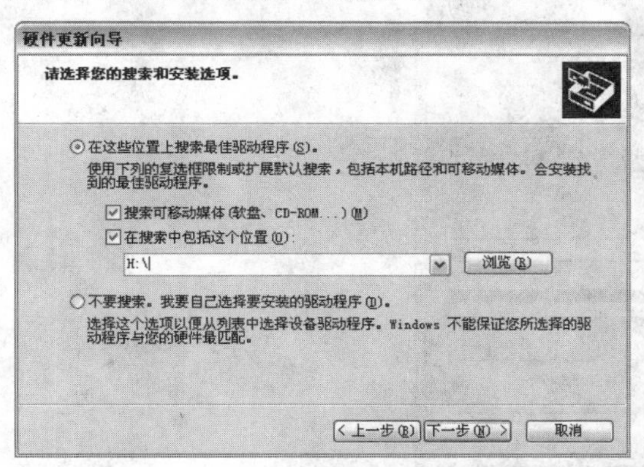

图 3-2-5　“请选择您的搜索和安装选项”界面

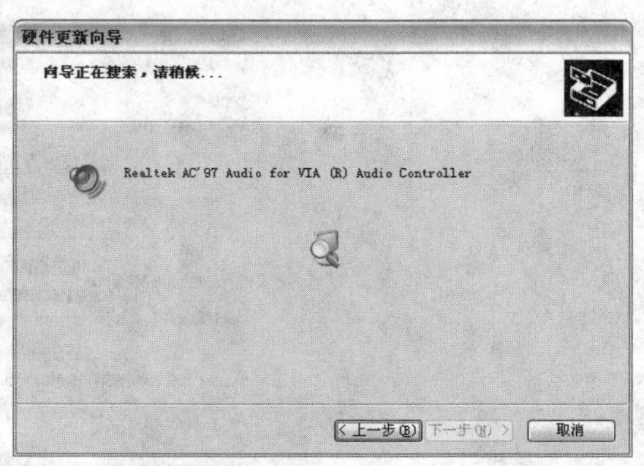

图 3-2-6　“向导正在搜索，请稍后……”界面

⑦ 搜索到合适的驱动程序后会提示安装，单击“下一步”按钮，进行安装。安装完毕后，单击“完成”按钮，结束驱动程序的安装。

2. 服务管理

① 在系统的桌面上，单击“开始”→“管理工具”→“服务”命令，弹出“服务”窗口，选择希望启动的服务，来提供响应的服务。

② 比如，需要修改 IP Helper 的服务，右击 IP Helper 服务，单击弹出快捷菜单中的“启动”菜单命令，如图 3-2-7 所示，即可启动服务。停止或暂停服务与启动服务的操作方法类似。

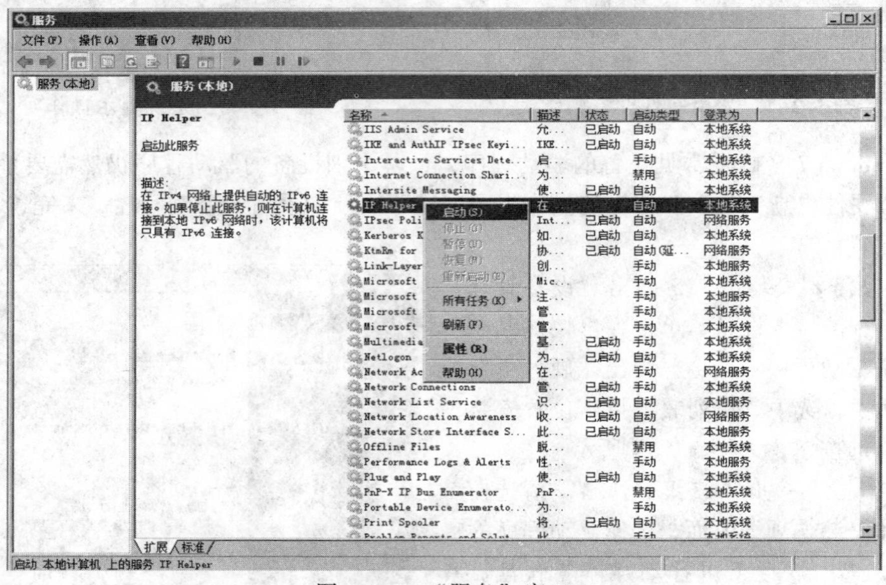

图 3-2-7 “服务”窗口

③ 还可以进一步设置服务启动类型，例如，双击需要设置服务启动类型的服务，或者右击 IP Helper 服务，单击弹出快捷菜单中的“属性”命令，弹出“IP Helper 的属性（本地计算机）”对话框，单击“启动类型”下拉列表框，选择服务启动的类型，使用自动、手动或禁用设置，如图 3-2-8 所示。

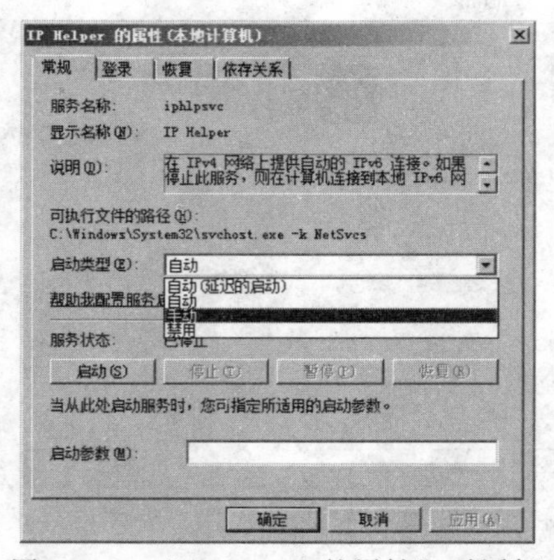

图 3-2-8 “Messenger 的属性”对话框

相关知识

1. 设备管理器概述

Windows 7 的硬件管理主要有安装和升级硬件驱动程序、卸载硬件驱动程序、停止硬件的使用、查看硬件信息和修改硬件配置等。所有的硬件管理工作都可以通过“系统属性”对话框中“硬件”选项卡的内容来实现。设备管理器是 Windows 中最常使用的硬件管理工具，通过设备管理器可以更新硬件设备的驱动程序、修改硬件设置和解决疑难问题等。可以使用设备管理器来执行以下操作：

① 判断计算机中的硬件是否工作正常。在设备管理器中可以通过颜色和图标来判断硬件设备是否正常工作。显示为“黄色问号”，代表设备工作不正常，或者没有安装驱动程序；显示为“红色叉号”，代表此设备已被禁用，如图 3-2-9 所示。

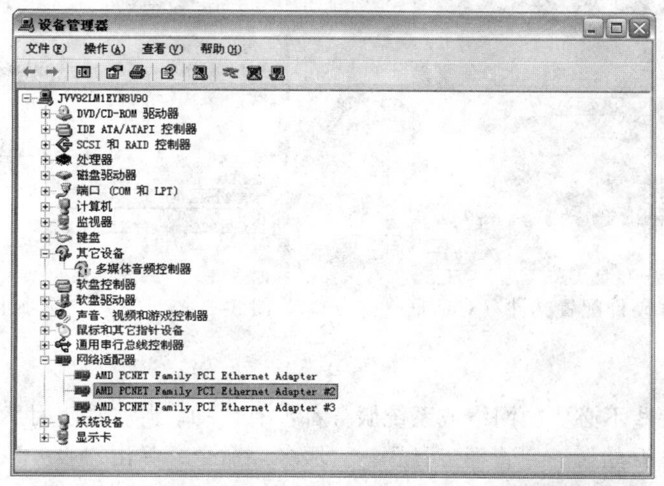

图 3-2-9　“设备管理器”窗口中未正常工作的硬件设备

② 查看硬件设备使用的驱动程序文件及其版本信息。

③ 安装、更新驱动程序。

④ 禁用、启用和卸载设备。

⑤ 返回到驱动程序的前一版本。如升级驱动程序失败，可返回到升级前使用的版本。

⑥ 硬件配置文件。

硬件配置文件是一组硬件配置信息的集合，它告诉 Windows 在启动计算机时要启动哪些设备。安装 Windows 时，系统创建了一个名称为 Profile1 的硬件配置文件，在系统的桌面上，右击“我的电脑”图标，单击弹出快捷菜单中的“属性”命令，弹出“系统属性”对话框，切换到“硬件”选项卡，单击“硬件配置文件”按钮，弹出“硬件配置文件”对话框，如图 3-2-10 所示。默认情况下 Profile1 硬件配置文件会启用安装 Windows 时所有安装在这台计算机上的设备。

如果计算机上有多个硬件配置文件，可指定每次启动计算机时要使用的默认配置文件，也可以让操作系统在每次启动计算机时向用户询问这次要使用的配置文件，默认情况下系统会等待 30 s 的时间，如果 30 s 内用户没有做出选择，系统会使用默认的硬件配置文件。

创建硬件配置文件后，可以使用设备管理器来禁用和启用配置文件中的设备，右击桌面上的“我的电脑”图标，单击弹出菜单中的“属性”命令，弹出“系统属性”对话框，切换到“硬件”选项卡，单击“设备管理器”按钮，弹出“设备管理器”对话框，在此对话框中，右击 AMD PCNET Family PCI Ethernet Adapter，在弹出的对话框单击“属性”菜单命令，弹出“AMD

PCNET Family PCI Ethernet Adapter 属性”对话框，在“设备用法”下拉选项中，选择“不要使用这个设备（禁用）”选项，如图 3-2-11 所示。如果禁用了硬件配置文件中的某台设备，启动计算机时系统就不会加载该设备的驱动程序。

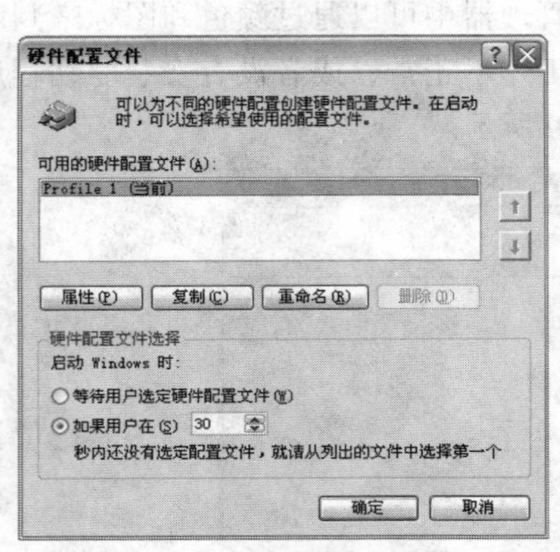

图 3-2-10 “硬件配置文件”对话框

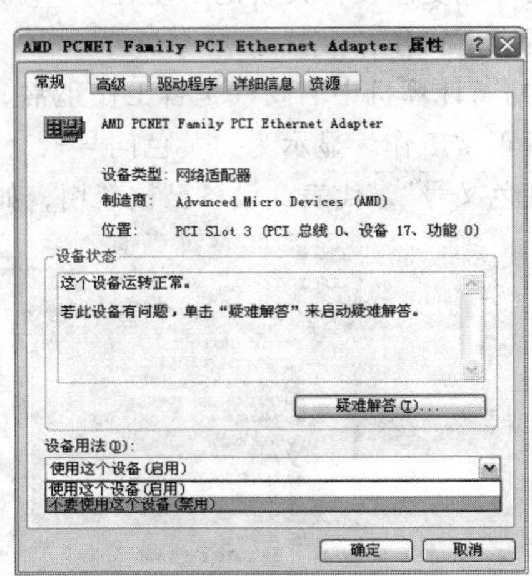

图 3-2-11 常规“选项卡”界面

2. 服务概述

默认情况下，一些不必要的网络或系统服务都没有启动。当需要使用某个未启动的网络或系统服务时，单击“开始”→“管理工具”→“服务”命令，弹出“服务”窗口，修改各个服务项，来管理 Windows Server 2008 中的服务，如图 3-2-12 所示。

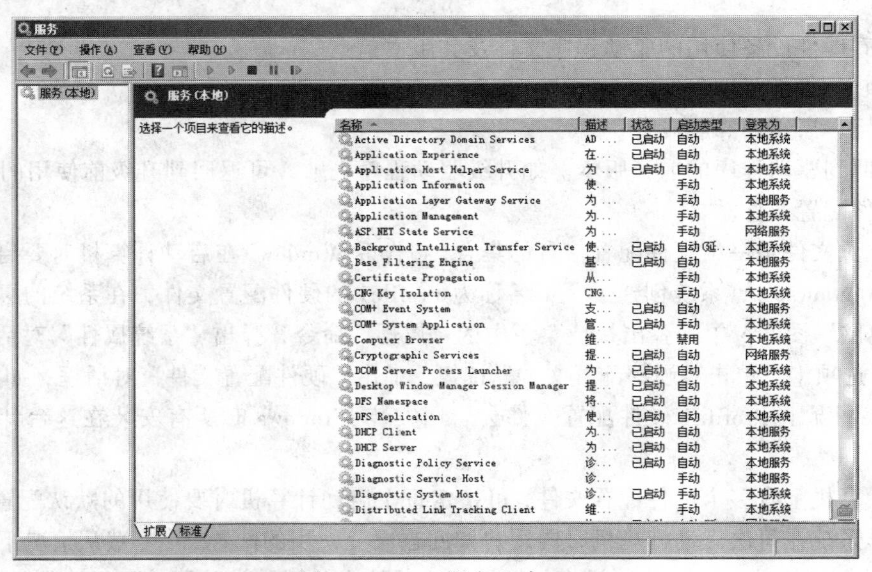

图 3-2-12 “服务”窗口

在“服务”窗口中可以实现以下功能。

① 查看服务的相关信息。

② 启动、停止和暂停服务。

③ 设定服务的启动类型：手动、自动和禁用。

④ 查看服务的依赖关系，某些服务只有在它依靠的服务启动后才能启动。

3. 查看系统信息

管理一台服务器，必须先了解这台服务器的相关信息，包括系统的软件信息和硬件信息。用户可以单击“开始”图标，右击“计算机”命令，在快捷菜单中选择“属性”命令，弹出“系统”窗口，查看当前服务器的操作系统版本、CPU 主频和内存容量等信息，如图 3-2-13 所示。也可以单击桌面上的“开始”→“所有程序”→“附件”→“系统工具”→“系统信息”命令，可以弹出“系统信息”窗口，如图 3-2-14 所示。利用“系统信息”窗口可以快速全面地了解服务器的详细信息，并可以将这些信息保存或打印。

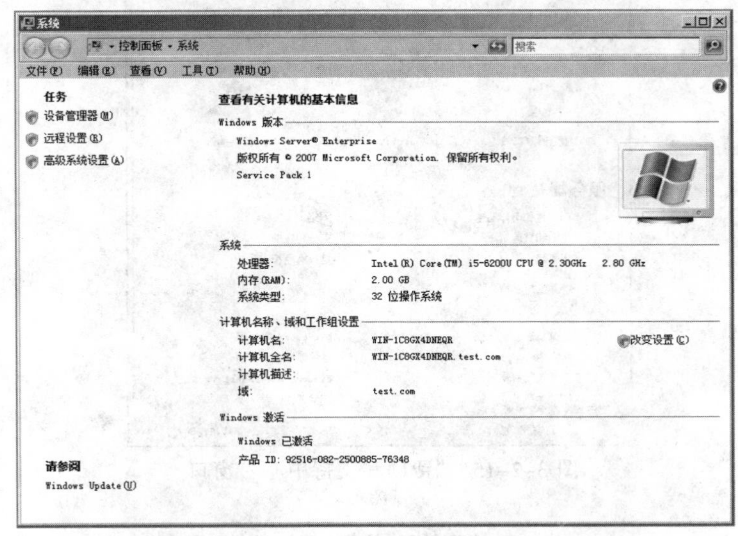

图 3-2-13 “系统属性”对话框

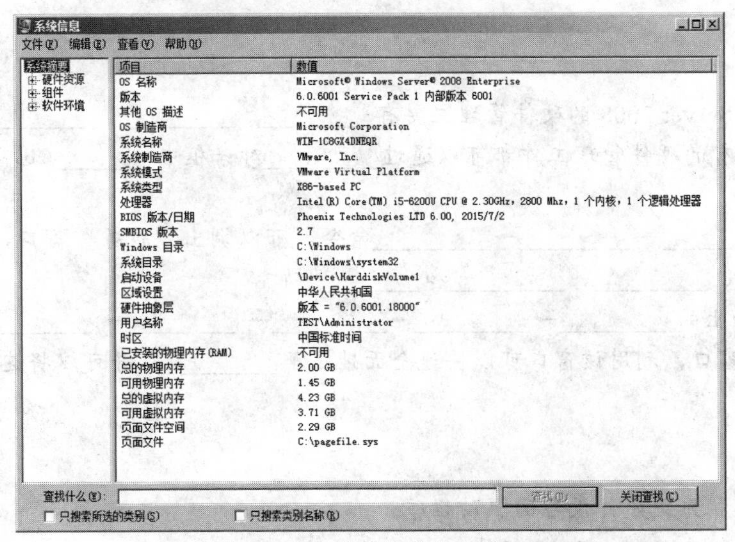

图 3-2-14 “系统信息”窗口

4. 使用 Windows 帮助

查看 Windows 的帮助信息是学习操作系统的好方法。在系统的桌面上，单击“开始”→“帮助和支持”命令，调出“帮助和支持”窗口，如图 3-2-15 所示。Windows Server 2008 提供的帮助更加人性化和网络化，可以通过类别查找所需要的信息，也可以通过模糊搜索找到需要的信息。

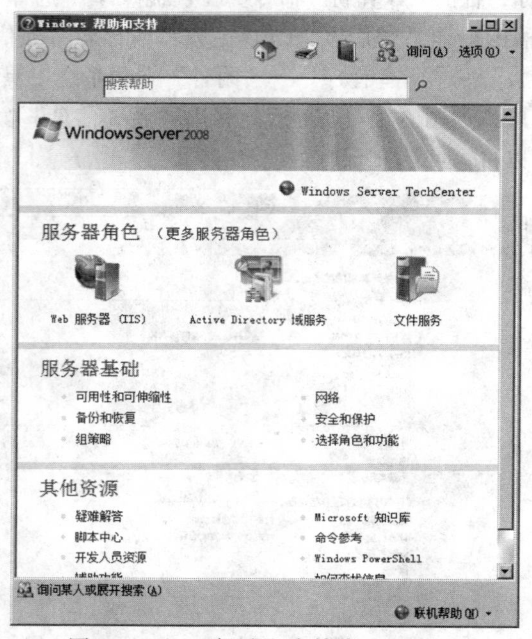

图 3-2-15 “帮助和支持中心”窗口

思考与练习

一、填空题

1. Windows Server 2008 的硬件管理主要有________、________、________、________和________等。所有的硬件管理工作都可以通过________对话框中________选项卡的内容来实现。

2. 单击________→________→________命令，可以调出“服务”窗口，在该窗口中可以实现________、________、________和________功能。

3. 单击桌面上的________→________→________→________→________命令，可以调出“系统信息”窗口，利用该窗口可以快速全面地了解________，并可以将这些信息________或________。

二、操作题

1. 安装计算机系统硬件设备的驱动程序。
2. 安装 Windows Server 2008 组件。

3.3 【案例 7】设置 IP 地址

案例描述

在一个网络中，如果想从其他主机的网络邻居中查找本主机，那么需要给本主机添加一个网络中可以识别的计算机名称。如果想从其他主机与本主机进行通信，那么需要给本主机添加一个本网络中可识别的、唯一的 IP 地址。如果需要实现跨网段的通信，还需要指定网关。如果需要通过域名进行访问的话，还需要指定网络中域名解析服务器的 IP 地址。

操作步骤

1. 修改 IP 地址

① 选择“开始”→“控制面板”→“网络和共享中心”命令，在图 3-3-1 中单击“查看状态”链接。

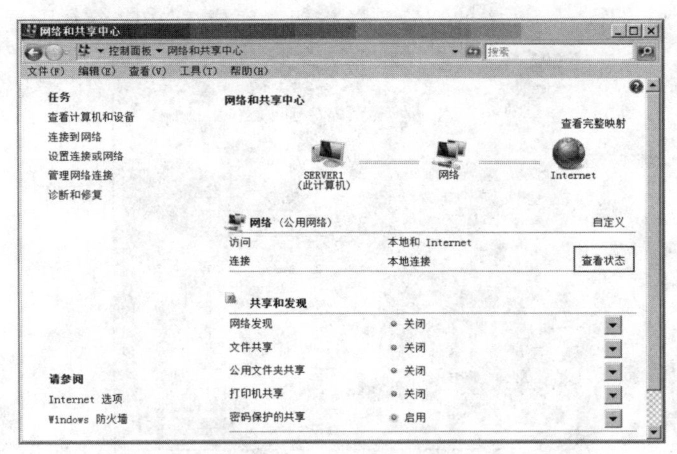

图 3-3-1　网络和共享中心

② 在图 3-3-2 的“本地连接 状态”对话框中单击“属性”按钮，在打开的“本地连接 属性”对话框中选择“Internet 协议版本 4（TCP/IPv4）”，再单击“属性”按钮。

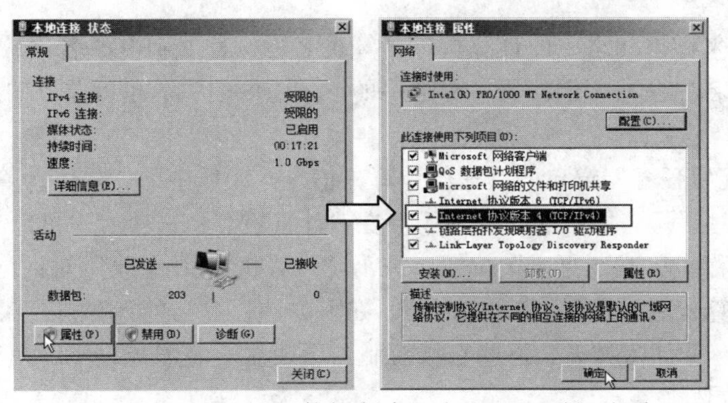

图 3-3-2　“Internet 协议版本 4（TCP/IP04）”选项

③ 如果在图 3-3-2 中选择了“自动获得 IP 地址”单选框，计算机就将通过自动设置 IP 地址的方式进行设置，如果选择了“使用下面的 IP 地址”单选框，则需要管理员填写 IP 地址、子网掩码、默认网关和 DNS 服务器地址等参数，这些参数作用如下：

IP 地址：如果是内部的局域网可以使用合适 Private IP，如 192.168.10.1 之类的地址，但要注意所设置的 IP 地址和网络中其他计算机保持在同一个区域，并且 IP 地址必须唯一。

子网掩码：对于同一个网络的计算机，它们的子网掩码都应该相同。如果使用的不是变长子网掩码，则在填写完 IP 地址后，只需用鼠标单击子网掩码的填写框或直接按【Tab】键即可自动填写。

默认网关：如果内部的局域网计算机需要通过路由器连接互联网，则需要在这里填写路由器的 IP 地址。

首选 DNS 服务器：如果在访问资源时，需要进行 DNS 解析的话，则在这里填写可以使用的 DNS 服务器的 IP 地址。

备用 DNS 服务器：此地址是为了防止首选 DNS 服务器出现故障无法提供服务时，可使用这个 IP 地址所指向的 DNS 服务器。

④ 填写完成后单击图 3-3-3 中的“确定”按钮，完成 TCP/IP 参数配置。

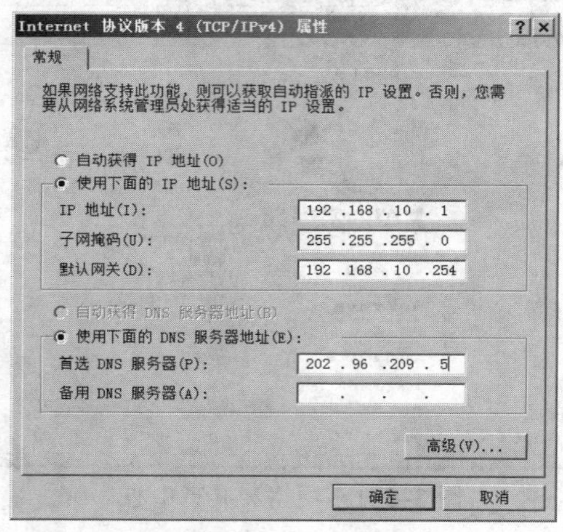

图 3-3-3 设置 IP 地址

2. 修改计算机名称

计算机名称用来标识网络中的计算机，计算机名称又称 NetBIOS 名称，当计算机启动时，系统就根据计算机名称在网络上注册一个唯一的 NetBIOS 名称，也就是在“网上邻居”窗口中看到的计算机名称。

单击 “初始配置任务”窗口的“提供计算机信息”区域中的“提供计算机名和域”链接，弹出“系统属性”对话框，如图 3-3-4 所示。在“计算机名”选项卡中可以查看当前的计算机名称以及工作组名称，单击“更改”按钮，弹出“计算机名/域更改”对话框，如图 3-3-5 所示。输入自己的计算机名，比如“WIN2008”，在下方选择自己的计算机是隶属于域或工作组，单击“确定”按钮。若加入域时，需要在域控制器中建立一个账号，然后在添加到域的过程中输入账号和密码即可。

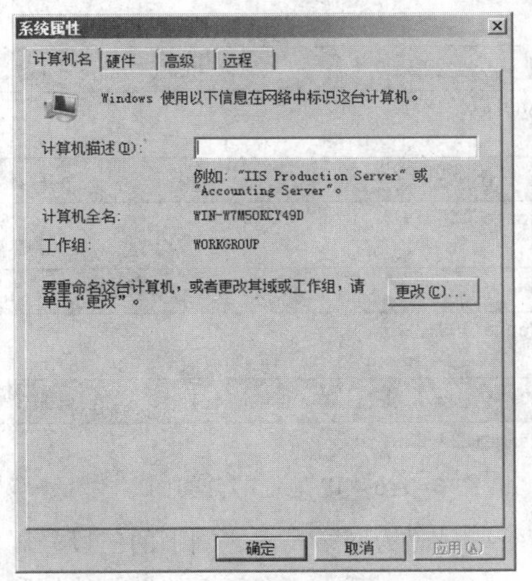

图 3-3-4　“系统属性”对话框

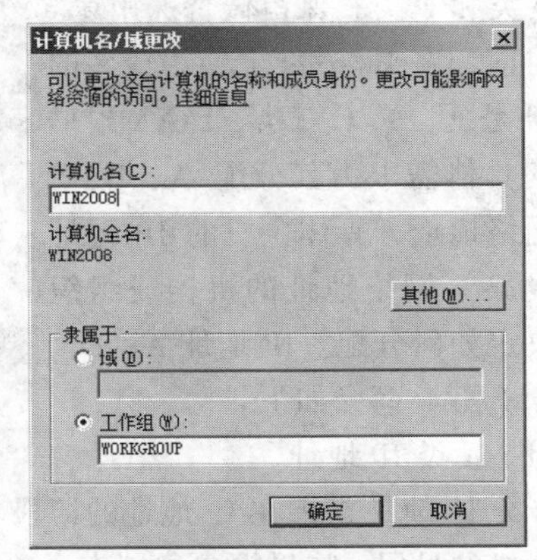

图 3-3-5　“计算机名/域更改”对话框

相关知识

1. IP 地址

在 TCP/IP 网络中，如果两台工作站要互相通信，必须有一种机制来标识网络中的每一台主机。在实际应用中，TCP/IP 网络中的每个结点都使用一个 32 位的地址来标识自己，这个地址被称为 IP 地址。IP 地址是一个网络编码，它既可以是一个主机（服务器、客户机）的地址，也可以是路由器一个接口的地址，即 IP 地址确定的是网络中的一个结点。如果路由器接口要进行 IP 路由，该接口必须配置 IP 地址。

IP 地址有 32 位，由 4 个 8 位的二进制数组成，每 8 位之间用圆点隔开。由于二进制不便于记忆且可读性较差，所以通常把二进制数转换成十进制数表示，其取值范围为 0～255，计算机会自动进行二者之间的转换。因此，一个 IP 地址常用 4 个点分开的十进制数来表示。

Internet 是把全世界的无数个网络连接起来的一个庞大的网间网，每个网络中的计算机通过其自身的 IP 地址而被唯一标识，据此可以设想，在 Internet 这个庞大的网间网中，每个网络也有自己的标识符。这与日常生活中的电话号码很相似，例如有一个电话号码为 010-123456，这个号码中的前三位表示该电话是属于哪个地区的，后面的数字表示该地区的某个电话号码。与前面的例子类似，把计算机的 IP 地址也分成两部分，分别为网络标识和主机标识。

同一个物理网络上的所有主机都用同一个网络标识，网络上的每一个主机（包括网络上的工作站、服务器或路由器等）都有一个主机标识与其对应。IP 地址的 4 个字节划分为两个部分，一部分用以标明具体的网络段，即网络标识；另一部分用以标明具体的结点，即主机标识，即某个网络中特定的计算机标识。IP 地址的网络部分由因特网代理成员管理局（IANA）统一分配，以保证 IP 地址的唯一性。为了便于管理，IANA 将 IP 地址分为 A、B、C、D、E 五类（class），每个类别的网络部分和主机部分都有相应的规则，如图 3-3-6 所示。

A 类：0.0.0.0～127.255.255.255 适用于大型网络。

B 类：128.0.0.0～191.255.255.255 适用于中型网络。

C类：192.0.0.0～223.255.255.255 适用于小型网络。

D类和E类：保留做特殊用途。

目前，在Internet上使用最多的IP地址是A、B、C三类，IANA根据组织的具体需求为其分配 A、B、C三类网络地址，具体主机的IP地址由得到某一网络地址的机构或组织自行决定如何分配。IP地址A、B、C、D、E五类简介如下。

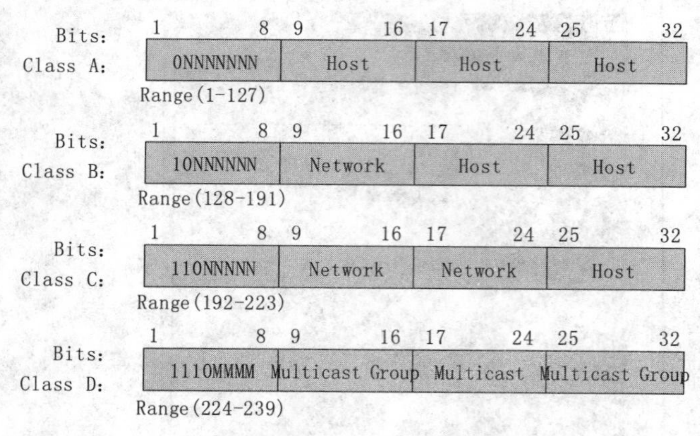

图3-3-6 IP地址的分类图

（1）A类IP地址

A类IP地址是指在IP地址的四段号码中，第一段号码为网络号码，剩下的三段号码为本地计算机的号码。如果用二进制表示IP地址，则A类IP地址就由1个字节的网络地址和3个字节的主机地址组成，网络地址的最高位必须是“0”。A类IP地址中网络的标识长度为7位，主机标识的长度为24位，A类网络地址数量较少，可用于主机数达1 600多万台的大型网络。

（2）B类IP地址

B类IP地址是指在IP地址的四段号码中，前两段号码为网络号码，剩下的两段号码为本地计算机的号码。如果用二进制表示IP地址，则B类IP地址就由2个字节的网络地址和2个字节主机地址组成，网络地址的最高位必须是“10”。B类IP地址中网络的标识长度为14位，主机标识的长度为16位，B类网络地址适用于中等规模的网络，每个网络所能容纳的计算机数为60 000多台。

（3）C类IP地址

C类IP地址是指在IP地址的四段号码中，前三段号码为网络号码，剩下的一段号码为本地计算机的号码。如果用二进制表示IP地址，则C类IP地址就由3个字节的网络地址和1个字节主机地址组成，网络地址的最高位必须是“110”。C类IP地址中网络的标识长度为21位，主机标识的长度为8位，C类网络地址数量较多，适用于小规模的局域网络，每个网络最多只能包含254台计算机。

（4）D类IP地址

D类IP地址是用于组播通信的地址，不能在互联网上作为结点地址使用。

（5）E类IP地址

E类地址是用于科学研究的地址，也不能在互联网上作为结点地址使用。

（6）几个特殊的IP地址

① 广播地址。TCP/IP协议规定主机号各位全为“1”的IP地址为广播地址，表示网络上的所有主机。例如，192.168.3.255可以用此地址向C类网络192.168.3中的所有主机发送报文。

② 网络地址。TCP/IP协议规定主机号各位全为“0”的IP地址为网络地址，表示本网络，如192.168.3.0表示192.168.3这个C类网络。

③ 回环地址。以127开头的地址是系统保留的地址，用于测试TCP/IP协议安装是否正确。例如，常用的127.0.0.1，通常在命令提示符中使用ping命令来测试。

目前，在Internet上只使用A、B、C三类地址，而且为了满足企业用户在Internet上使用的需求，从A、B、C三类地址分别找出一部分地址以供企业内部网上使用，这部分地址称为私有地址。私有地址是不能在Internet上使用的，主要包括以下几个网段。

① 10.0.0.0～10.255.255.255。

② 172.16.0.0～172.31.255.255。

③ 192.168.0.0～192.168.255.255。

2．子网掩码

子网掩码也是由32个二进制位组成的，对应IP地址的网络部分用“1”表示，对应IP地址的主机部分用“0”表示，通常也是用4个点分开的十进制数来表示。对A、B、C三类地址来说，通常情况下都使用默认的子网掩码。默认的子网掩码如下。

① A类地址的默认子网掩码是255.0.0.0。

② B类地址的默认子网掩码是255.255.0.0。

③ C类地址的默认子网掩码是255.255.255.0。

子网掩码的最大作用就是将IP地址与子网掩码按位进行“与”运算，判断IP地址所对应的主机是否在同一个网络内。只要把IP地址和子网掩码作逻辑“与”运算，所得的结果就是IP地址的网络地址。按位“与”运算就是将IP地址的32位二进制数与子网掩码的32位二进制数按位对齐，若两位都是“1”，则结果为“1”，否则结果为“0”。

由此可见，子网掩码的作用就是获取主机IP地址的网络地址信息，用于区分主机通信的不同情况，由此选择不同的路径。

3．配置静态IP地址和动态IP地址

静态IP地址是为某台计算机手动设定一个合法的IP地址。一般情况下，网络中的服务器都使用静态IP地址，例如，文件服务器、打印服务器等。

由于使用静态IP地址，所以可以通过IP地址快速定位到某台服务器，另外也简化了名称解析和DNS域名解析的复杂性。

给客户端计算机分配静态IP地址，会增加管理员的工作量，也可能会输入错误的信息。当网络更改IP段时，需要重新配置等一系列的问题。为了避免这些问题，可以将所有的客户端计算机设置成自动获得动态IP地址，如图3-3-9所示。此时，网络里必须有为其他客户端分配IP地址的DHCP服务器。当计算机向网络申请动态IP地址时，DHCP服务器会自动为每台客户端计算机分配动态IP地址。

当计算机得到一个动态IP地址后，可以查看当前获得的动态IP地址等信息，如图3-3-8所示。此外，也可以单击“详细信息”按钮，调出“网络连接详细信息”对话框，来查看动态IP地址的详细情况，如图3-3-9所示。

4．备用配置概述

备用配置使计算机在缺乏动态主机配置协议（DHCP）服务器的情况下使用手动配置IP地址的备用配置。如果在多个网络上使用一台计算机，而且至少有一个网络没有使用DHCP服务器，又希望自动配置，则可以使用备用配置。

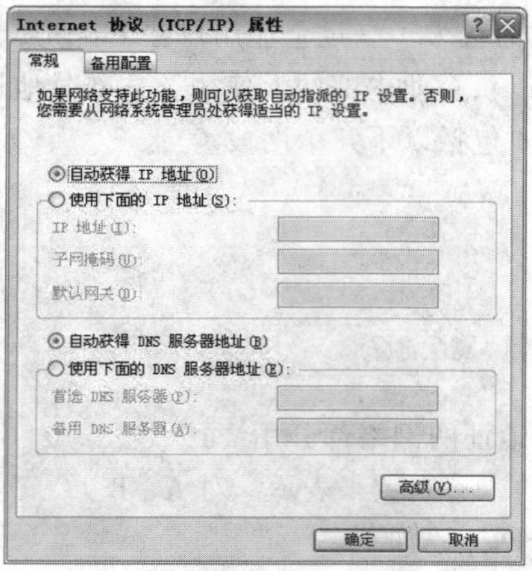

图 3-3-7　自动获得 IP 地址配置

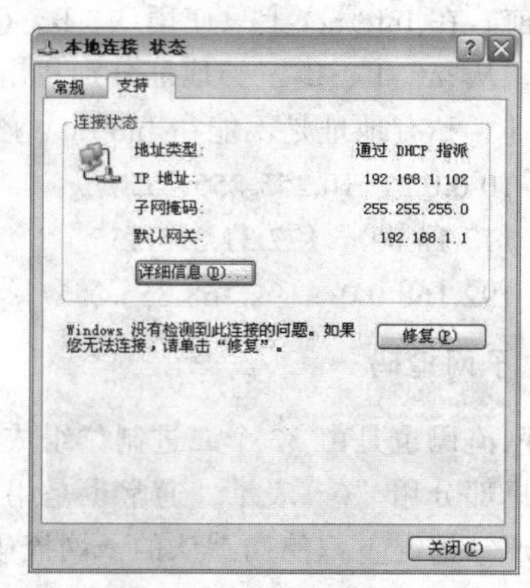

图 3-3-8　查看 IP 地址信息

例如，如果希望自己的主机既能在办公室中使用，又能在家中使用，这时配置 TCP/IP 的备用配置将非常有用。在办公室，主机使用 DHCP 分配的 TCP/IP 配置。在家中，因为没有现成的 DHCP 服务器，所以主机自动使用备用配置，备用配置提供了对家庭网络设备和 Internet 的简单访问方式，同时允许在两个网络上进行无缝操作，而无须手动配置 TCP/IP 设置，如图 3-3-10 所示。

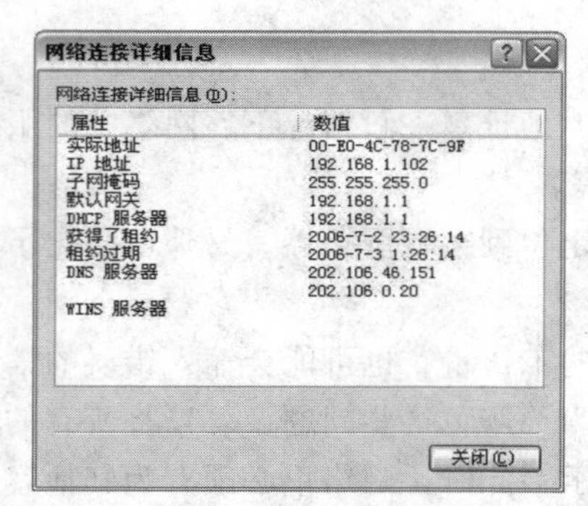

图 3-3-9　查看网络连接详细信息

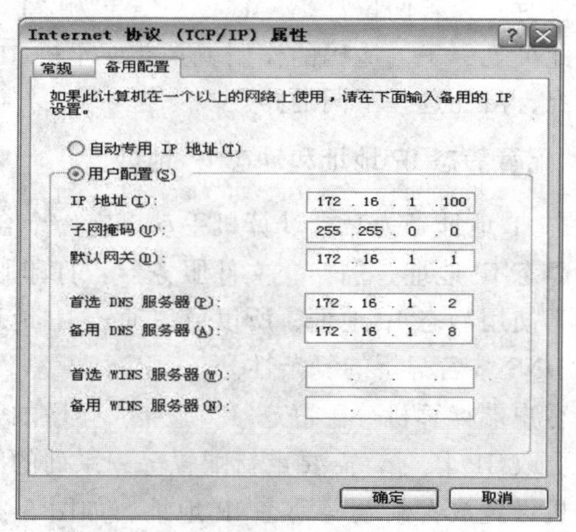

图 3-3-10　“备用配置”选项卡

思考与练习

一、填空题

1. 使用 Windows Server 2008 的计算机接入网络的条件是________、________和________。

2. 静态 IP 地址是为某台计算机________设定一个合法的 IP 地址。

3. 网络里必须安装专门为________。当计算机向网络申请动态 IP 地址时，________会自动为每台客户端计算机分配________。

4. IP地址A类适用于________，B类适用于________，C类适用于________。

5. 子网掩码也是由________个二进制位组成的，对应IP地址的网络部分用________表示，对应IP地址的主机部分用________表示，通常也是用________个点分开的十进制数来表示。

6. 对A、B、C三类地址来说，通常情况下都使用________。

7. A类地址的默认子网掩码是________，B类地址的默认子网掩码是________，C类地址的默认子网掩码是________。

8. 子网掩码的作用是获取________，用于________，由此选择不同的________。

二、简答题

1. 简述Windows网络组成。
2. 简述备用配置的作用。
3. 简述IP地址的分类特点。
4. 简述子网掩码的最大作用。

三、操作题

1. 打开“Internet协议（TCP/IP）属性”对话框。
2. 设置计算机名称。设置计算机的静态IP地址。

3.4 【案例8】局域网连通测试

案例描述

JJB公司局域网的组建工作告一段落。网络管理员王帅需要使用ipconfig、ping等命令对公司的局域网进行简单的测试，以确认网络可以正常联通，保障公司网络信息共享。在使用测试命令时如有疑问可以随时通过在命令后输入“/?”寻求帮助，如通过命令“ipconfig /?”。

操作步骤

① 在系统的桌面上，单击“开始”→“运行”命令，弹出“运行”对话框。在“打开”文本框中输入“cmd”命令，如图3-4-1所示。单击“确定”按钮，弹出“命令提示符”窗口，如图3-4-2所示。

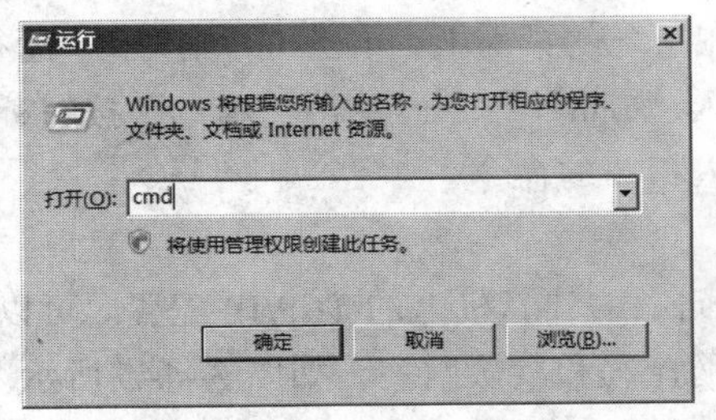

图3-4-1“运行”对话框

图3-4-2　命令提示符窗口

② 在命令提示符后输入“ipconfig/all”命令，按【Enter】键，即可查看当前主机的 TCP/IP 配置信息，如图 3-4-3 所示。

```
C:\WINDOWS\system32\cmd.exe

C:\Documents and Settings\Administrator>ipconfig /all

Windows IP Configuration

   Host Name . . . . . . . . . . . . : jvv92lm1eyn8u9o
   Primary Dns Suffix  . . . . . . . :
   Node Type . . . . . . . . . . . . : Unknown
   IP Routing Enabled. . . . . . . . : No
   WINS Proxy Enabled. . . . . . . . : No
   DNS Suffix Search List. . . . . . : domain

Ethernet adapter public:

   Connection-specific DNS Suffix  . : domain
   Description . . . . . . . . . . . : AMD PCNET Family PCI Ethernet Adapter
   Physical Address. . . . . . . . . : 00-0C-29-3F-11-B3
   DHCP Enabled. . . . . . . . . . . : Yes
   Autoconfiguration Enabled . . . . : Yes
   IP Address. . . . . . . . . . . . : 192.168.1.105
   Subnet Mask . . . . . . . . . . . : 255.255.255.0
   Default Gateway . . . . . . . . . : 192.168.1.1
   DHCP Server . . . . . . . . . . . : 192.168.1.1
   DNS Servers . . . . . . . . . . . : 202.106.46.151
                                       202.106.0.20
```

图 3-4-3 “ipconfig/all”命令显示结果

③ 在命令提示符后输入“ping 192.168.1.105”命令，按【Enter】键，测试当前计算机和 192.168.1.105 之间的网络是否能够正常通信，如图 3-4-4 所示。

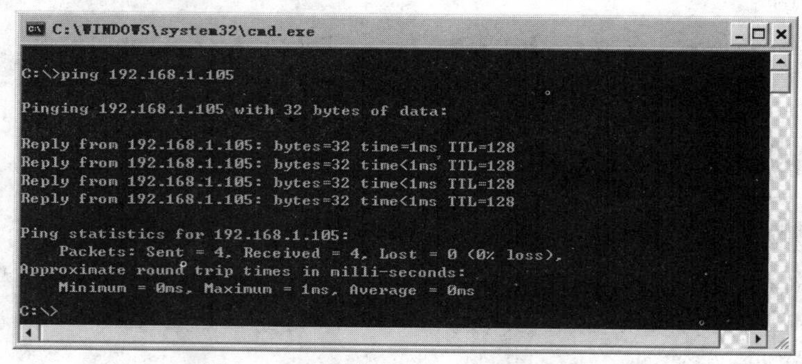

图 3-4-4 测试网络连接是否正常

相关知识

常用网络命令

提示符命令指的是在提示符窗口中执行的命令，在系统的桌面上，单击“开始”→“运行”命令，弹出“运行”对话框。在“打开”文本框中输入“cmd”命令，单击“确定”按钮，弹出“命令提示符”窗口，在窗口中的命令提示符后输入相关的命令。

（1）ipconfig 命令

对 TCP/IP 网络问题进行故障排除时，先检查出现问题的计算机上的 TCP/IP 配置。可以使用 ipconfig 命令获得主机配置信息，包括 IP 地址、子网掩码和默认网关，如图 3-4-5 所示。

使用“/all”选项的 ipconfig 命令，可以查看详细的 IP 地址信息，如图 3-4-6 所示。显示出来的内容的对应解释如表 3-4-1 所示。

```
C:\WINDOWS\system32\cmd.exe
Microsoft Windows [版本 5.2.3790]
(C) 版权所有 1985-2003 Microsoft Corp.

C:\Documents and Settings\Administrator>ipconfig

Windows IP Configuration


Ethernet adapter public:

   Connection-specific DNS Suffix  . : domain
   IP Address. . . . . . . . . . . . : 192.168.1.105
   Subnet Mask . . . . . . . . . . . : 255.255.255.0
   Default Gateway . . . . . . . . . : 192.168.1.1

C:\Documents and Settings\Administrator>
```

图 3-4-5　ipconfig 命令执行后显示的结果

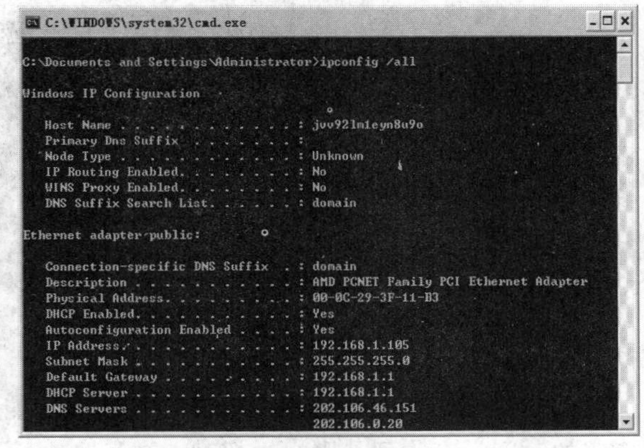

图 3-4-6　“ipconfig /all”命令执行后显示的结果

表 3-4-1　ping/all 显示的相关内容

显 示 内 容	对 应 解 释
Host Name	主机名，即计算机名
Primary Dns Suffix	主要的 DNS 后缀
Node Type	通信结点类型
IP Routing Enabled	IP 路由功能是否启动
WINS Proxy Enabled	WINS 代理功能是否启动
DNS Suffix Search List	DNS 后缀搜索列表
Ethernet adapter Public	网卡类型和名称
Connection-specific DNS Suffix	连接指定的 DNS 后缀
Description	网卡的型号
Physical Address	网卡的物理地址，即 MAC 地址
DHCP Enabled	是否启用 DHCP 功能
Autoconfiguration Enabled	是否启用自动配置
IP Address	IP 地址
Subnet Mask	子网掩码
Default Gateway	默认网关
DHCP Server	DHCP 服务器，有时会有多个 DNS 服务器
DNS Server	DNS 服务器

（2）ping 命令

ping 命令有助于验证 IP 级的连通性。进行故障排除时，可以使用 ping 向目标主机名或 IP 地址发送 ICMP 信息。需要验证主机能否连接到 TCP/IP 网络和网络资源时使用 ping 命令。如果显示图 3-4-7 所示内容时，表明网络畅通；如果显示图 3-4-8 所示内容时，表明网络不畅通。使用 ping 命令的不同选项来指定要使用的数据包大小、要发送多少数据包、是否记录使用的路由等，输入“ping /?”可以查看这些选项。

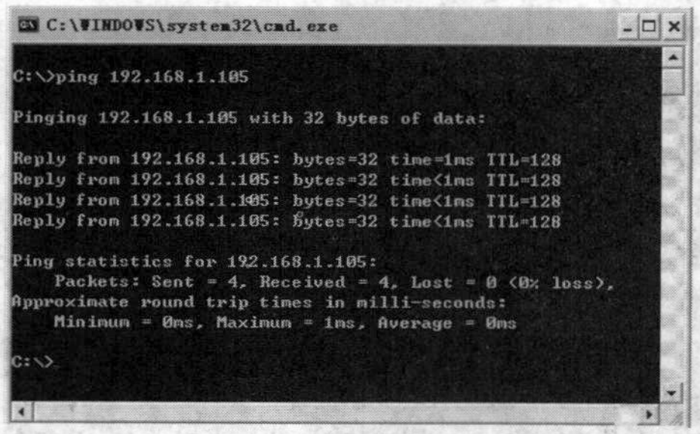

```
C:\WINDOWS\system32\cmd.exe
C:\>ping 192.168.1.105

Pinging 192.168.1.105 with 32 bytes of data:

Reply from 192.168.1.105: bytes=32 time=1ms TTL=128
Reply from 192.168.1.105: bytes=32 time<1ms TTL=128
Reply from 192.168.1.105: bytes=32 time<1ms TTL=128
Reply from 192.168.1.105: bytes=32 time<1ms TTL=128

Ping statistics for 192.168.1.105:
    Packets: Sent = 4, Received = 4, Lost = 0 (0% loss),
Approximate round trip times in milli-seconds:
    Minimum = 0ms, Maximum = 1ms, Average = 0ms

C:\>
```

图 3-4-7　ping 命令测试网络通的结果

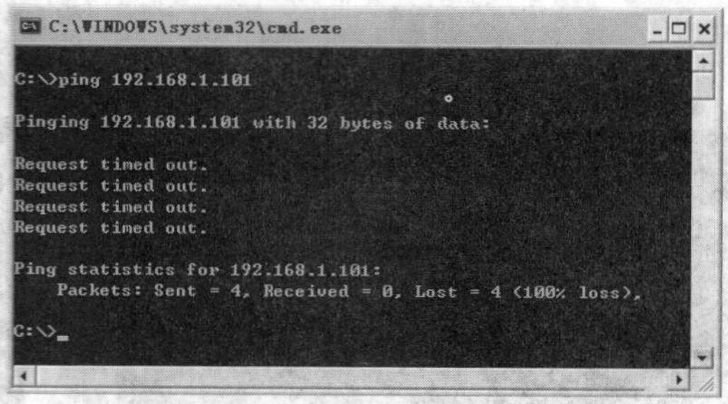

```
C:\WINDOWS\system32\cmd.exe
C:\>ping 192.168.1.101

Pinging 192.168.1.101 with 32 bytes of data:

Request timed out.
Request timed out.
Request timed out.
Request timed out.

Ping statistics for 192.168.1.101:
    Packets: Sent = 4, Received = 0, Lost = 4 (100% loss),

C:\>_
```

图 3-4-8　ping 命令测试网络不通的结果

ping 的原理是向目的主机发送 4 个数据包，如果收到对方反馈的信息则代表网络通；如果在指定的时间没有收到，则视为超时，在某些情况下就代表网络不通。如果 ping 一个其他网段的 IP 地址，并且没有设置网关参数，就会显示图 3-4-9 所示的结果，表示目标主机不可到达。

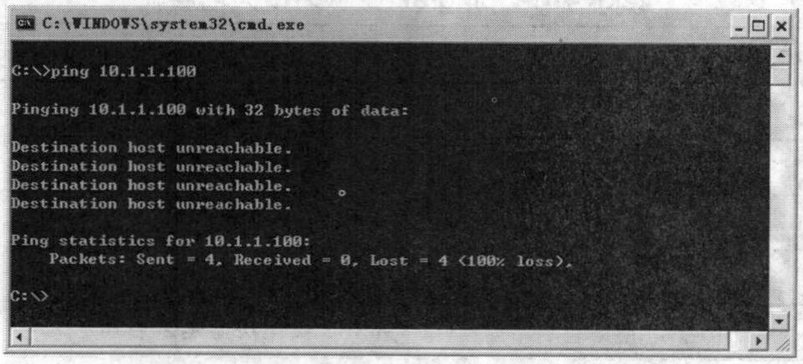

```
C:\WINDOWS\system32\cmd.exe
C:\>ping 10.1.1.100

Pinging 10.1.1.100 with 32 bytes of data:

Destination host unreachable.
Destination host unreachable.
Destination host unreachable.
Destination host unreachable.

Ping statistics for 10.1.1.100:
    Packets: Sent = 4, Received = 0, Lost = 4 (100% loss),

C:\>
```

图 3-4-9　没有设置网关，ping 命令测试网络不通的结果

ping 命令还可以加很多参数，以显示不同的结果。常用的参数如表 3-4-2 所示。

表 3-4-2　ping 命令的参数

参　数	参数功能
-t	校验与指定计算机的连接，直到用户中断
-a	将地址解析为计算机名
-n	count 指定发送由 count 指定数量的 ECHO 报文，默认值为 4
-l	length 发送包含由 length 指定数据长度的 ECHO 报文 默认值为 32 B，最大值为 65 500 B
-i	TTL 将“生存时间”字段设置为 TTL 指定的数值。TTL 的最大值为 255
-w Timeout	指定等待回显应答消息响应的时间（以 ms 计算），该回显应答消息响应接收到的指定回显请求消息。 如果在超时时间内未收到回显应答消息，将会显示“请求超时”的错误消息。超时时间的默认值为 4 s
TargetName	指定目标主机的名称或者 IP 地址
/?	在命令提示符下显示帮助信息

（3）tracert 命令

tracert（跟踪路由）是路由跟踪实用程序，用于确定 IP 数据报访问目标所采取的路径。tracert 命令用 IP 生存时间（TTL）字段和 ICMP 错误消息来确定从一个主机到网络上其他主机的路由。

tracert 工作原理是通过向目标发送不同 IP 生存时间（TTL）值的“Internet 控制消息协议

（ICMP）”来显示数据包信息，tracert 诊断程序确定到目标所采取的路由。要求路径上的每个路由器在转发数据包之前至少将数据包上的 TTL 递减 1。当数据包上的 TTL 减为 0 时，路由器应该将“ICMP”的消息发送回到源计算机。

tracert 先发送 TTL 为 1 的回应数据包，并在随后的每次发送过程将 TTL 递增 1，直到目标响应或 TTL 达到最大值，从而确定路由。通过检查中间路由器发回的“ICMP 已超时”的消息确定路由。某些路由器不经询问直接丢弃 TTL 过期的数据包，这在 tracert 实用程序中看不到。tracert 命令按顺序打印出返回“ICMP 已超时”消息的路径中的近端路由器接口列表。如果使用“-d”参数，则 tracert 实用程序不在每个 IP 地址上查询 DNS。

例如，假设数据包必须通过两个路由器 10.0.0.1 和 192.168.0.1 才能到达主机 172.16.0.99。主机的默认网关是 10.0.0.1，192.168.0.0 网络上的路由器的 IP 地址是 192.168.0.1。

```
C:\>tracert 172.16.0.99 -d
Tracing route to 172.16.0.99 over a maximum of 30 hops
1 2s 3s 2s 10,0.0,1
2 75 ms 83 ms 88 ms 192.168.0.1
3 73 ms 79 ms 93 ms 172.16.0.99
Trace complete.
```

（4）whoami 命令

whoami 命令是用来返回本地系统当前登录的用户的一些相关信息，例如，用户名、组名、计算机名、安全标识符以及特权等。常用的参数如表 3-4-3 所示。

表 3-4-3　whoami 命令的参数

参　　数	参 数 功 能
/upn	以用户主体名称（UPN）格式显示用户名
/fqdn	以完全合格的域名（FQDN）格式显示用户名
/logonid	显示登录 ID
/user	显示当前用户名
/groups	显示组名
/priv	显示特权
/format	指定输出格式
/all	显示当前存取令牌中的活动用户名和组，以及安全标识符（SID）和特权
/?	在命令提示符下显示帮助

例如，在命令提示符后输入“whoami /user”命令，可以显示当前用户的信息，如图 3-4-10 所示。输入“whoami /groups”命令，可以显示当前系统所有组的信息，如图 3-4-11 所示。

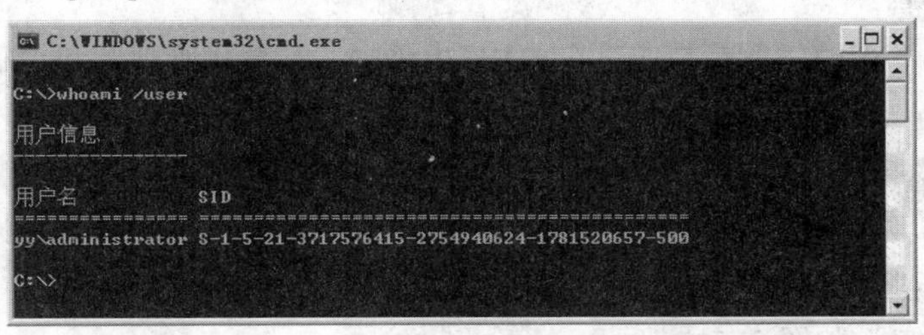

图 3-4-10　显示当前用户信息

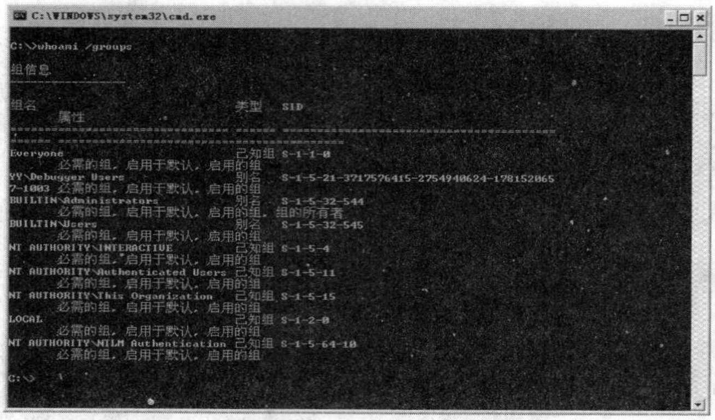

图 3-4-11　显示系统中所有组信息

思考与练习

一、填空题

1. 使用 ipconfig 命令可以获得________，包括________、________和________。
2. 需要验证________和________时使用 ping 命令。
3. tracert 是________实用程序，用于确定________的路径。
4. whoami 命令是用来返回________的一些相关信息，例如，________、________、________、________和________等。

二、操作题

1. 使用 ipconfig 命令查看 IP 地址信息。
2. 使用 ping 命令测试网络连通性。

3.5 【案例 9】使用 MMC 管理控制台

案例描述

Windows Server 2008 提供了许多管理工具，用户在使用这些管理工具时需要分别去打开，为了使用户能够更加快捷使用这些工具，微软提供了“微软管理工作台（MMC）”。通过“微软管理工作台”，用户可以将常用的管理工具集中到一个窗口界面中，用户通过一个窗口就可以使用不同的管理工具。

管理员王帅接下来的任务就是通过在 MMC 中添加“计算机管理”和“磁盘管理”这两个管理工具。

操作步骤

① 选择“开始”→“运行”命令，在打开的“运行”对话框中输入“mmc”命令，按【Enter】键，调出控制台窗口，如图 3-5-1 所示。

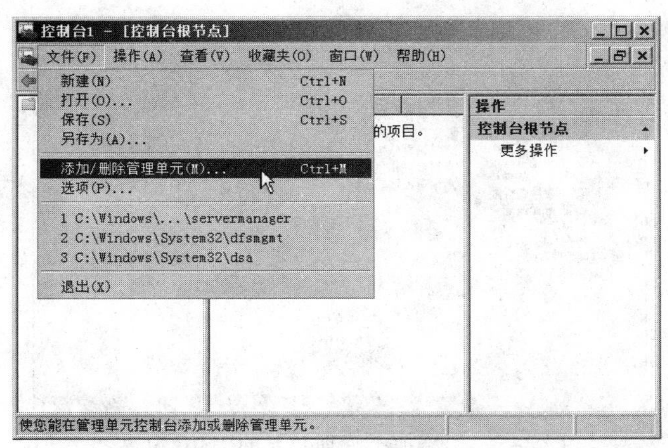

图 3-5-1　控制台窗口

② 在“控制台窗口”中选择“文件”→“添加/删除管理单元”命令，然后在打开的“添加/删除管理单元”对话框中选择需要的“计算机管理”单元，再单击“确定”按钮。在调出的“选择目标机器”对话框中选择“本地计算机”选项，再单击“完成”按钮，如图 3-5-2 所示。

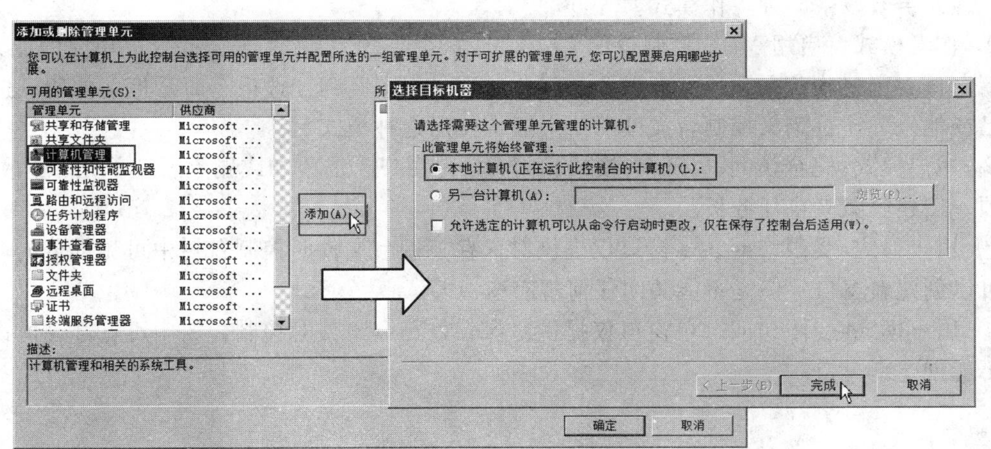

图 3-5-2　添加管理单元

③ 管理单元添加完成后，自动返回 MMC 窗口，此时可看到“计算机管理”单元已被添加进来，如图 3-5-2 所示。如果需要经常使用添加到窗口中的管理单元，可通过“文件”→“保存”命令将此 MMC 保存起来，以后可以直接通过此文件打开这个 MMC。

相关知识

MMC 管理控制台概述

微软管理控制台（Microsoft Management Console，MMC）集成了各种工具（包括管理单元），可以用来管理本地和远程计算机。Windows 系统可能已包含了保存为控制台文件（以.msc 为扩展名）的工具。

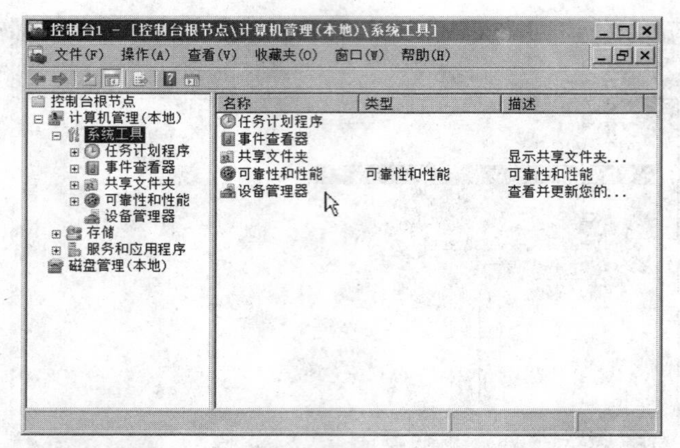

图 3-5-3 添加了管理单元的 MMC 窗口

利用 MMC 管理控制台，可以将各个针对不同网络服务和组件的 MMC 插件组合在一个控制台中来统一维护和管理，将“本地用户和组”“磁盘管理”“共享文件夹”“设备管理器”和“远程桌面”5 个管理工具集成到一个控制台中。

控制台添加完相应的管理单元后，可以将控制台保存，在保存之前需要设置控制台的工作模式，控制台有以下 4 种工作模式。

① 作者模式，启用 MMC 控制台的完全自定义功能（包括添加或删除管理单元的能力），创建新窗口，创建收藏夹和任务板以及访问“自定义视图”和“选项”对话框中的所有选项。为自己或他人创建自定义控制台文件的用户通常使用这种模式。

② 用户模式-完全访问，与作者模式相同，只是用户无法添加或删除管理单元，更改控制台选项，创建收藏夹或任务板。

③ 用户模式-受限访问，多窗口仅提供对保存控制台文件时控制台树中可见部分的访问。用户可以创建新窗口，但是不能关闭任何现有窗口。

④ 用户模式-受限访问，单窗口仅提供对保存控制台文件时控制台树中可见部分的访问，用户不能创建新窗口。

思考与练习

一、填空题

1. 微软管理控制台集成了________，包括________，可以用来管理________和________计算机。

2. 利用 MMC 管理控制台，可以将________、________、________、________和________5 个管理工具集成到一个控制台中。

3. 控制台有________、________、________和________4 种工作模式。

二、操作题

1. 使用管理控制台添加删除管理单元。

2. 安装管理工具。

第 4 章 网络用户和域管理

每个使用计算机的人都有一个名称，称为用户。用户的权限不同，对计算机及网络控制的能力与范围也不同。有两种不同类型的用户，一种是只能访问本地计算机的本地用户，另一种是可以访问网络中所有计算机的域用户。

通过本章的学习，可以掌握如何在一台计算机上创建管理本地用户和组，安装域控制器的方法，目录服务的概述和组成，以及如何在域环境下创建管理域用户和组等内容。

4.1 【案例 10】本地用户及组的管理

案例描述

初期的 JJB 总部在北京的规模并不是很大，管理员王帅为了更好地管理每台计算机的相关用户信息，需要把具有相同权限的用户用统一在本地组内。以下的任务是管理员王帅通过“工作组”的模式对计算机进行管理。

操作步骤

1. 创建新用户

系统提供的内置账户主要用于管理和其他系统应用，并不能满足日常使用和管理的需要，所以要为系统建立新的用户账户，以便满足用户需求。管理员可以使用“计算机管理”窗口内的“本地用户和组”文件夹中的文件来创建用户账户。

步骤 1 视频

① 首先以管理员的身份登录计算机。

② 在系统的桌面上，单击“开始”→“运行”命令，弹出“运行”对话框，在“打开”文本框中输入“compmgmt.msc”命令，如图 4-1-1 所示。单击“确定”按钮，弹出“计算机管理”窗口，如图 4-1-2 所示。单击“开始”→“管理工具”→“计算机管理”命令也可以打开“计算机管理”窗口。

③ 在窗口左侧的目录树中，依次展开“系统工具”→“本地用户和组”选项，右击“用户”选项，弹出快捷菜单，如图 4-1-3 所示。

④ 单击其中的“新用户”命令，弹出“新用户”对话框，在对话框的文本框中输入用户名、全名、描述及密码等信息，如图 4-1-4 所示。

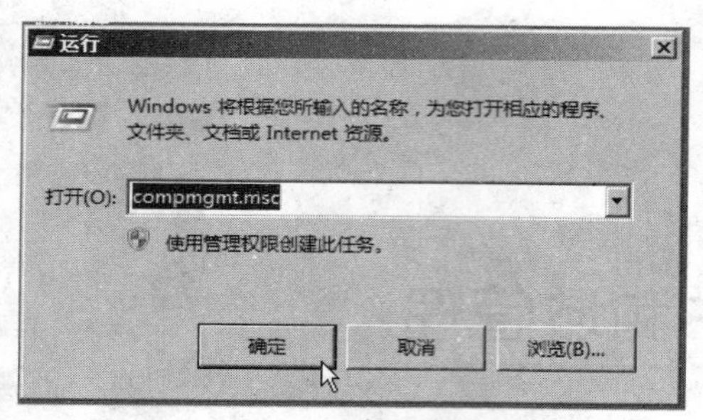

图 4-1-1 运行“compmgmt.msc”命令

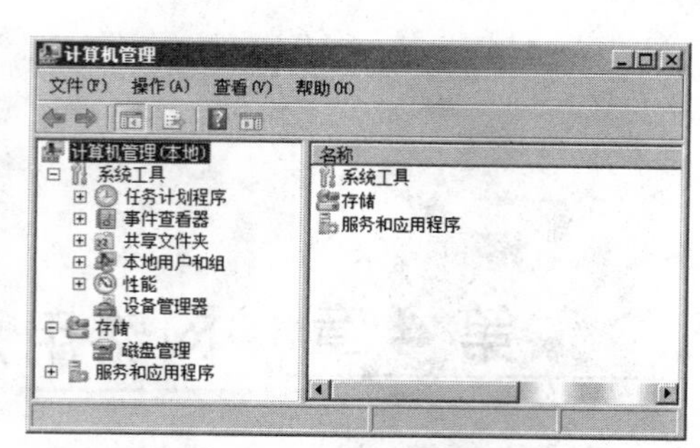

图 4-1-2 “计算机管理”窗口

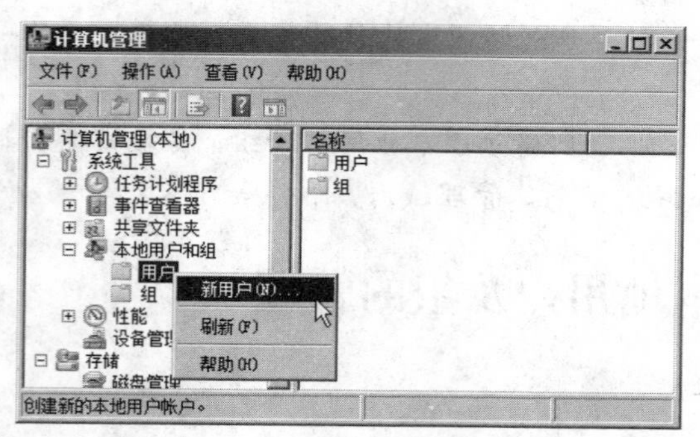

图 4-1-3 “用户”快捷菜单

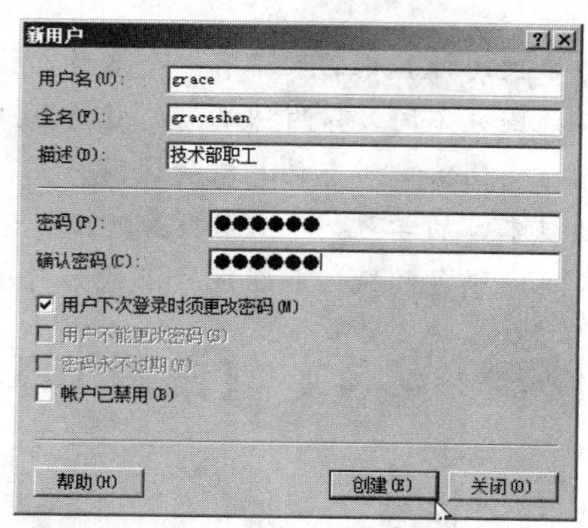

图 4-1-4 “新用户”对话框

⑤ 完成用户信息的输入后，单击“创建”按钮，完成新用户的创建。可以继续在对话框内添加下一个新用户信息。完成全部用户的创建后，单击“关闭”按钮，关闭对话框，新创建的用户会显示在“计算机管理”窗口的右侧，结果如图 4-1-5 所示。新创建的用户只有很小的管理权限。

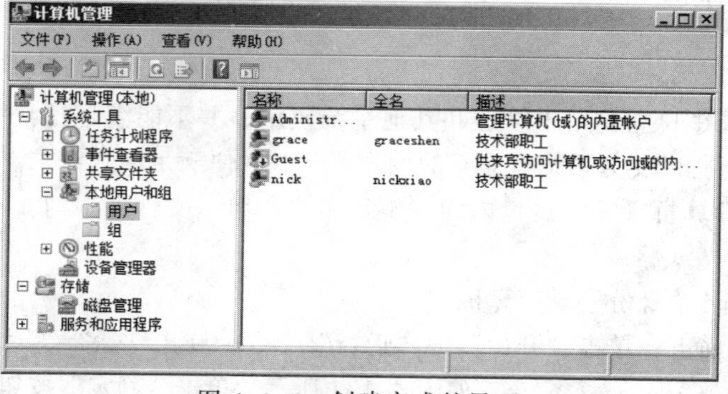

图 4-1-5 创建完成的界面

2. 操作用户

创建了新用户后，可以对其进行设置密码、重命名、删除等操作。

① 设置密码：当用户忘记了自己的密码时，管理员可以通过下面的方法为用户重新设置新的密码。

步骤 2 视频

◎ 在图 4-1-5 所示的窗口中，右击需要设置密码的账户，在弹出的快捷菜单中单击“设置密码”命令，如图 4-1-6 所示，打开系统警告提示信息“为 grace 设置密码”对话框，如图 4-1-7 所示。

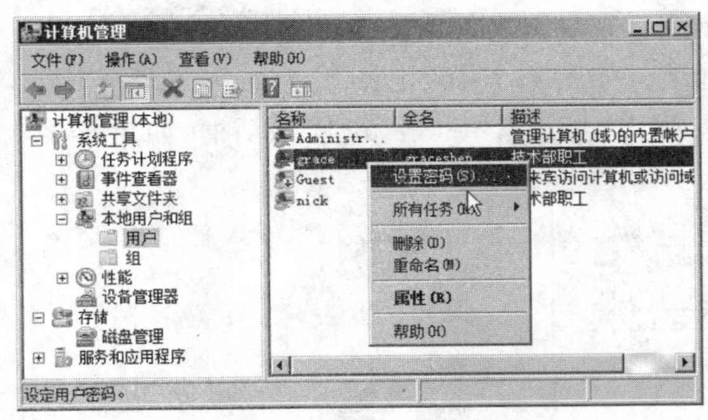

图 4-1-6　“密码”命令

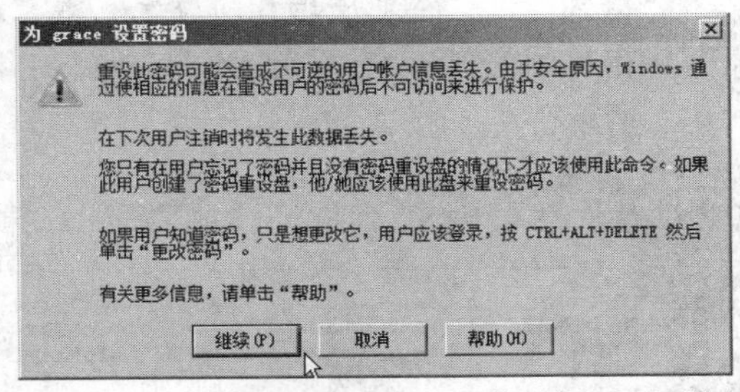

图 4-1-7　更改密码时出现的警告提示对话框

◎ 单击“继续”按钮，弹出“为 grace 设置密码”对话框。在“新密码”和“确认密码”文本框中输入所设置的密码，如图 4-1-8 所示。

◎ 单击“确定”按钮，弹出信息提示对话框，单击“确定”按钮，完成密码设置。

② 重命名：当一名职工离开公司，另一名职工来接替此人工作时，可以将原用户重命名，操作方法如下。

◎ 在图 4-1-5 所示的窗口中，右击需要重命名的用户，单击弹出快捷菜单中的“重命名”命令。

◎ 原有用户名处会插入光标，在光标处输入新的用户名，按【Enter】键完成用户名的更改。

③ 删除用户：当用户永远不再使用时就可以将其删除，删除后的用户将不能恢复，即使再建立一个同名用户也不能保留以前所有的权限。虽然用户利用用户名和密码登录系统，但在系统内部真正能够唯一标识用户的是 SID（安全标识符）。当一个用户被删除后，虽然可以建立一个同名用户，但内部的 SID 不会相同，所以系统依然会认为是两个用户。除非能百分之百确定此用户将来不会使用，才将此用户删除。操作方法如下。

◎ 在图 4-1-5 所示的窗口中，右击需要删除的用户，单击弹出快捷菜单中的“删除”菜单命令，打开系统警告提示信息“本地用户和组”对话框，如图 4-1-9 所示。

◎ 单击“是”按钮，即可将用户账户永久删除。

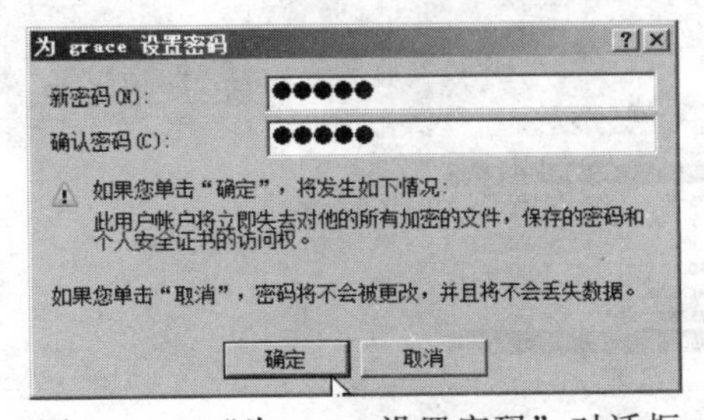

图 4-1-8　“为 grace 设置密码”对话框

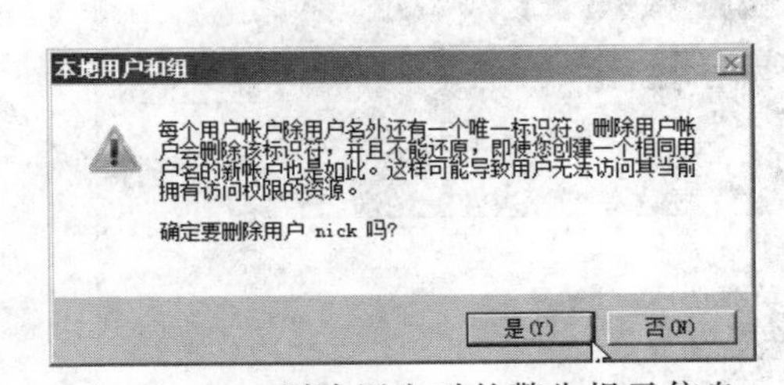

图 4-1-9　删除用户时的警告提示信息

3. 本地组的设置管理

对组的操作常用的方法有两种，一种是将多个用户加入到一个组，另一种是将一个用户加入到多个组。前者直接对组操作，后者直接对用户操作。

步骤 3 视频

① 以下是将多个用户加入到一个组的具体操作。

◎ 首先以管理员的身份登录到计算机。

◎ 弹出“计算机管理”窗口，在其左侧的目录树中，依次展开“系统工具”→“本地用户和组”→“组”选项，如图 4-1-10 所示。

◎ 在右侧的窗口中，双击 Administrators 组，弹出“Administrators 属性”对话框，如图 4-1-11 所示。

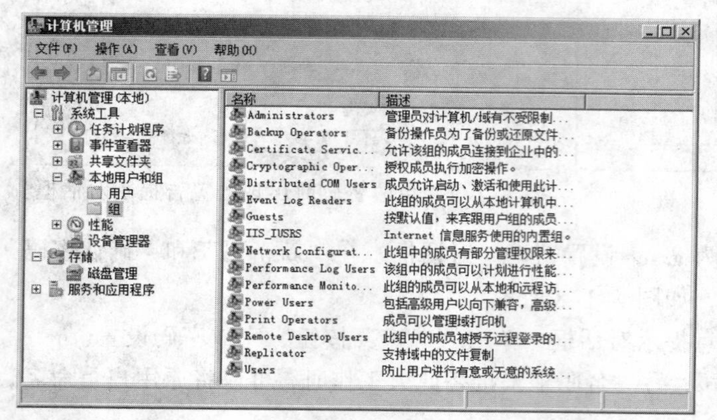

图 4-1-10 “计算机管理”中“组”选项窗口

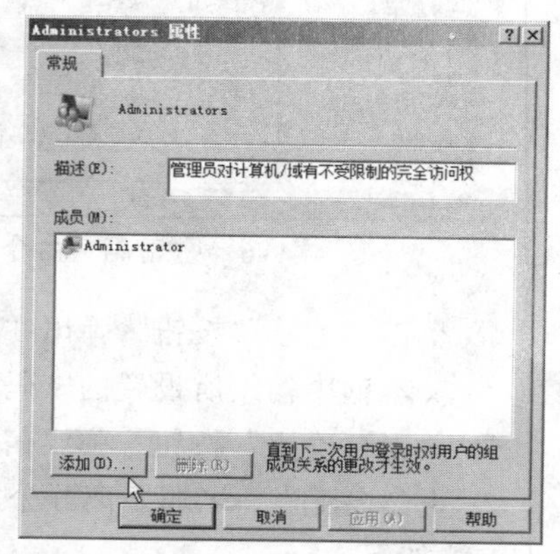

图 4-1-11 “Administrators 属性”对话框

◎ 单击“添加”按钮，弹出“选择用户”对话框，如图 4-1-12 所示。

◎ 单击“高级”按钮，在展开的高级查询中单击“立即查找”按钮，“搜索结果”列表中会显示所有用户。选中需要添加的用户，如果是多个用户，可以按【Ctrl】键进行连续选择，如图 4-1-13 所示。

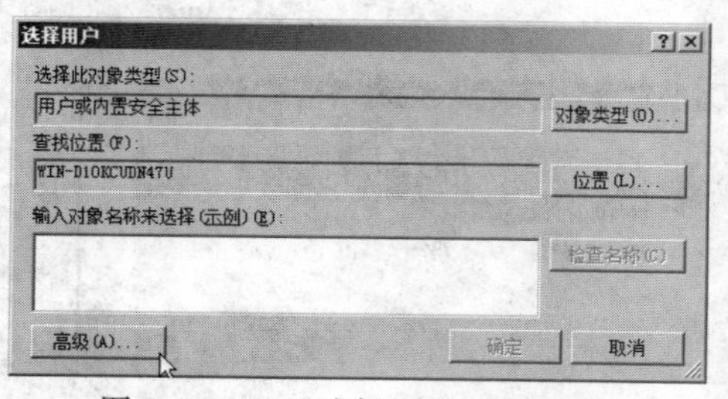

图 4-1-12 “选择用户”对话框

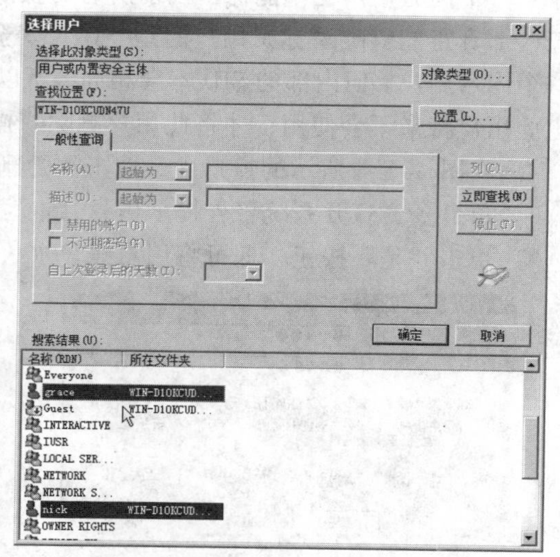

图 4-1-13 “选择用户”高级查询对话框

◎ 单击“确定”按钮，返回“选择用户”对话框。此时，“输入对象名称来选择”列表中会显示选中的用户，如图 4-1-14 所示。

◎ 添加完毕，在“选择用户”对话框中，单击“确定”按钮，返回“Administrators 属性”对话框。此时，“成员”列表中会显示刚刚添加的用户，如图 4-1-15 所示。

◎ 单击“确定”按钮，即可完成将用户加入到 Administrators 组。

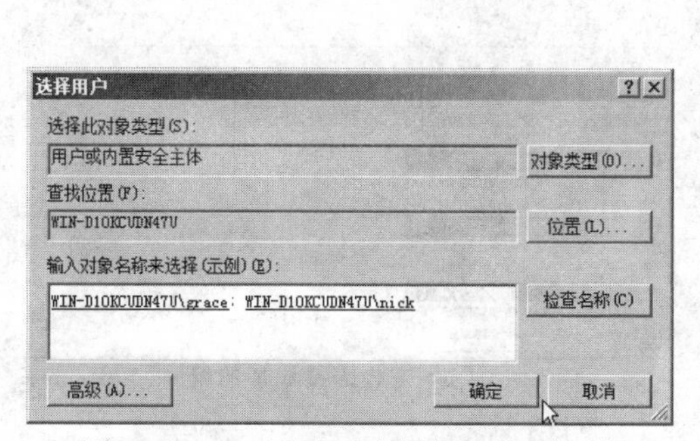

图 4-1-14　返回“选择用户”对话框

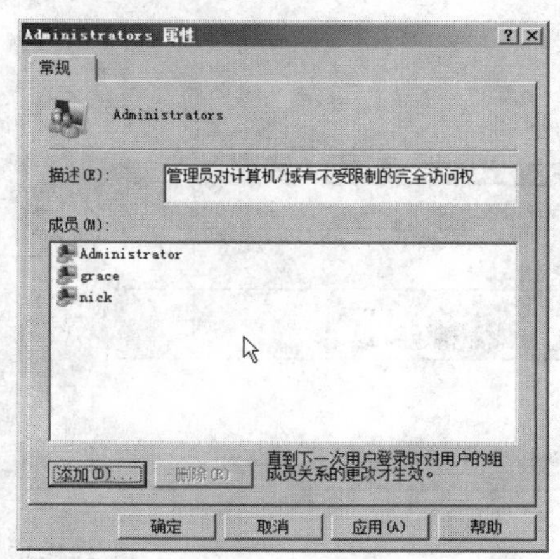

图 4-1-15　“Administrators 属性”对话框

② 以下是将一个用户加入到多个组的具体操作。

◎ 打开“计算机管理”窗口，在其左侧的目录树中，依次展开“系统工具”→“本地用户和组”→“用户”选项。

◎ 在右侧的窗口中，双击 grace 用户，弹出“grace 属性”对话框的“常规”选项卡，如图 4-1-16（a）所示。单击“隶属于”选项卡，如图 4-1-16（b）所示。

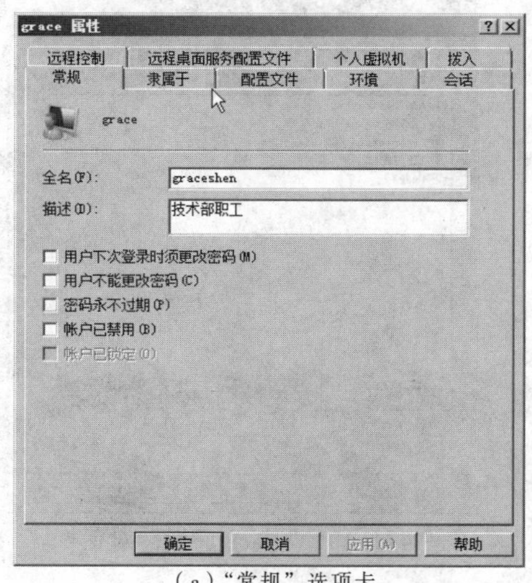

（a）“常规”选项卡

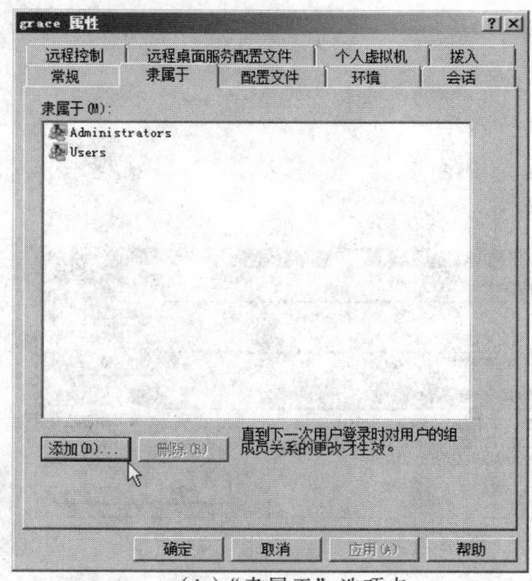

（b）“隶属于”选项卡

图 4-1-16　“grace 属性”对话框

◎ 单击“添加”按钮，弹出“选择组”对话框，如图 4-1-17（a）所示。单击“高级”按钮，在展开的对话框中单击“立即查找”按钮，“搜索结果”列表中会显示所有组。选中需要添加的组。如果是多个组，可以按【Ctrl】键连续选择，如图 4-1-17（b）所示。

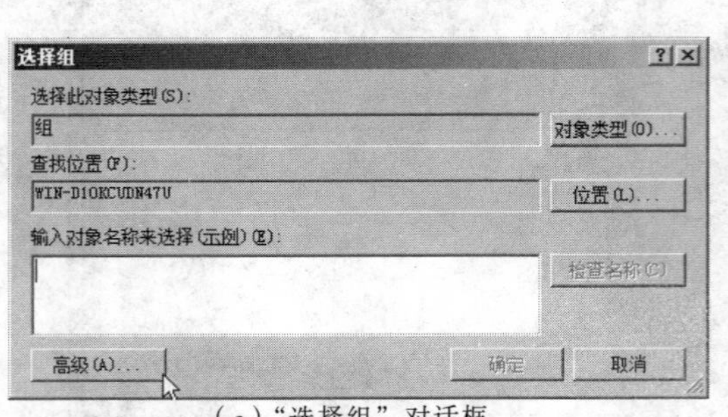

（a）“选择组”对话框

（b）选择需要添加的组

图 4-1-17 “选择组”对话框

◎ 单击“确定”按钮，返回“选择组”对话框，此时，“输入对象名称来选择”列表中会显示选中的组，如图 4-1-18 所示。

◎ 单击“确定”按钮，返回“grace 属性”对话框，“隶属于”列表中会显示刚刚添加的组，如图 4-1-19 所示。

◎ 单击“确定”按钮，即可完成将用户加入到多个组的操作。

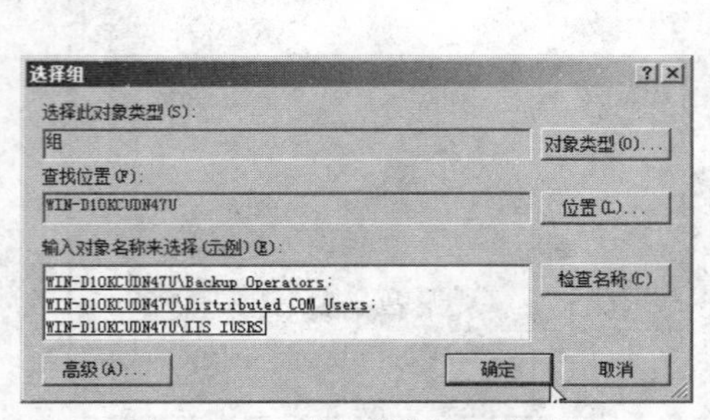

图 4-1-18 “选择组”对话框

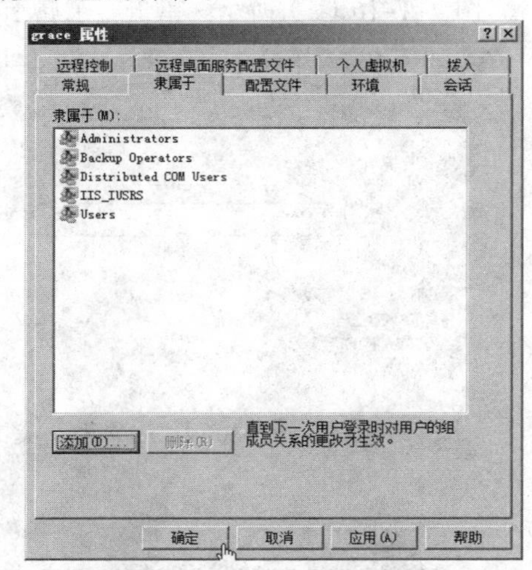

图 4-1-19 “grace 属性”对话框

4. 创建本地组

在 Windows Server 2008 中可以为单个用户分配权限，但是当用户的数量过多时，就会做很多重复性的工作。可以为 Windows Server 2008 系统中的本地组分配权限，然后将用户加入本地组，这些用户就会继承这个本地组的权限，如图 4-1-20 所示。当某个用户不再需要相应的权限时，只需将此用户从此本地组删除即可，操作方法如下。

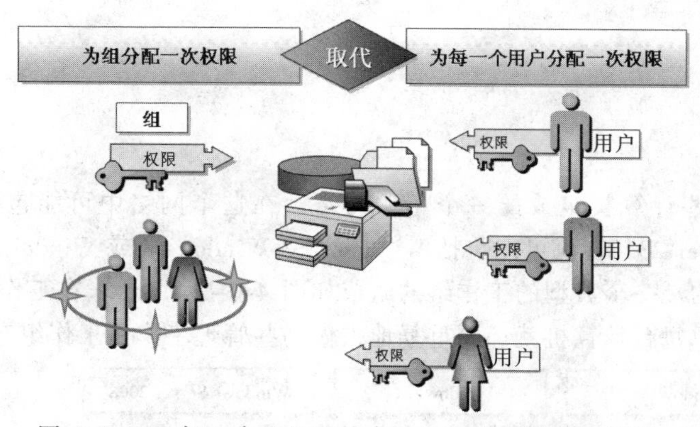

图 4-1-20　加入本地组后的本地用户将继承组的权限

① 打开“计算机管理”窗口，在其左侧的目录树中，依次展开“系统工具”→“本地用户和组”→“组”选项。

② 在窗口左侧的目录树中，右击“组”选项，弹出快捷菜单，单击“新建组”命令，弹出“新建组”对话框，在“组名”和“描述”文本框中输入相应的信息，如图 4-1-21 所示。

③ 单击“添加”按钮，弹出“选择用户”对话框，按照前面介绍的方法，将 grace 和 nick 两个用户加入此组。单击“确定”按钮，返回“新建组”对话框。此时，“成员”列表框内会显示加入此组的用户，如图 4-1-22 所示。

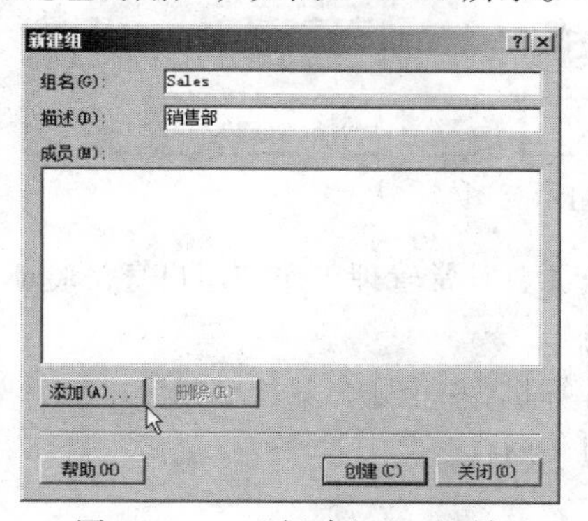

图 4-1-21　“新建组”对话框

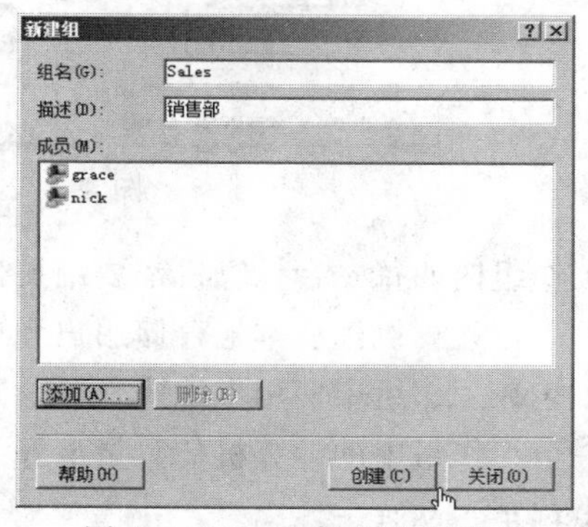

图 4-1-22　添加用户到组

④ 单击“创建”按钮，完成本地组的创建。然后单击“关闭”按钮，关闭“新建组”对话框，返回“计算机管理”窗口，右侧的列表中会显示刚刚创建的 Sales 组，如图 4-1-23 所示。

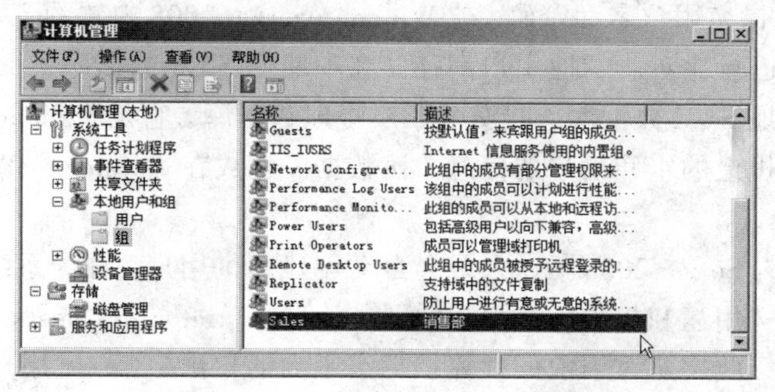

图 4-1-23　创建后的本地组界面

相关知识

1. 工作组特性

工作组是由一些计算机组成的一个小型网络。在这个网络中可能包括 Windows Server 2008、Windows Server 2012，也可能包括 Windows 7、Windows 8 或 Windoiws 10 等，所有计算机的地位都是平等的。一个典型的工作组的组成如图 4-1-24 所示。在工作组中不能集中管理网络中的所有资源，每台计算机就都要重复地去做一些管理工作。工作组有以下特性。

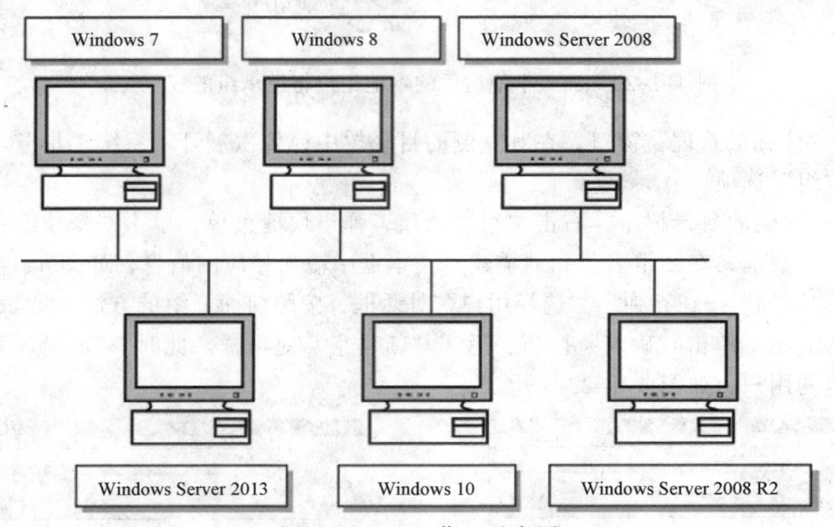

图 4-1-24　工作组示意图

① 工作组内的每一台计算机都要维护自己的资源、日常管理工作和用户身份验证。

② 每一台计算机都在本地存储用户账户的信息。

③ 用户在工作组中使用本地账户登录到本地计算机，一个账户只能登录到一台计算机中。

④ 一个工作组中的计算机的数量最好不要超过 10 台。

2. 本地用户的特点

在 Windows Server 2008 中，用户的登录步骤是强制性的，用户只有准确无误地提交用户名和密码才能获准使用计算机，否则将无法使用。在工作组模式下的本地身份验证过程中，用户的 SID（安全标识符）提交用户名和密码，被 Windows Server 2008 内置的 SAM（Security Account Management）数据库进行比对。本地用户都存储在本地的 SAM 数据库里面，每台 Windows 系统计算机都有一个本地 SAM 数据库，即安全账户管理数据库，它是 Windows 操作系统的核心，其中存放了本地计算机上的组和用户的信息。该数据库存放在“systemroot\system32\config”文件夹下，文件名为 SAM。

当安装完 Windows Server 2008 后，系统会自动创建两个用户，称为系统默认的用户。系统默认的用户是具有特殊用途和权限的账户，分别是 Administrator 和 Guest。其中，Administrator 是默认的管理员用户，此用户对当前的计算机拥有最大的权限。Guest 用户是用于临时访问的用户，默认的权限很少，而且在默认的状态下，该用户是被禁用的。

本地用户有以下特点。

① 本地用户存储在本地计算机上的 SAM 数据库中。

② 本地用户能够并且只能登录到本地计算机中。

③ 本地用户可以使用“计算机管理”窗口中的“本地用户和组”文件夹内文件来查看和管理本地用户账户。

④ 本地用户主要用于工作组环境中。

3．“新用户”对话框

右击“计算机管理”窗口右侧空白处，单击弹出菜单中的“新用户”菜单命令，调出“新用户”对话框。在“新用户”对话框中输入用户名、描述和密码等信息后，单击“创建”按钮，完成新用户的创建。创建用户时需要输入和选择一些信息，对“新用户”对话框具体说明如下。

①“用户名”文本框，其内输入用户登录时所使用的名字。用户名不能与被管理的计算机上的其他用户或组名相同。用户名最长 20 个字符，不区分大小写，也可以使用中文，但不能使用一些特殊字符，如“"”“/”“\”“[”“]”“:”“;”“|”“=”“,”“+”“*”“?”“<”和“>”等。

②“全名和描述”文本框，用来输入员工的个人信息和公司信息，如姓名、部门等。

③“密码”和“确认密码”文本框，分别输入用户将来登录时所使用的密码，两次输入的密码必须相同。密码的最大长度可以达到 127 位，密码的设置不应过于简单，应该使用字母、数字及特殊符号的组合。但是，如果网络中包含运行 Windows 95 或 Windows 98 的计算机，需考虑使用不超过 14 个字符的密码。如果密码过长，可能无法从这些计算机登录网络。

④“用户下次登录时必须更改密码”复选框，选中它后，设置当用户下一次登录此台计算机时，系统强制用户更改密码。

⑤“用户不能更改密码”复选框，选中它后，可以设置为禁止用户更改密码。默认情况下是不选中该复选框，设置每个用户都可以更改自己的密码，但有时多个使用者拥有同一个用户账户，如果其中一个人更改了密码就会造成其他用户无法登录。

⑥“密码永不过期”复选框，选中它后，设置密码将永不过期。默认情况下是不选中该复选框，设置的密码会在 42 天后过期。

⑦“账户已禁用”复选框，选中它后，设置账户被禁用，禁用后的账户将不能登录。默认情况下是不选中该复选框，设置账户不被禁用。

4．本地组的特点

建立完用户账户以后，就要为用户分配相应的权限。如果用户数量比较多，并且权限设置经常变动，管理员的工作量会很大，这时就可以考虑使用工作组来完成权限的分配。组具有以下特点。

① 组是用户的集合。

② 当一个用户加入到一个组以后，该用户会继承该组所拥有的所有权限。

③ 一个用户可以同时加入到多个组。

5. 内置组

当安装完 Windows Server 2008 后，系统会自动创建一些有各种用途的组，称之为“默认本地组”，如图 4-1-25 所示。大部分默认本地组是不能够删除的，如果计算机显示的默认本地组和图 4-1-25 显示的不同，是因为安装了不同的服务。本地组的数量和所安装的服务有关。

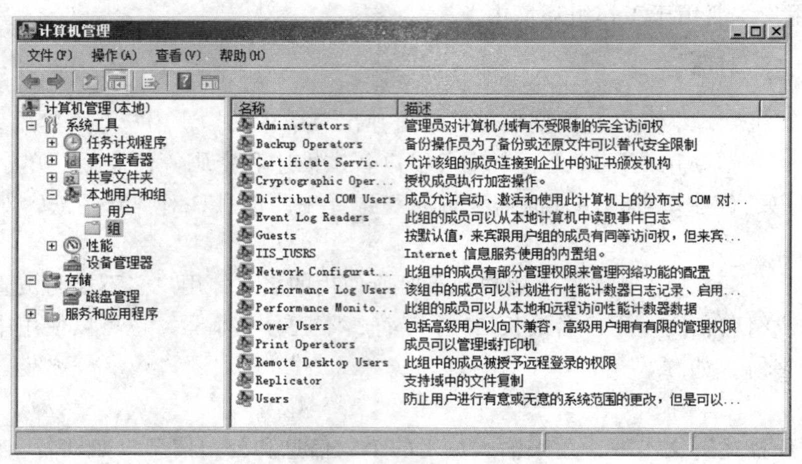

图 4-1-25 “默认本地组”界面

每一个默认本地组都有其特殊功能，其中 Administrators 组是内置的管理员组。加入此组的成员拥有本地计算机最大的管理权限，系统管理员 Administrator 就是这个组的成员。Administrators 组可以被重新命名，但是不能够删除。

Power Users 组的权限是仅次于 Administrators 的一个组，它可以对计算机进行大多数的日常管理工作。虽然 Power Users 组可以管理用户，但是不能管理 Administrators 组的成员，另外不具有更改 IP 地址和格式化硬盘等权限。系统中最常用的默认本地组及常用的功能和特点如表 4-1-1 所示。

表 4-1-1 常用的默认本地组列表及简要说明

组　　名	描 述 信 息
Administrators	该组的成员具有对服务器的完全控制权限，并且可以为其他用户分配用户权利和访问控制权限。管理员账户 Administrator 就是这个组的默认成员
Backup Operators	加入该组的成员可以备份和还原服务器上的所有文件，而不管这些文件是否设有权限
Guests	该组的成员拥有一个在登录时创建的临时配置文件，在注销时，该配置文件将被删除。来宾账户（默认情况下已禁用）也是该组的默认成员
Network Configuration Operators	该组的成员可以更改 TCP/IP 设置并更新和发布 TCP/IP 地址
Power Users	该组具有创建用户账户和组账户的权利，可以在 Power Users 组、Users 组和 Guests 组中添加或删除用户，但是不能管理 Administrators 组成员，可创建和管理共享资源
Print Operators	该组的成员可以管理打印机
Users	该组的成员可以执行一些常见任务，例如运行应用程序、使用本地和网络打印机以及锁定服务器。用户不能共享目录或创建本地打印机

思考与练习

一、选择题

1. 工作组模式下的用户名最长可以达到________个字符。

2. 在工作组中使用________登录到本地计算机，________个账户能登录到一台计算机中。

3. 工作组模式中计算机的数量最好不要超过________台。

4. 组是账户的________，当一个用户加入到一个组以后，该用户会继承该组________，一个用户可以同时加入到________个组。

二、简答题

1. 工作组具有哪些特性？

2. 本地用户具有哪些特点？

3. 创建本地用户的注意事项有哪些。

三、操作题

1. 在工作组的模式下，创建本地用户并加入相应的内置组中，使用户具有相应的权限。

2. 设置用户的属性信息，并修改用户密码。

4.2 【案例 11】创建网络“域”

案例描述

随着公司业务的不断扩大、各个部门员工数量的增多，管理员王帅发现随着计算机数量的增加，网络的维护就会变得复杂，工作组方式的优点反而变成了缺点，不能集中管理网络中的所有资源，每台计算机都要重复地去做一些管理工作，导致管理员做大量重复的工作。在领会公司的精神后，北京公司购买了新服务器，并安装了域控制器。网络模式已经由“工作组”模式改为“域”模式，以下就是域环境的创建过程，分为添加服务器角色和安装 Active Directory 域服务两大步骤。

操作步骤

1. 添加域服务角色

① 首先以管理员的身份登录计算机。

② 单击“开始”→“管理工具”→“服务器管理器”命令，弹出“服务器管理器”窗口。在桌面上右击“计算机”图标弹出快捷菜单，然后单击“管理”命令，也可以打开“服务器管理器”窗口，如图 4-2-1 所示。

步骤 1 和步骤 2 视频

③ 单击窗口左侧的“角色”选项，窗口右边显示安装在服务器上的角色的运行状况，当前没有安装任何角色，如图 4-2-2 所示。

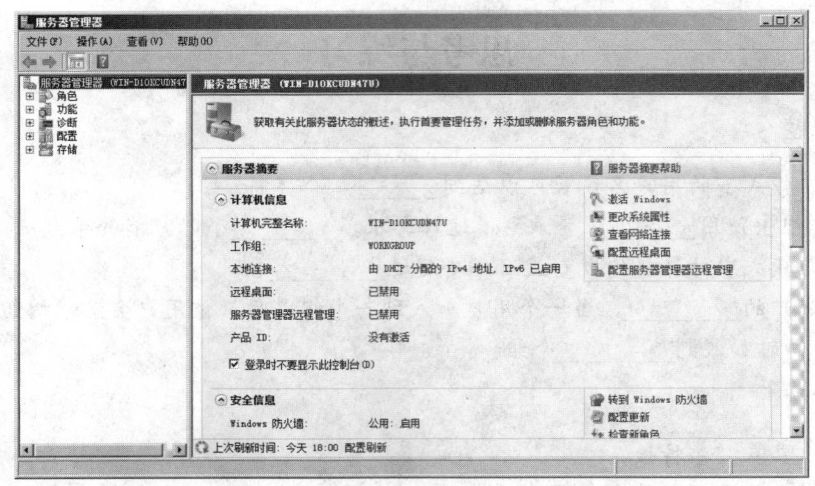

图 4-2-1 “服务器管理器”窗口

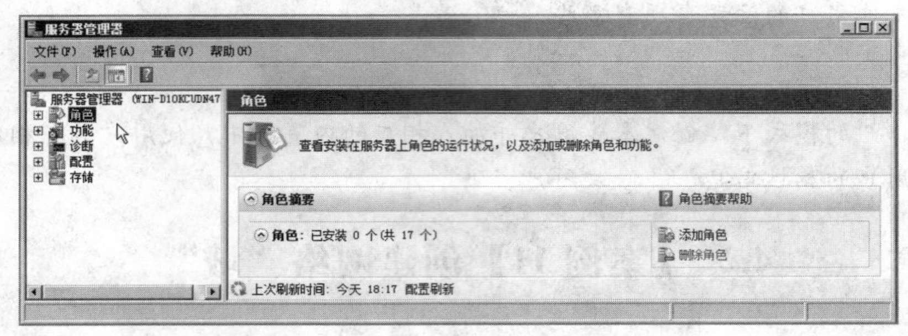

图 4-2-2 角色的运行状况

④ 单击窗口右侧的“添加角色”链接，弹出“添加角色向导”对话框，如图 4-2-3 所示。此向导帮助用户在此服务器上安装角色。

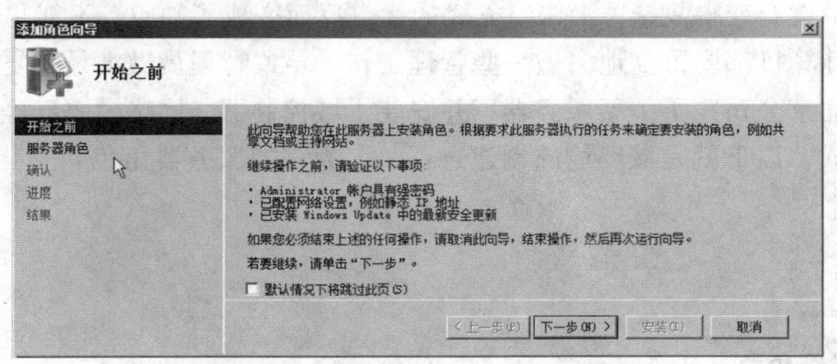

图 4-2-3 “添加角色向导”对话框

⑤ 单击左侧的“服务器角色”选项，右侧的“角色”列表中会列出所有可以安装的角色。单击选中“Active Directory 域服务”选项前面的复选框，如图 4-2-4 所示。

⑥ 此时系统会自动弹出如图 4-2-5 所示的添加.NET 程序的界面，单击“添加必需的功能”按钮。

⑦ 返回“添加角色向导”对话框，单击“下一步”按钮，弹出如图 4-2-6 所示的“Active Directory 域服务”界面。请仔细阅读界面的域服务简介内容。

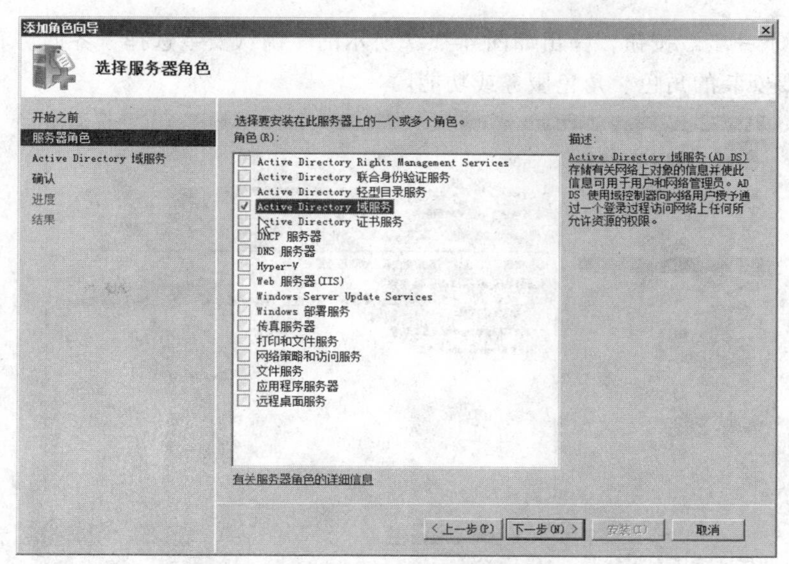

图 4-2-4　选择服务器角色

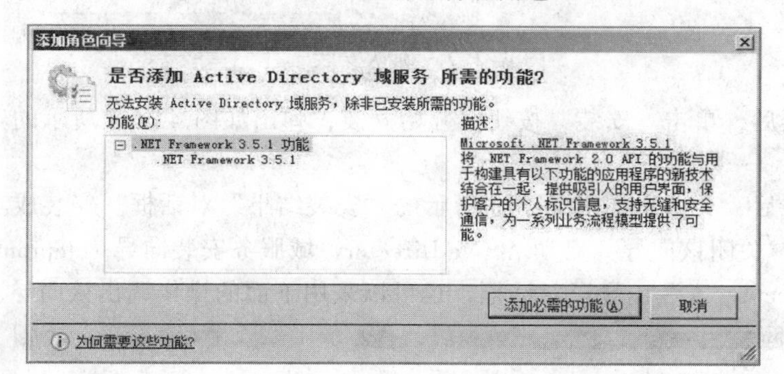

图 4-2-5　添加.NET 功能

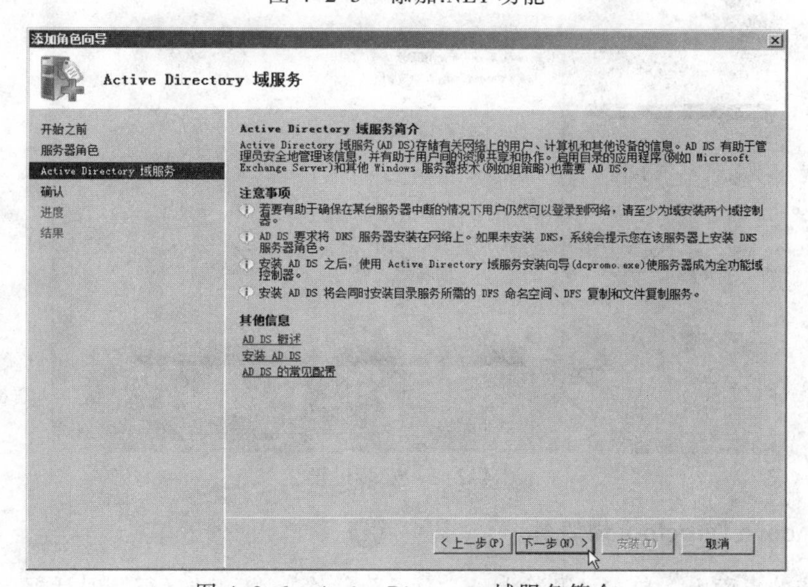

图 4-2-6　Active Directory 域服务简介

⑧ 单击“下一步”按钮，弹出如图 4-2-7 所示的“确认安装选择”界面。右侧的列表框内显示的是将要安装的角色、角色服务或功能。

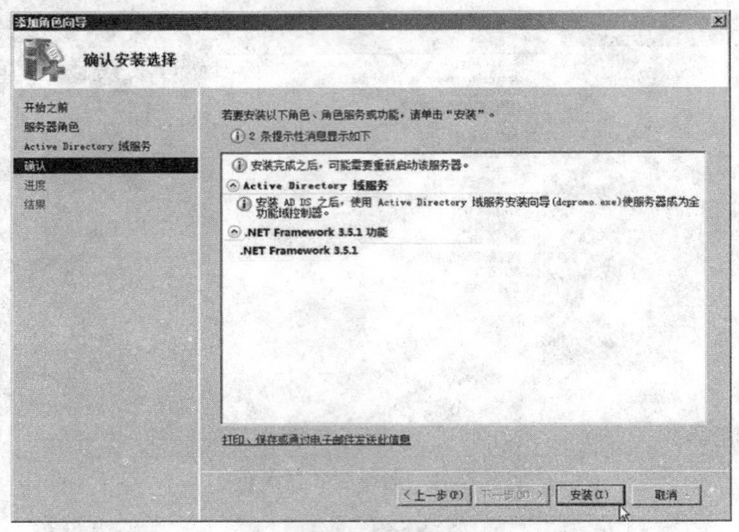

图 4-2-7　确认安装选择

⑨ 确认无误后，单击“安装”按钮，开始安装，弹出如图 4-2-8 所示的“安装进度”界面。

⑩ 安装完成后，会弹出如图 4-2-9 所示的“安装结果”对话框。安装成功后，可以单击右侧列表框内的“关闭该向导并启动 Active Directory 域服务安装向导（dcpromo.exe）。”链接，弹出“Active Directory 安装向导”对话框，也可以采用下面的操作调出该向导。

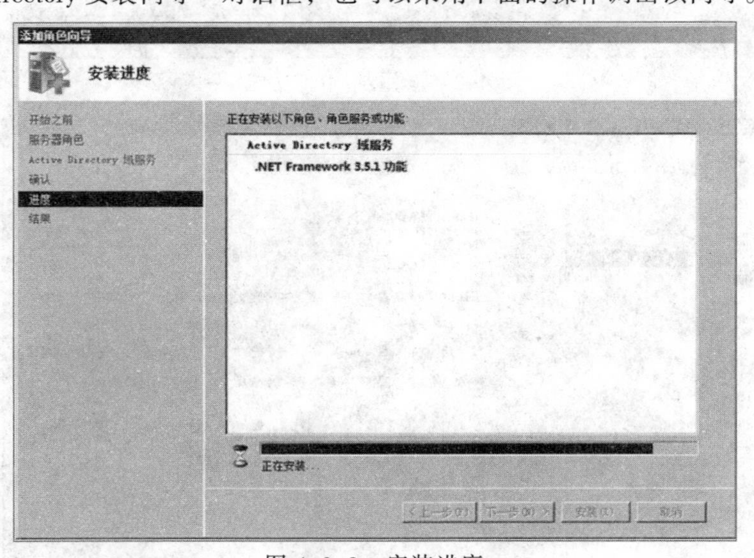

图 4-2-8　安装进度

2．安装 Active Directory 域服务

① 在系统的桌面上，单击“开始”→“运行”命令，弹出“运行”对话框。在“打开”

文本框中输入“dcpromo”命令，如图 4-2-10 所示。单击“确定”按钮，弹出一个信息提示框，显示系统会检测是否已安装 Active Directory 域服务二进制文件，如图 4-2-11 所示。如果没有安装，则会自动进行安装。完成检测和安装后，弹出“Active Directory 域服务安装向导”对话框，如图 4-2-12 所示。

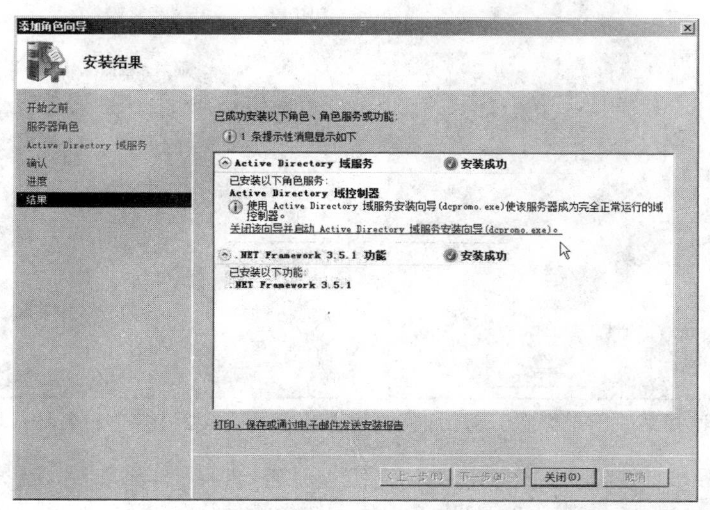

图 4-2-9　安装结果

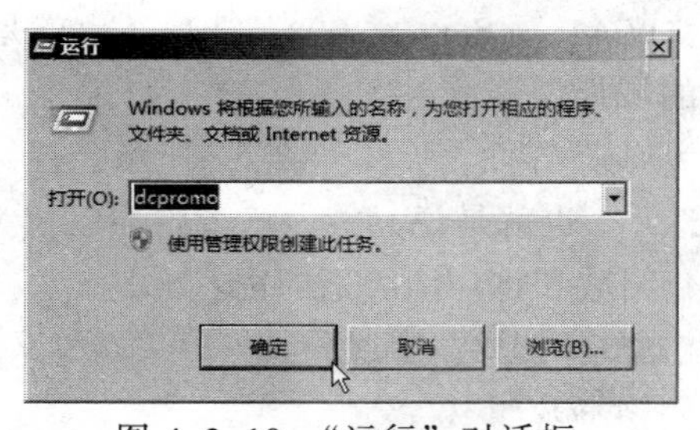

图 4-2-10　“运行”对话框

图 4-2-11　检测信息

② 单击“下一步”按钮，进入“操作系统兼容性”界面，如图 4-2-13 所示。

③ 单击“下一步”按钮，弹出如图 4-2-14 所示的“选择某一部署配置”对话框。因为是新建的域控制器，所以选中“在新林中新建域”单选按钮。

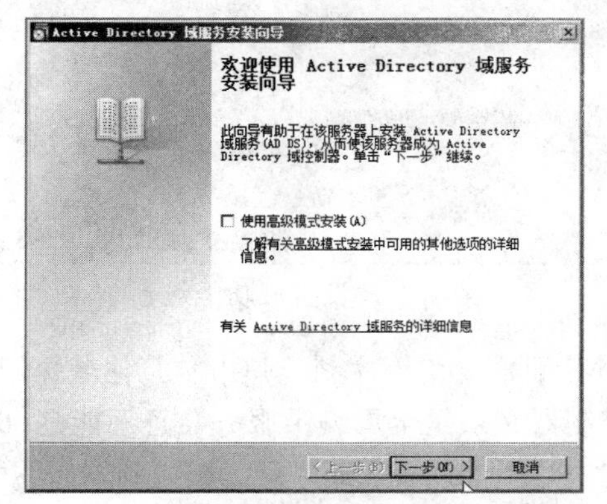

图 4-2-12　“Active Directory 域服务安装向导”对话框

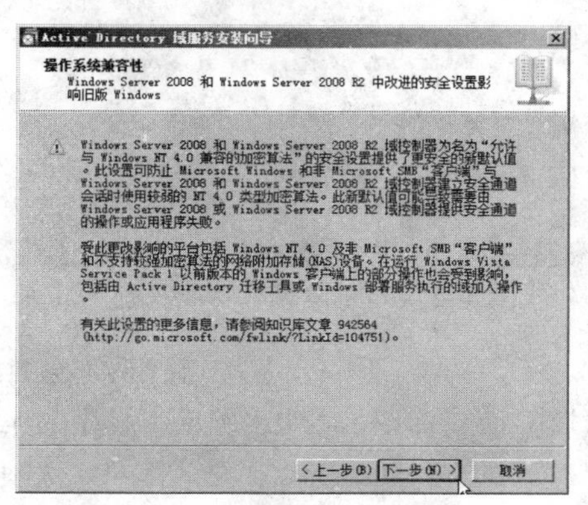

图 4-2-13 操作系统兼容性信息

④ 单击“下一步”按钮，弹出如图 4-2-15 所示的“命名林根域”界面。在“目录林根级域的 FQDN”文本框中输入“abc.com”作为林根域的域名。林中的第一台域控制器是根域，在根域下面可以继续创建从属于根域的子域控制器。

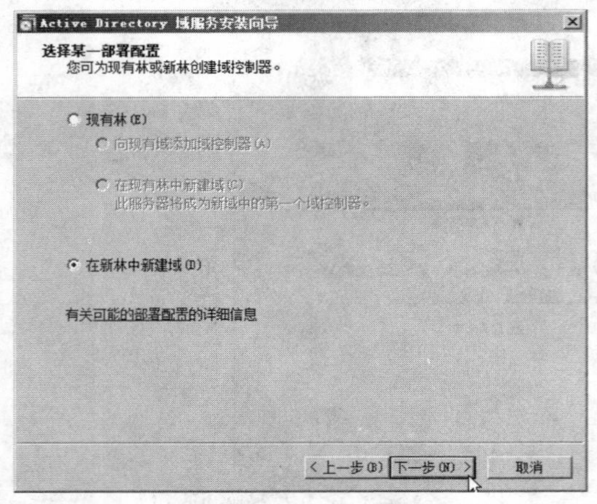

图 4-2-14 “选择某一部署配置”对话框

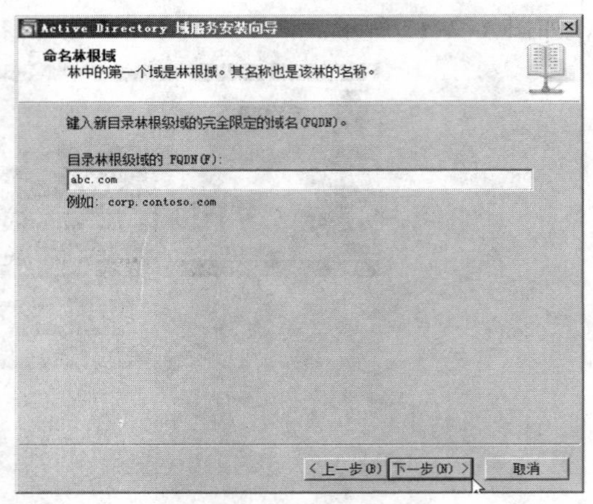

图 4-2-15 “命名林根域”界面

⑤ 单击“下一步”按钮，系统会检查同网段上是否有网域名称重复。稍等片刻，弹出“设置林功能级别”界面，如图 4-2-16 所示。不同的林功能级别可以向下兼容不同的 Active Directory 服务功能。在“林功能级别”下拉列表框中选择“Windows Server 2008”选项，也就是说只能向该林添加运行 Windows Server 2008 或更高版本的域控制器。

⑥ 单击“下一步”按钮，弹出“设置域功能级别”界面，如图 4-2-17 所示。在“域功能级别”下拉列表框中选择“Windows Server 2008”选项，也就是说只能向该域添加运行 Windows Server 2008 或更高版本的域控制器。后面将详细介绍域和林功能级别的内容。

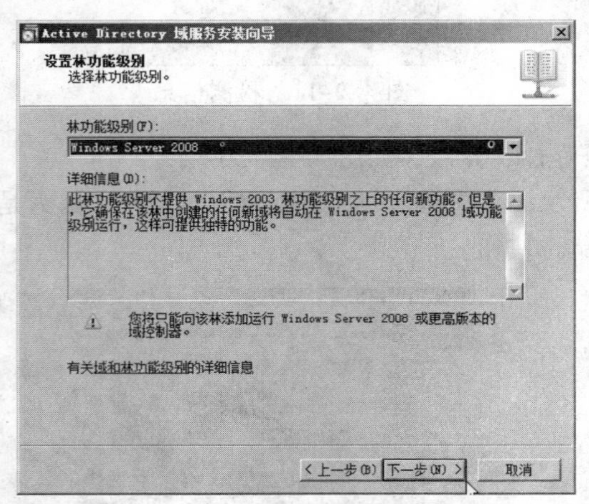

图 4-2-16 “设置林功能级别”界面

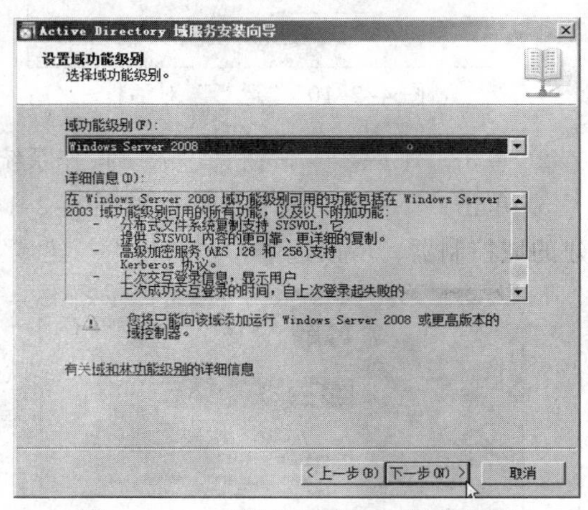

图 4-2-17 “设置域功能级别”界面

⑦ 单击“下一步”按钮，系统会自动检查 DNS 配置。稍等片刻，弹出“其他域控制器选项”界面，如图 4-2-18 所示。林中的第一个域控制器必须是全局编录服务器且不能是 RODC（只读域控制器），所以“全局编录”选项默认被选中且不能改变，而“只读域控制器”不可选。选中“DNS 服务器”选项，将 DNS 服务器服务安装在第一个域控制器上。

⑧ 单击“下一步”按钮，系统会自动检查 DNS 配置。稍等片刻，弹出警告信息提示框，提示无法创建 DNS 服务器的委派，如图 4-2-19 所示。

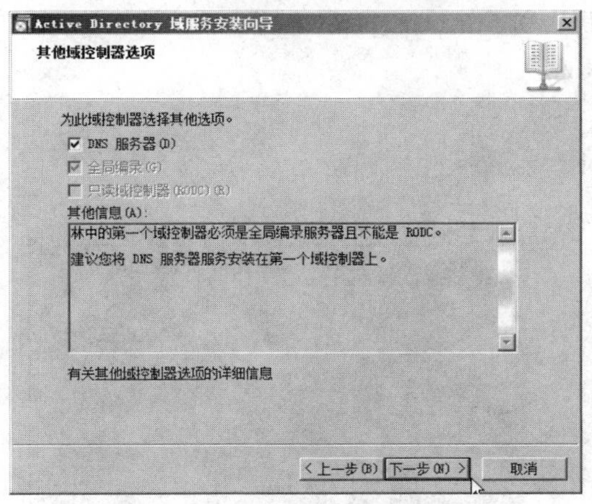

图 4-2-18 “其他域控制器选项”界面

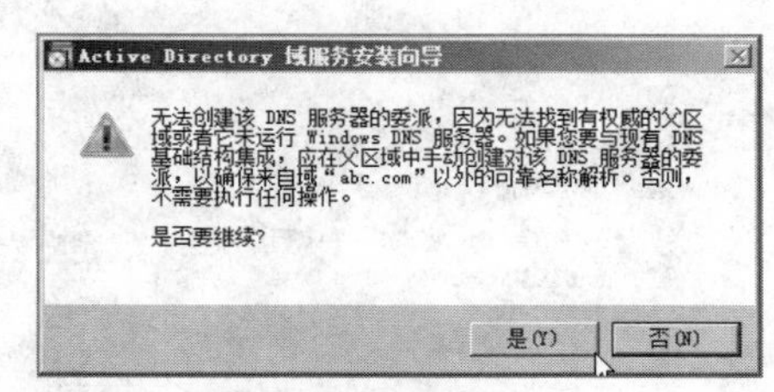

图 4-2-19　警告信息

⑨ 单击“是”按钮，弹出“数据库、日志文件和 SYSVOL 的位置”界面，如图 4-2-20 所示。可以采用默认的文件夹，也可以单击“浏览”按钮，弹出“浏览文件夹”对话框更改为其他文件夹。数据库文件夹用来存储有关用户、计算机和网络中的其他对象的信息；日志文件文件夹用来存储与 Active Directory 域控制器有关的活动；SYSVOL 文件夹用来存储组策略对象和脚本，必须保存在 NTFS 格式的分区中。

⑩ 单击“下一步”按钮，进入“目录服务还原模式的 Administrator 密码”界面，在“密码”和“确认密码”文本框中分别输入密码，两次必须一致，如图 4-2-21 所示。由于有时 Active Directory 域控制器未运行或者需要备份和还原 Active Directory，且还原时必须进入“目录服务还原模式”(DSRM)，所以此目录服务还原模式密码是登录域控制器所必需的。要注意：DSRM 密码与域管理员账户的密码可能不同，所以一定要牢记。

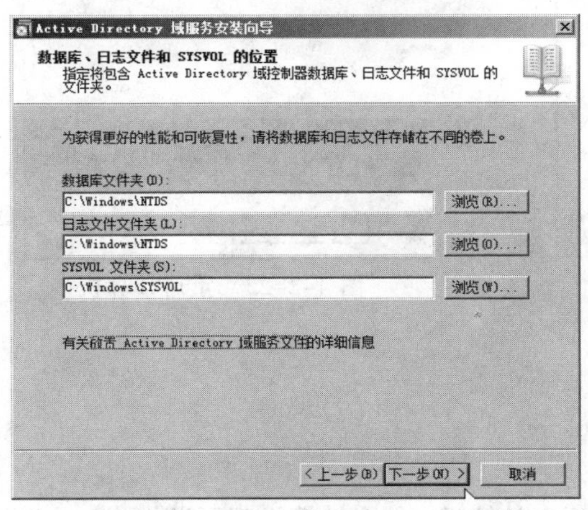

图 4-2-20 “数据库、日志文件和 SYSVOL 的位置”界面

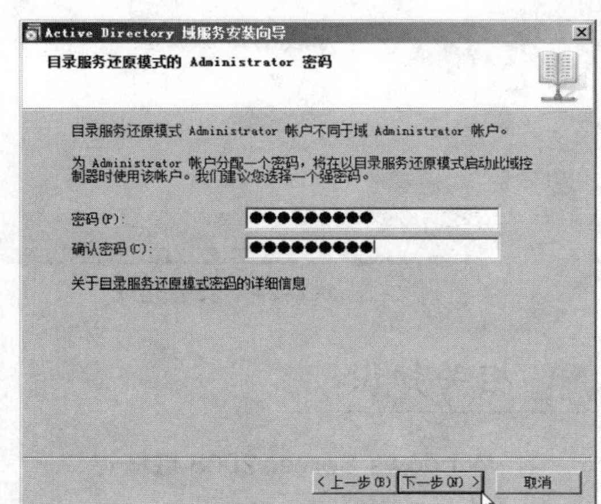

图 4-2-21　设置密码

⑪ 单击“下一步”按钮，进入“摘要”界面，显示已设置的摘要信息，如图 4-2-22 所示。如果需要修改，可以单击“上一步”按钮返回。

⑫ 单击“下一步”按钮，开始按照设置安装 Active Directory 服务，如图 4-2-23 所示。由于这个过程一般比较长，需要几分钟到十几分钟的时间，请耐心等待。可以选中“完成后重新启动”复选框，则安装完成后计算机会自动重新启动。

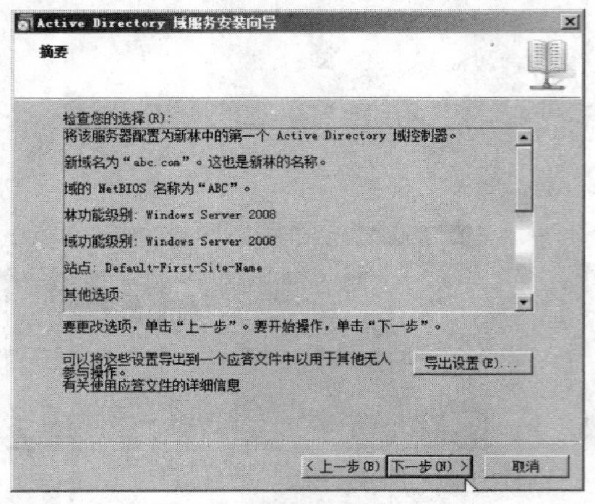

图 4-2-22 “摘要”界面

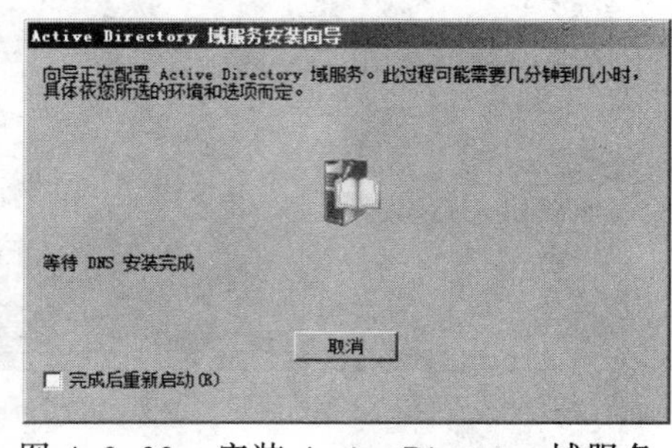

图 4-2-23 安装 Active Directory 域服务

⑬ 安装完成后，进入“完成 Active Directory 域服务安装向导”界面，如图 4-2-24 所示。单击“完成”按钮，关闭“Active Directory 域服务安装向导”对话框，弹出如图 4-2-25 所示的提示信息对话框，必须重新启动计算机，Active Directory 域服务安装向导所做的各种设置才能生效。单击“立即重新启动”按钮，重启计算机完成安装。

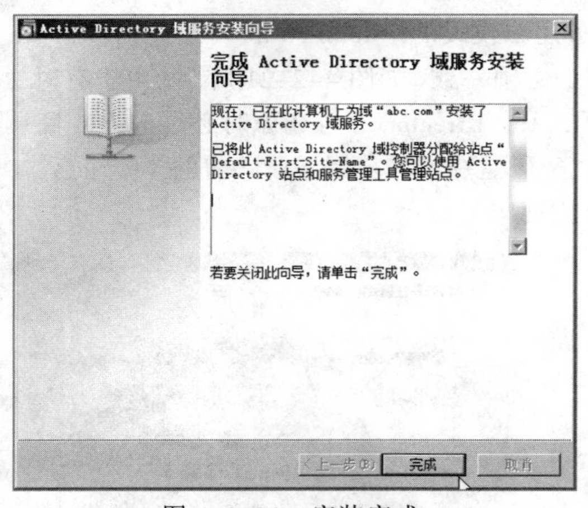

图 4-2-24 安装完成

图 4-2-25 重启计算机

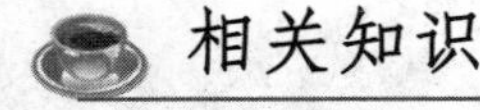

相关知识

1. Windows Server 2008 域概述

在一个小型网络中，管理员通常独立管理每台计算机，每台计算机都可以作为一个独立的管理单元。例如，最常用的用户和组管理，即可以使用本地账户和组来管理。当网络规模扩大到一定程度后，比如超过 10 台计算机，而每台计算机上有 10 个用户，那么管理员就要创建

100 个以上的用户账户，相同的工作就要重复很多遍。这时可以将多台网络中的计算机逻辑上组织到一起，对这些计算机进行集中式管理。在 Windows 网络系统中，这种区别于工作组的由多台计算机组成的逻辑环境称为域（Domain）。域是相对工作组（Workgroup）的概念，形象地说，域就像中央集权，由一台或数台域控制器（Domain Controller，DC）管理域内的其他计算机；工作组组内每一台计算机自己管理自己，他人无法干涉。

域中的重要信息都集中存储在域控制器的数据库中。例如，用户账户、组账户、打印机信息和共享文件夹信息等，存储这些信息的数据库称为活动目录（Active Directory，AD）数据库。

Windows Server 2008 域可以简化网络资源的管理工作，可以在域控制器上完成绝大部分的管理工作。只要用户使用域用户账户登录到网络，就可以访问域中所有有权限访问的资源。域中可以存放大量的资源，用户可以利用搜索功能，快速查找到需要访问的对象。例如，打印机、共享文件夹等。如果将域比喻成一个国家，那么域控制器就是国家的首脑，管理域内的成员计算机。要注意：域是逻辑分组，与网络的物理拓扑无关。

2．活动目录概述

目录是一个数据库，存储了网络资源相关的信息，包括了资源的位置、管理等信息。目录服务是一种网络服务，目录服务标记管理网络中的所有实体资源（例如，计算机、用户、打印机、文件等），并且提供了命名、描述、查找、访问以及保护这些实体信息的方法，使网络中的所有用户和应用者都能访问到这些资源。

活动目录（Active Directory）是 Windows Server 2008 完全实现的目录服务，也是 Windows Server 2008 网络体系的基本结构模型，是 Windows Server 2008 网络操作系统的核心支柱，也是中心管理机构。Microsoft 在 Windows Server 2008 中提供的活动目录是一个全面的目录服务管理方案，也是一个企业级的目录服务，具有很好的可伸缩性。活动目录采用了 Internet 的标准协议，它与操作系统紧密地集成在一起。活动目录不仅可以管理基本的网络资源（例如，计算机对象、用户账户、打印机等），它也充分考虑了现代应用的业务需求，为这些应用提供了基本的管理对象模型。例如，用户账户对象具有办公电话、手机、呼机、住址、上司、下属、电子邮件等属性。几乎所有的应用可以直接利用系统提供的目录服务结构，而且活动目录也具有很好的扩充能力，允许应用程序定制目录中对象的属性或者添加新的对象类型。活动目录为管理员和网络用户提供了很多易管理和易使用的特性，具体说明如下。

（1）简化的管理

活动目录服务包括目录对象数据存储和逻辑分层结构（目录、目录树、域、域树、域林等所组成的层次结构）。作为目录，它存储着分配给特定环境的策略，称为组策略对象；作为逻辑结构，它为策略应用程序提供分层的环境。组策略对象表示了一套规则，它包括与应用的环境有关的设置，组策略是用户或计算机初始化时用到的配置设置。所有的组策略设置都包含在应用到活动目录、域或组织单元的组策略对象中。组策略对象设置决定目录对象和域资源的进入权限，什么样的域资源可以被用户使用，以及这些域资源怎样使用等。例如，组策略对象可以决定当用户登录时用户在他们的计算机上看到什么应用程序，当它在服务器上启动时有多少用户可连接至服务器，以及当用户转移到不同的部门或组时他们可访问什么文件或服务。组策略对象使用户可以管理少量的策略而不是大量的用户和计算机。通过活动目录，可将组策略设置应用于适当的环境中，不管它是整个单位还是单位中的特定部门。

（2）信息的安全性增强

安装活动目录后信息的安全性完全与活动目录集成，用户授权管理和目录进入控制已经整合在活动目录当中了（包括用户的访问和登录权限等），而它们都是Windows Server 2008操作系统的关键安全措施。活动目录集中控制用户授权，目录进入控制不只能在每一个目录中的对象上定义，而且还能在每一个对象的每个属性上定义，这一点是以前任何系统所不能达到的。

除此之外，活动目录还可以提供存储和应用程序作用域的安全策略，提供安全策略的存储和应用范围。安全策略可包含账户信息，例如，域范围内的密码限制或对特定域资源的访问权等。所以在一定程度上可以说Windows Server 2008的安全性就是活动目录所体现的安全性，由此可见对于网络管理员来说，如何配置好活动目录中对象及属性的安全性是一个网络管理员配置好Windows Server 2008系统的关键。

（3）具有很强的可扩展性

Windows Server 2008的活动目录具有很强的可扩展性，管理员可以在计划中增加新的对象类，或者给现有的对象类增加新的属性，包括可以存储在目录中的每一个对象类的定义和对象类的属性。

（4）具有很强的可伸缩性

活动目录可包含在一个或多个域，每个域具有一个或多个域控制器，以便调整目录的规模以满足任何网络的需要。多个域可组成域树，多个域树又可组成域林，活动目录也就随着域的伸缩而伸缩，较好地适应了网络的变化。目录将其架构和配置信息分发给目录中所有的域控制器，该信息存储在域的第一个域控制器中，并且复制到域中任何其他域控制器。当该目录配置为单个域时，添加域控制器将改变目录的规模，而不影响其他域的管理开销。将域添加到目录可以针对不同策略环境划分目录，并调整目录的规模以容纳大量的资源和对象。

（5）便捷的网络资源访问

活动目录允许快速、方便地查询网络资源的可查询目录，从而让用户集中在工作上而不是在工具上。允许用户一次登录网络就可以访问网络中的所有该用户有权限访问的资源。并且，用户访问网络资源，不必知道资源所在的物理位置，即使网络资源改变了原来所处的物理位置。对于活动目录来讲，也没有任何影响，用户依然可以像以前一样在目录中找到它，就像它根本没有移动，这对于用户的使用来讲是非常方便的。

3. 活动目录服务的基本组成

Active Directory包含逻辑结构和物理结构。逻辑结构是由组织单位（OU）、域（Domain）、域树（Tree）、域林（Forest）构成的层次结构。活动目录为每个域建立一个目录数据库的副本，这个副本只存储用于这个域的对象。如果多个域之间有相互关系，它们可以构成一个域树。在每个域树中，每个域都拥有自己的目录数据库副本存储自己的对象，并且可以查找域树中其他目录数据库的副本。多个域树构成了域林。Windows Server 2008活动目录的这种层次结构使得企业网络具有很强的扩展性，便于组织、管理以及目录定位。物理结构与逻辑结构有很大的不同，它们是彼此独立的两个概念。逻辑结构侧重于网络资源的管理，而物理结构则侧重于网络的配置和优化。活动目录的物理结构主要着眼于活动目录信息的复制和用户登录网络时的性能优化。物理结构的两个重要概念是站点和域控制器。Active Directory 的逻辑结构和物理结构简介如下。

（1）Active Directory 的逻辑结构

在 Active Directory 中，用户可以使用与自己公司或组织的逻辑结构相同的逻辑结构组织资源。通过对资源进行逻辑组织，使得用户可以通过名称而不是地理位置来查找资源，并且使得网络物理结构对用户是透明的，图 4-2-26 为 Active Directory 的逻辑结构。

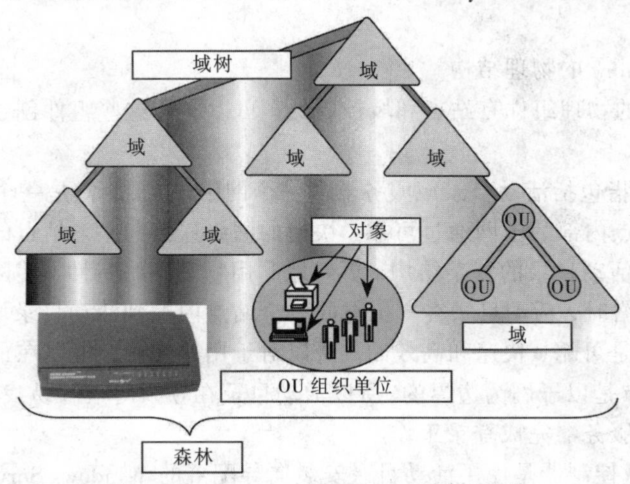

图 4-2-26　Active Directory 的逻辑结构

① 组织单位。包含在域中特别有用的目录对象类型就是组织单位。组织单位可将用户、组、计算机和其他单元放入活动目录的容器中，组织单位不能包括来自其他域的对象。组织单位是可以指派组策略设置或委派管理权限的最小作用单位。使用组织单位，可在组织单位中代表逻辑层次结构的域中创建容器，这样就可以根据组织模型管理账户、资源的配置和使用，可使用组织单位创建可缩放到任意规模的管理模型。可授予用户对域中所有组织单位或对单个组织单位的管理权限。

② 域。域是 Windows Server 2008 网络系统的安全性边界。我们知道一个计算机网络最基本的单元就是“域”，这一点不是 Windows Server 2008 所独有的，但活动目录可以贯穿一个或多个域。在独立的计算机上，域即指计算机本身，一个域可以分布在多个物理位置上，同时一个物理位置又可以划分不同网段为不同的域，每个域都有自己的安全策略以及它与其他域的信任关系。当多个域通过信任关系连接起来之后，活动目录可以被多个信任域共享。

③ 域树。域树由多个域组成，这些域共享同一个结构和配置，形成一个连续的名字空间。树中的域通过信任关系连接起来，活动目录包含一个或多个域树。域树中的域层次越深级别越低，一个“.”代表一个层次。例如，域 sales.abc.com 就比 abc.com 这个域级别低，因为它有两个层次关系，而 abc.com 只有一个层次。域树中的域是通过双向可传递信任关系连接在一起。由于这些信任关系是双向的而且是可传递的，因此在域树或域林中新创建的域可以立即与域树

或域林中其他的每个域建立信任关系。这些信任关系允许单一登录过程，在域树或域林中的所有域上对用户进行身份验证，但这不一定意味着经过身份验证的用户在域树的所有域中都拥有相同的权利和权限。因为域是安全界限，所以必须在每个域的基础上为用户指派相应的权利和权限。

④ 域林。域林是指由一个或多个没有形成连续名字空间的域树组成，它与上面所讲的域树最明显的区别就在于这些域树之间没有形成连续的名字空间，而域树则是由一些具有连续名字空间的域组成。但域林中的所有域树仍共享同一个表结构、配置和全局目录。域林都有根域，域林的根域是域林中创建的第一个域，域林中所有域树的根域与域林的根域建立可传递的信任关系。

（2）Active Directory 的物理结构

Active Directory 的物理组件有站点和域控制器，可以利用这些组件创建反映物理结构的目录结构。

① 站点。站点是指包括活动目录域服务器的一个网络位置，通常是一个或多个通过 TCP/IP 连接起来的子网。站点内部的子网通过可靠、快速的网络连接起来。站点的划分使得网络管理员可以很方便地配置活动目录的复杂结构，更好地利用物理网络特性，使网络通信处于最优状态。当用户登录到网络时，活动目录客户机在同一个站点内找到活动目录域服务器，由于同一个站点内的网络通信是可靠、快速和高效的，所以对于用户来说，可以在最短的时间内登录到网络系统中。因为站点是以子网为边界的，所以活动目录在登录时很容易找到用户所在的站点，进而找到活动目录域服务器完成登录工作。

② 域控制器。域控制器是使用活动目录安装向导配置的 Windows Server 2008 的计算机。活动目录安装向导安装和配置为网络用户和计算机提供活动目录服务的组件，供用户选择使用。域控制器存储着目录数据并管理用户域的交互关系，其中包括用户登录过程、身份验证和目录搜索，一个域可有一个或多个域控制器。

4. Active Directory 的安装条件

安装 Active Directory 服务有以下条件。

① 安装者必须具有本地管理员的权限。

② 安装系统盘必须有足够的剩余空间安装 Active Directory。

③ Windows Server 2008 操作系统版本必须满足的条件。

④ 本地磁盘至少有一个分区是 NTFS 分区。

⑤ 必须有相应的 DNS 服务器支持。

5. 域和林功能级别

功能级别确定了在域或林中启用的 Active Directory 域服务（AD DS）的功能。它们还将限制哪些 Windows Server 操作系统可以在域或林中的域控制器上运行。但是，功能级别不会影响哪些操作系统可以在连接到域或林的工作站和成员服务器上运行。

创建新域或新林时，请将域和林功能级别设置为所知道环境可以支持的最高值。这样一来，就可以尽可能充分利用许多 AD DS 功能。例如，如果肯定不会将运行 Windows Server 2003（或任何更早版本的操作系统）的域控制器添加到域或林，请选择 Windows Server 2008 功能级别。

另一方面，如果可能会保留或添加运行 Windows Server 2003 或更早版本的域控制器，请在安装期间选择 Windows Server 2003 功能级别。如果您确定不会添加这类域控制器或这类域控制器仍在使用，则安装后可以提升功能级别。

安装新的林时，系统会提示设置林功能级别，然后设置域功能级别。不能将域功能级别设置为低于林功能级别的值。例如，如果将林功能级别设置为 Windows Server 2008，则只能将域功能级别设置为 Windows Server 2008。Windows 2000 和 Windows Server 2003 域功能级别值在“设置域功能级别”向导页中不可用。此外，默认情况下，随后向该林添加的所有域都将具备 Windows Server 2008 域功能级别。

思考与练习

一、填空题

1. 单击________→________→________命令，调出“服务器管理器”窗口；单击“________”→“________”命令，弹出“运行”对话框，在“打开”文本框中输入“________”命令，弹出“Active Directory 域服务安装向导”窗口。

2. 活动目录服务包括________和________结构，该结构包括________、________、________、________和________等所组成的层次结构。

3. 活动目录为管理员和网络用户提供了________、________、________、________和________易管理和易使用的特性。

4. Active Directory 包含逻辑结构和________。逻辑结构是由________、________、________、________构成的层次结构。

二、简答题

1. 简述目录服务的基本组成。
2. 安装 Active Directory 的必要条件有哪些？

三、操作题

利用 Active Directory 安装向导完成单域环境的创建。

4.3 【案例 12】域用户及组管理

案例描述

为了在域模式下更好地对用户进行管理，微软从 Windows 2000 起提出了组织单元的概念，可以将其看成是域的子容器。使用组织单元进行用户管理更加符合公司实际的组织模型。管理员王帅需要按照公司部门划分来建立对应的组织单元，需要根据实际情况为每位域用户账户填写相关信息，以便搜索、查找指定的用户账户。

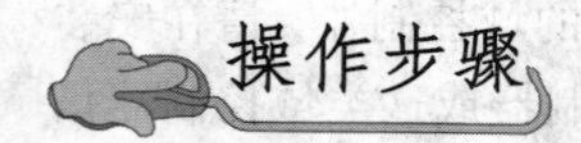

1．创建新组织单位

① 单击“开始”→“管理工具”→“Active Directory 用户和计算机”命令，弹出“Active Directory 用户和计算机”窗口，如图 4-3-1 所示。

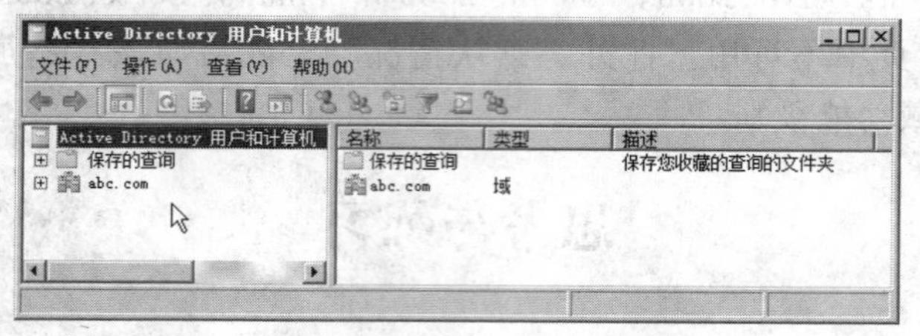

图 4-3-1 “Active Directory 用户和计算机”窗口

② 右击“abc.com”选项，在弹出的快捷菜单中单击“新建”→“组织单位”命令，如图 4-3-2 所示，弹出“新建对象-组织单位”对话框。

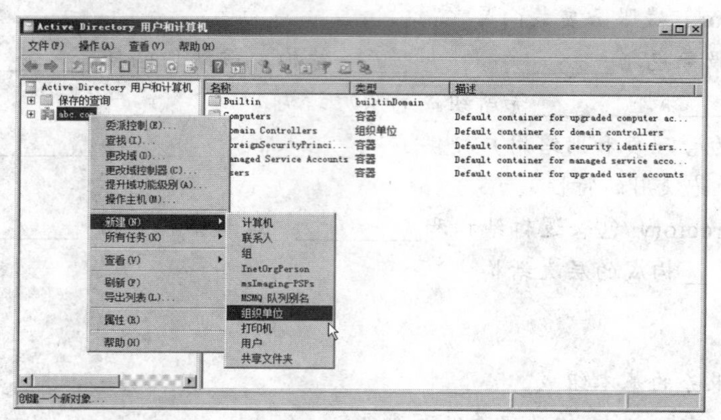

图 4-3-2 “组织单位”选项

③ 在“名称”文本框中输入“销售部”作为相应组织单位的名称，如图 4-3-3 所示。

④ 单击“确定”按钮，完成“销售部”组织单位的创建，返回“Active Directory 用户和计算机”窗口，可以看到窗口左侧“abc.com”选项下面添加了“销售部”选项，如图 4-3-4 所示。

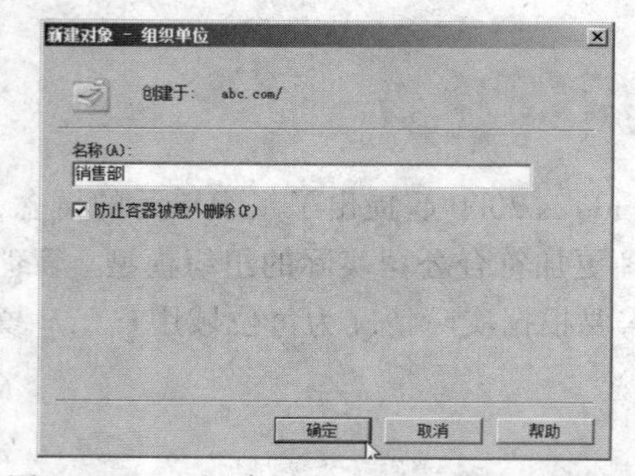

图 4-3-3 “新建对象-组织单位”对话框

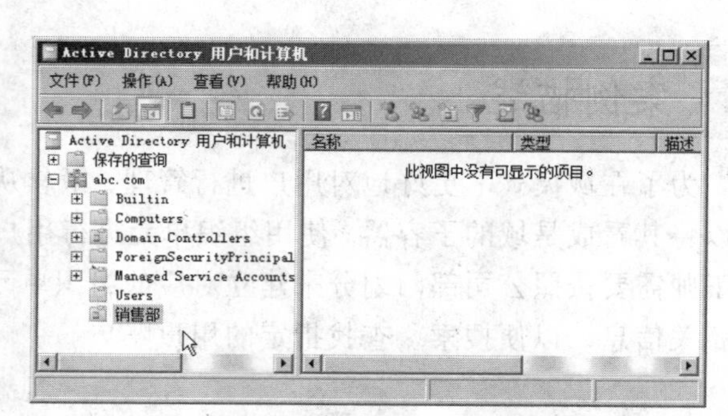

图 4-3-4 完成销售部组织单位的创建

2. 创建新用户

① 在“Active Directory 用户和计算机”窗口左侧，右击刚创建的“销售部”选项，在弹出的快捷菜单中单击“新建”→“用户”命令，弹出“新建对象-用户”对话框。在“姓”“名”和“用户登录名”文本框中，分别输入相应的信息，如图 4-3-5 所示。

② 单击“下一步”按钮，进入设置密码界面，为新添加的用户指定登录域时使用的密码。在“密码”和“确认密码”文本框中分别输入设置的密码，必须完全一致，如图 4-3-6 所示。4 个复选框用来设置密码的控制权限，功能如下。

◎ “用户下次登录时须更改密码”复选框：用户每次登录域之前都要更改自己的密码。

◎ “用户不能更改密码”复选框：用户没有权利更改自己的登录密码。

◎ “密码永不过期”复选框：用户可以一直使用该密码，而不会提示过期。

◎ 账户已禁用：禁用该账户，将不能使用该账户登录。

③ 单击“下一步”按钮，进入用户确认信息界面，显示已设置的用户信息，如图 4-3-7 所示。如果需要修改，可以单击“上一步”按钮返回。

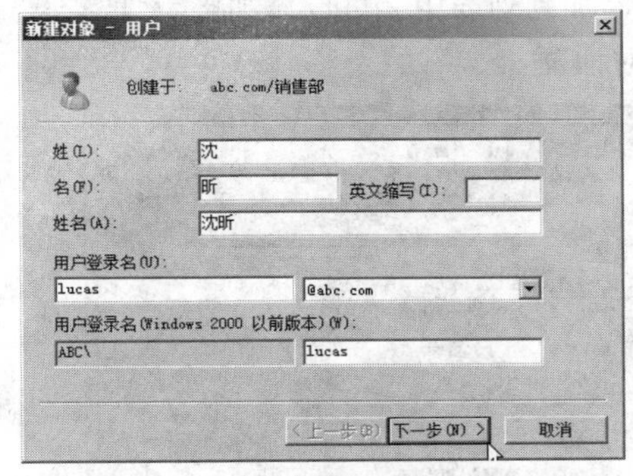

图 4-3-5 “新建对象-用户”对话框

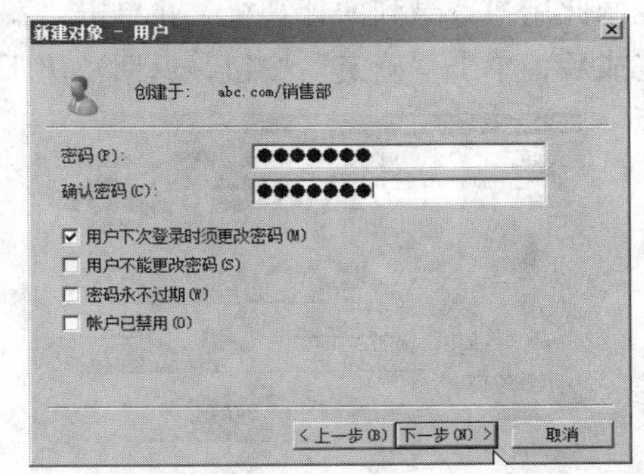

图 4-3-6　设置用户密码

④ 单击“完成”按钮，创建域用户“沈昕”，返回“Active Directory 用户和计算机”窗口，此时右侧列表内添加了新用户“沈昕”，如图 4-3-8 所示。

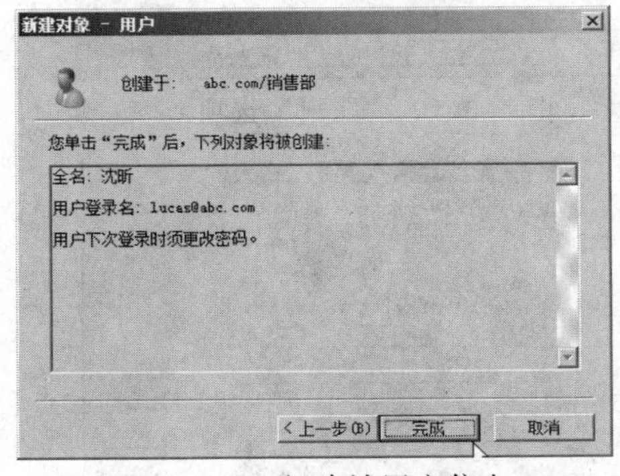

图 4-3-7　新建域用户信息

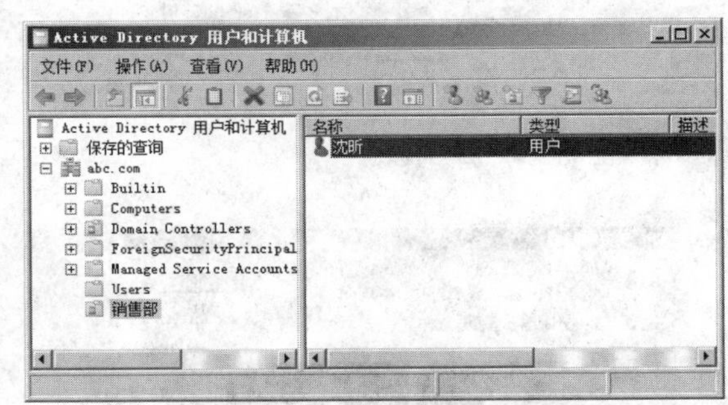

图 4-3-8　完成域用户创建

3. 设置用户属性

新创建的用户账户具有最基本的登录权限，可以通过其“属性”对话框，具体详细地设置所需要的配置。操作方法如下。

① 在“Active Directory 用户和计算机”窗口内，右击新创建的用户“沈昕”选项，在弹出的快捷菜单中，单击“属性”命令，弹出“沈昕 属性”对话框，默认显示是“常规”选项卡，如图 4-3-9 所示。

② 因为创建该用户时只输入了姓和名，所以其他信息为空白。在这里可以补充设置该账户的其他信息，例如，用户描述、办公室位置、电话号码和邮箱地址等，如图 4-3-9 所示。

③ 切换到“账户”选项卡，如图 4-3-10 所示。该选项卡用来设置用户的登录用户名、登录时间和登录到的域等信息。

④ 单击“登录时间”按钮，弹出“沈昕 的登录时间”对话框。默认的登录时间是全部，可以设置的登录时间是按星期日到星期六、每天 24 个小时的设置区来划分的。单击或者拖动小格选中一个或者多个时间区域，然后通过选择“允许登录”或“拒绝登录”单选按钮来设置，如图 4-3-11 所示。设置完成后，单击“确定”按钮，返回“沈昕 属性”对话框。

⑤ 单击“登录到”按钮，弹出“登录工作站”对话框，如图 4-3-12 所示。系统默认登录到“所有计算机”。也可以选中“下列计算机”单选按钮，然后在“计算机名称”文本框中输入控制此用户登录到的计算机，并单击“添加”按钮添加到列表中，可以添加多台计算机，设置完成后，单击“确定”按钮，返回“沈昕 属性”对话框。

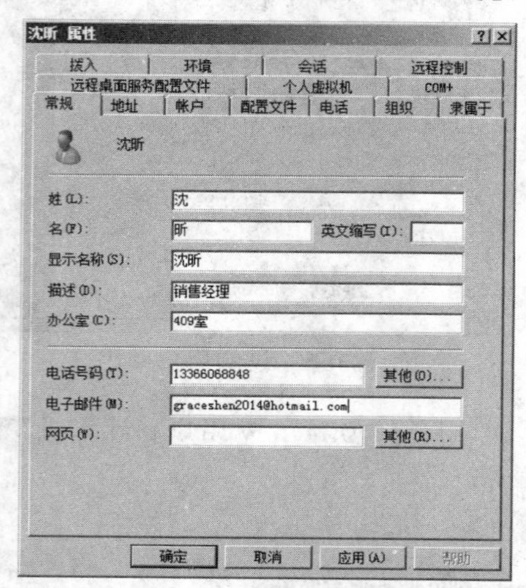

图 4-3-9 “常规”选项卡

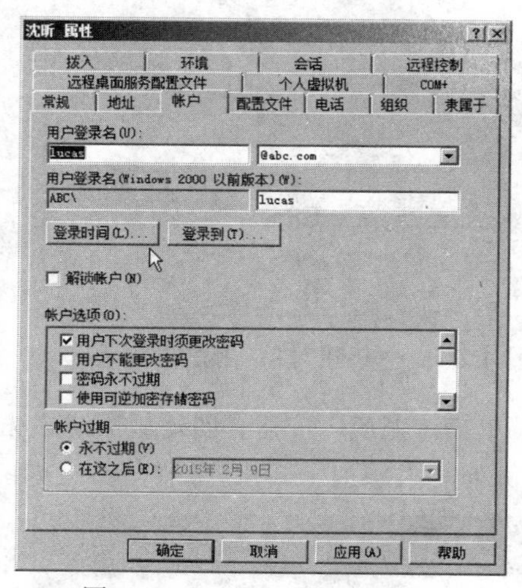

图 4-3-10 “账户”选项卡

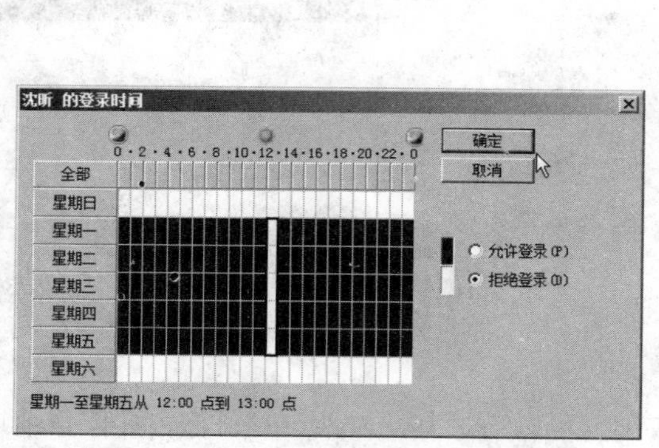

图 4-3-11 “沈昕的登录时间”对话框

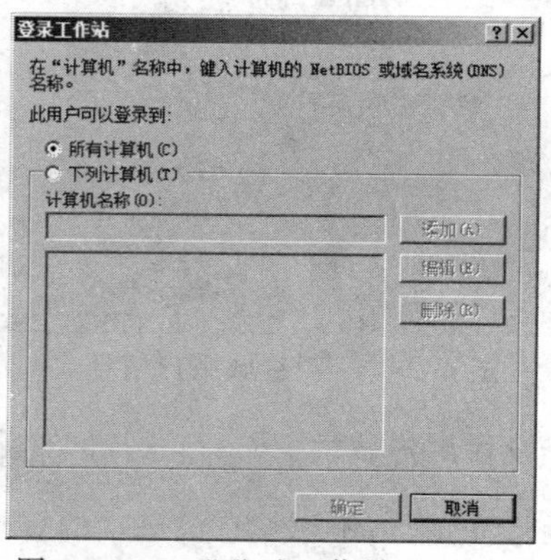

图 4-3-12 “登录工作站”对话框

4. 创建新组

① 单击“开始”→“管理工具”→“Active Directory 用户和计算机”命令，弹出“Active Directory 用户和计算机”窗口。在左侧的目录树中展开“abc.com”选项，右击“销售部”组织单元选项，在弹出的快捷菜单中单击“新建”→“组”命令，弹出“新建对象-组”对话框。

② 在“组名”文本框中输入“北京”作为新用户组的名称，在“组作用域”栏中选择组的作用域，其范围如下。

◎ “本地域”：这类组可以添加其他域的用户账户，但是只能访问该类组所在域的资源，如企业部门子域中的成员。

◎ “全局”：这类组只能添加该类组所在域的用户账户，不能添加别的域的账户，但是可以访问其他域的资源对象。

◎ “通用”：这类组可以添加任何域用户账户，可以访问任何域的资源对象。

此处单击选中“全局”单选按钮。在“组类型”栏中选择组类型，其中“安全组”用于对象权限分配有关的场合，“通讯组”用于与安全无关的场合。单击选中“安全组”单选按钮，如图 4-3-13 所示。

③ 单击“确定”按钮，完成“北京”组的创建，返回“Active Directory 用户和计算机”窗口，此时右侧列表内添加了新组“北京”，如图 4-3-14 所示。

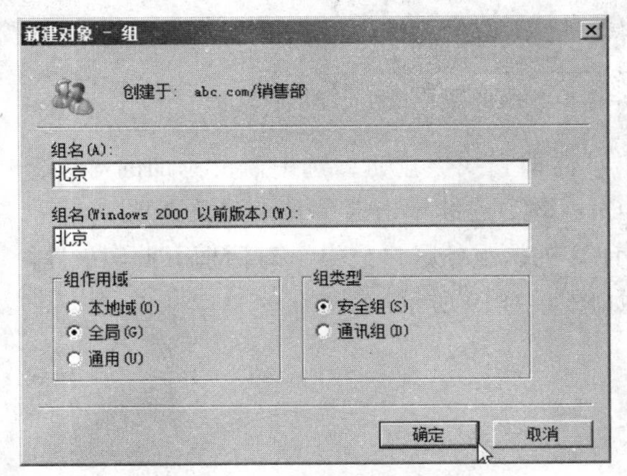

图 4-3-13 “新建对象-组”对话框

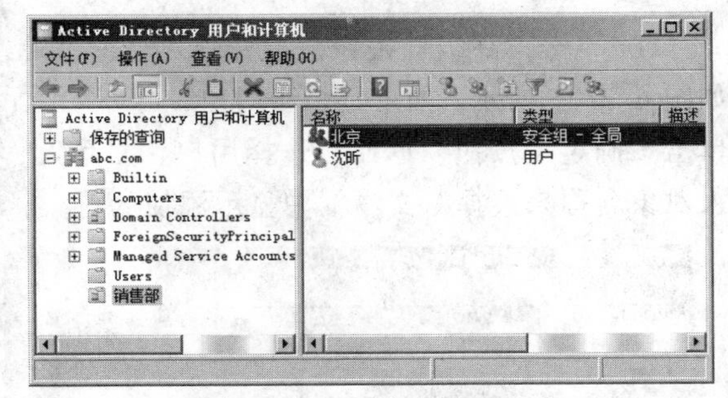

图 4-3-14 创建新组完成

5. 设置组属性

因为针对用户组设置的配置将会应用于组内的所有用户，所以要充分发挥组对用户和计算机账户的管理作用，必须设置组的属性。

① 在“Active Directory 用户和计算机”窗口内，双击新创建的组“北京”选项，弹出“北京 属性”对话框，默认是“常规”选项卡。在“描述”“电子邮件”和“注释”文本框中输入“北京”组的相关信息，如图 4-3-15 所示。

② 切换到“成员”选项卡，可以向组添加多个用户账户，如图 4-3-16 所示。

③ 单击“添加”按钮，弹出“选择用户、联系人、计算机、服务账户或组”对话框，如图 4-3-17 所示。在“输入对象名称来选择”文本框中输入想要添加的对象。

北京 属性

常规 | 成员 | 隶属于 | 管理者

北京

组名(Windows 2000 以前版本)(W): 北京

描述(E): 销售部北京组

电子邮件(M): beijing@abc.com

组作用域：本地域(O)、全局(G)、通用(U)

组类型：安全组(S)、通讯组(B)

注释(N):

将所有销售部的北京成员加入此组

确定 取消 应用(A)

图 4-3-15 “常规”选项卡

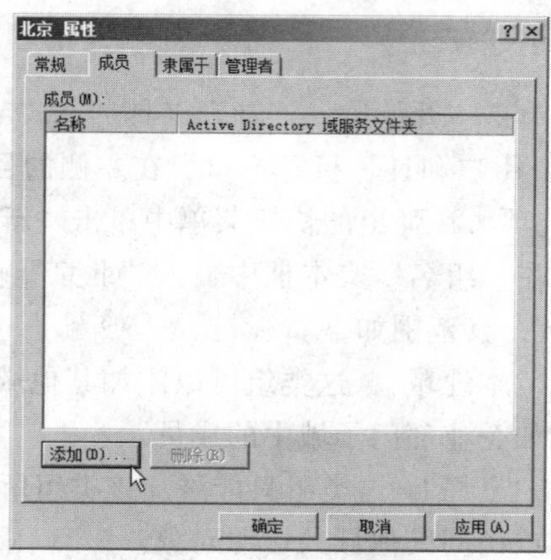

图 4-3-16 “成员”选项卡

选择用户、联系人、计算机、服务帐户或组

选择此对象类型(S):

用户、服务帐户、组或其他对象 对象类型(O)...

查找位置(F):

abc.com 位置(L)...

输入对象名称来选择(示例)(E):

检查名称(C)

高级(A)... 确定 取消

图 4-3-17 “选择用户、联系人、计算机、服务账户或组”对话框

④ 单击“高级”按钮，展开该对话框，单击“立即查找”按钮，选中需要添加的对象，如图 4-3-18 所示。如果是多个对象，可以按住【Ctrl】键，连续单击选中多个对象选项。然后，单击“确定”按钮，返回“选择用户、联系人、计算机、服务账户或组”对话框。此时，“输入对象名称来选择”文本框中显示添加的对象，如图 4-3-19 所示。

选择用户、联系人、计算机、服务帐户或组

选择此对象类型(S):

用户、服务帐户、组或其他对象 对象类型(O)...

查找位置(F):

abc.com 位置(L)...

一般性查询

名称(A): 起始为 列(C)...

描述(D): 起始为 立即查找(N)

禁用的帐户(B) 停止(T)

不过期密码(X)

自上次登录后的天数(I):

确定 取消

搜索结果(U):

名称(RDN)	电子邮件地址	描述	所在文件夹
Domain Co...		域中所有域...	abc.com/Users
Domain Gu...		域的所有来宾	abc.com/Users
Domain Users		所有域用户	abc.com/Users
grace		技术部职工	abc.com/Users
Group Pol...		这个组中的...	abc.com/Users
Guest		供来宾访问...	abc.com/Users
nick		技术部职工	abc.com/Users
Read-only...		此组中的成...	abc.com/Users
北京			abc.com/销售部
沈昕			abc.com/销售部

图 4-3-18 选择需要添加的对象

选择用户、联系人、计算机、服务帐户或组

选择此对象类型(S):

用户、服务帐户、组或其他对象 对象类型(O)...

查找位置(F):

abc.com 位置(L)...

输入对象名称来选择(示例)(E):

沈昕 (lucas@abc.com) 检查名称(C)

高级(A)... 确定 取消

图 4-3-19 添加域用户

⑤ 单击“确定”按钮，返回“沈昕 属性”对话框，此时“成员”列表内会显示添加的对象，如图 4-3-20 所示。如果单击“确定”按钮，即可完成将用户对象“沈昕”加入到“北京”组的操作。

⑥ 切换到“管理者”选项卡，如图 4-3-21 所示。系统默认的组中所有成员的权限都是平等的，即无管理者。为了便于管理，往往需要为用户组指定相应的管理者。单击“更改”按钮，弹出“选择用户、联系人或组”对话框。输入用户名或者选中用户选项，然后单击“确定”按钮即可将其设置为该组的管理者，同时还会在“管理者”选项卡中显示该用户的信息。

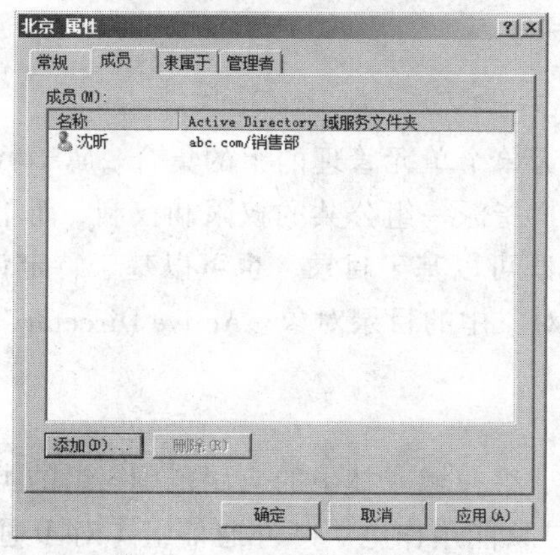

图 4-3-20　添加用户到组

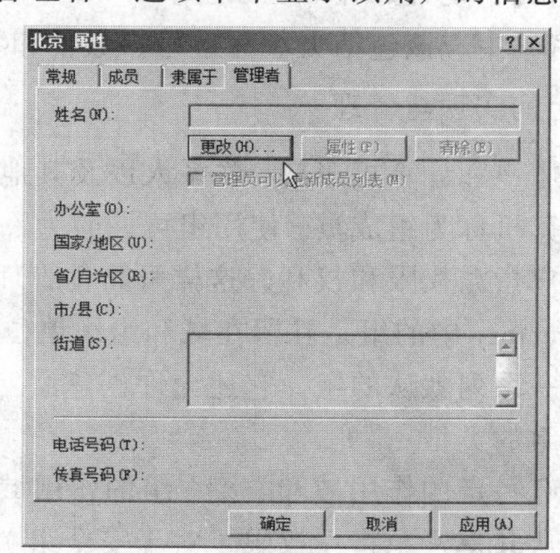

图 4-3-21　“管理者”选项卡

相关知识

1. 创建域用户账户的要求

用户如果想访问一个基于 Windows Server 2008 的 Active Directory 网络中的资源，就需要一个合法的域用户账户。在 Windows Server 2008 的 Active Directory 中，只要有足够的权限，一个域用户账户理论上可以在 Active Directory 中的任意计算机上访问 Active Directory 中的任意资源。与工作组中的本地账户相比，域用户存储在 Active Directory 中，用户只要拥有一个域用户账户，就可以登录到域并访问其他计算机上的资源，实现单一账户、单一登录，从而简化了账户的管理。管理域用户账户首先要具有相应的权限，默认情况下，域中的 Account Operators 组、Domain Admins 组和 Enterprise Admins 组的成员具有管理域用户的权限。

创建一个域用户账户需要考虑以下几个方面的要求。

（1）域用户的命名规则

命名规则规定了如何在域中识别用户。统一的命名规则将有利于管理员和用户记忆用户登录名称和在列表中定位。用户账户确定命名规则时需要考虑如下事项。

① 唯一用户登录名：域用户账户的登录名在目录中必须唯一，域用户账户的显示名在所在的组织单位中必须是唯一的。

② 长度：域用户登录名可以包含最多 20 个大写或小写字符（不区分大小写）。

③ 非法字符：域用户不能出现“/”“\”“[”“]”“:”“;”“|”“=”“,”“+”“*”“?”“<”和“>”这些非法字符。

（2）域用户账户的密码规则

创建新用户时需要为账户指定密码。密码是域用户账户被合法使用的安全手段，只有设置安全的密码才能保证账户被使用者使用。密码可以由字母、数字和特殊符号组成，并区分大小写。设置安全密码需要考虑如下规则。

① Administrator 账户必须设置复杂的密码。

② 避免使用电话号码、人名及地址作为密码。

③ 密码长度最好在 8 位以上。

④ 密码中应该包括大小写字母、数字和特殊符号。

2. 组的实现与管理

组是用户和计算机账户、联系人以及其他可作为单个单元管理的组的集合。属于特定组的用户和计算机称为组成员。使用组可同时为许多账户指派一组公共的权限和权利，而不用单独为每个账户指派权限和权利，这样可简化管理。组既可以基于目录，也可以基于特定计算机。Active Directory 中的组是驻留在域和组织单位容器对象中的目录对象。Active Directory 在安装时提供了一系列默认的组，它还允许创建组。

（1）组的类型

组具有特定的作用域和类型。组的作用域决定了组在域或林中的应用范围。组的类型决定了可用于从共享资源指派权限（对于安全组），还是只能用作电子邮件通信组（对于通信组）。组可用于将用户账户、计算机账户和其他组账户收集到可管理的单元中。使用组而不是单独的用户，可简化网络的维护和管理。在 Active Directory 中有两种类型的组，通信组和安全组。可以使用通信组创建电子邮件通信组列表，使用安全组给共享资源指派权限。通信组和安全组简介如下。

① 通信组：只能用作电子邮件的通信。只有在电子邮件应用程序中（如 Exchange）才能使用通信组将电子邮件发送给一组用户。如果需要用组来控制对共享资源的访问则创建安全组。

② 安全组：可以对安全组指派用户权利，可以确定该组的哪些成员可在处理域（或林）作用域内工作。在安装 Active Directory 时系统会自动将用户权限分配给某些安全组，以帮助管理员定义域中人员的管理角色。例如，在 Active Directory 中被添加到 Backup Operators 组的用户能够备份和还原域中每个域控制器上的文件和文件夹。大多数情况下，管理 Active Directory 时使用的都是安全组。

（2）组的作用域与成员资格

组（不论是安全组还是通信组）都有一个作用域，用来确定在域树或林中该组的应用范围。组有以下 3 类不同的组作用域，通用、全局和本地域。

① 通用组的成员：可以包括域树或林中任何域中的其他组和账户，而且可在该域树或林中的任何域中指派权限。

② 全局组的成员：可以包括只在其中定义该组的域中的其他组和账户，而且可在林中的任何域中指派权限。

③ 本地域组的成员：可以包括 Windows Server 2008、Windows 2003 或 Windows NT 域中的其他组和账户，而且只能在域内指派权限。

思考与练习

一、填空题

1. 管理域用户账户首先要具有相应的权限，默认情况下，域中的________组、________和________组的成员具有管理域用户的权限。

2. 在 Active Directory 中有________和________两种类型的组。可以使用第一种类型的组创建________，使用第二种类型的组为共享资源指派________。

3. 组有________、________和________3 类不同的组作用域。

二、简答题

1. 简述如何改变域模式。

2. 简述创建域用户和组的方法。

三、操作题

在域的模式下，创建组织单位和域用户。

第 5 章 网络安全的配置与管理

要实现网络安全的目的，需要网管提供两方面功能：一是网络安全管控功能，从权限、设备配置、非法设备识别等方面来保证网络架构安全；二是网络运行管理功能，通过设备告警、性能等方面来保证网络的运行安全。

5.1 【案例 13】文件权限的管理

案例描述

管理员王帅发现 FAT 和 FAT32 文件系统下并不能够提供文件级别的安全性，所以将公司的计算机的文件系统统一更改为 NTFS，并在 NTFS 文件系统中对不同用户设置了不同的权限，保证了公司相关文件的安全性。同时 Windows Server 2008 中的 NTFS 文件系统，支持对文件和文件夹进行压缩。压缩后的文件和文件夹可以被程序正常的读/写，而不必事先用其他程序解压缩。文件和文件夹被压缩后，可以减少在驱动器中占用的磁盘空间。

操作步骤

1. 为文件夹添加操作用户或用户组

① 右击 Windows 桌面，在弹出的快捷菜单中单击“新建”→“文件夹”命令，创建文件夹“WangShuai”，右击“WangShuai”图标，单击快捷菜单中的“属性”命令，弹出“WangShuai 属性”对话框，如图 5-1-1 所示。

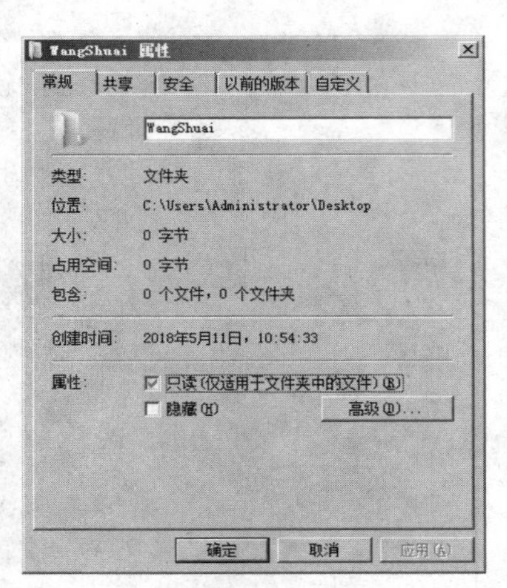

图 5-1-1 “WangShuai 属性”对话框

② 单击“安全”选项卡，切换到“安全”选项卡，单击选中“组或用户名称”列表框内需要查看的用户或组名称（如 SYSTEM 组）选项，在“权限”列表框中会显示该用户或组的详细权限，如图 5-1-2 所示。

③ 单击“高级”按钮，弹出“WangShuai 的高级安全设置”对话框，切换到“权限”选项卡，可以在其内“权限项目”列表框中看到文件的特别权限，如图 5-1-3 所示。

步骤 1 和步骤 2 视频

④ 选中“权限项目”列表框中需要查看的用户或组选项，单击“编辑”按钮，弹出“WangShuai 的权限项目”对话框，即可查看详细的权限设置，如图 5-1-4 所示。

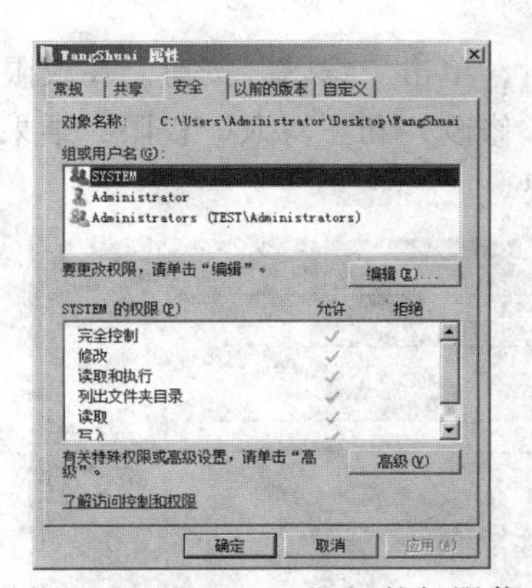

图 5-1-2　“SYSTEM”组的权限信息

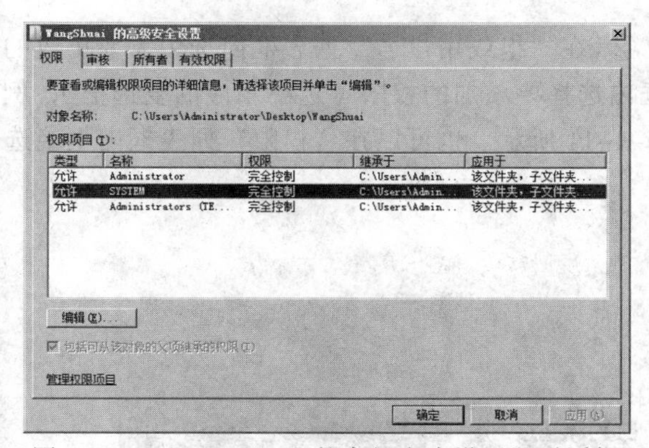

图 5-1-3　“WangShuai 的高级安全设置”对话框

⑤ 如果是通过组来为用户分配的权限，可以从图 5-1-3 所示的对话框切换到“WangShuai 的高级安全设置”对话框的“有效权限”选项卡，在“有效权限”列表框内选择相应的用户来进行查看，如图 5-1-5 所示。

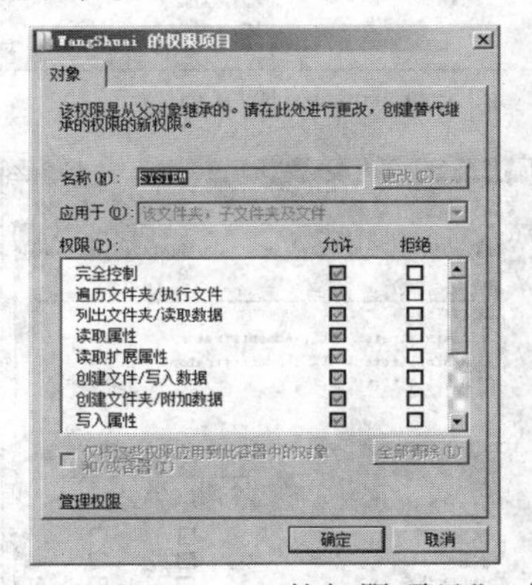

图 5-1-4　“WangShuai 的权限项目”对话框

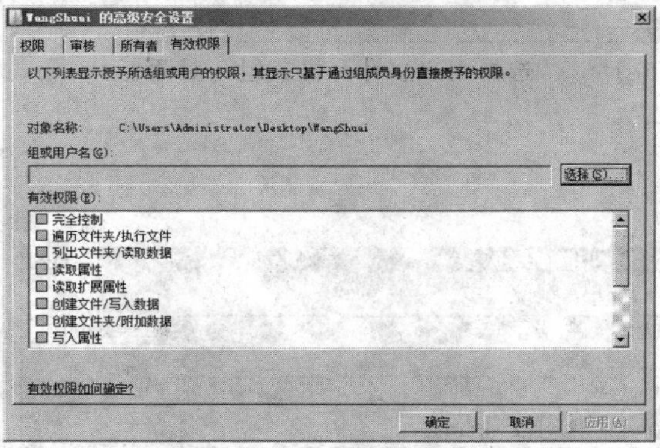

图 5-1-5　“有效权限”选项卡

⑥ 单击“有效权限”选项卡内的“选择”按钮，弹出“选择用户、计算机或组”对话框，如图 5-1-6 所示。

⑦ 在“选择用户、计算机或组”对话框中，单击“高级”按钮，在该对话框内下边展开“一般性查询”选项卡和“搜索结果”查找用户的列表框，同时还增添了“立即查找”等按钮。

⑧ 单击“立即查找”按钮，“搜索结果”列表框如图 5-1-7 所示。选中用户或用户组名称（如 Users 组），单击“确定”按钮，返回“选择用户、计算机或组”对话框，如图 5-1-8 所示。

⑨ 单击“选择用户、计算机或组”对话框内的“确定”按钮，完成对 WangShuai 文件夹添加操作用户或者用户组的操作，在“WangShuai 的高级安全设置”对话框的“有效权限”选项卡中，可查看或修改选中用户（如 Users 组）对此文件夹拥有的有效权限，如图 5-1-9 所示。

2. NTFS 权限的更改

① 选中需要更改 NTFS 的文件夹（如“WangShuai”文件夹），右击该文件夹图标，单击弹出的快捷菜单中的“属性”命令，弹出“WangShuai 属性”对话框，单击“安全”选项卡，如图 5-1-10 所示。

② 在“组或用户名”列表框内选中需要更改的用户或组，单击“编辑”按钮。在权限列表框内选择要添加的权限（选中相应的复选框），例如添加“修改”和“写入”权限，结果如图 5-1-11 所示。也可以在“权限”列表框内拒绝选中的权限。

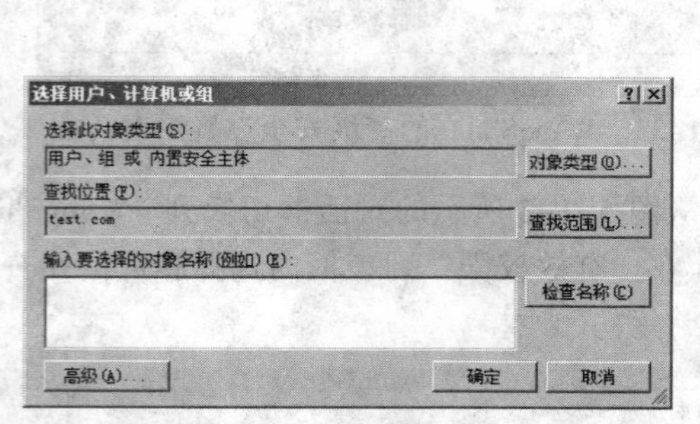

图 5-1-6 “选择用户、计算机或组”对话框

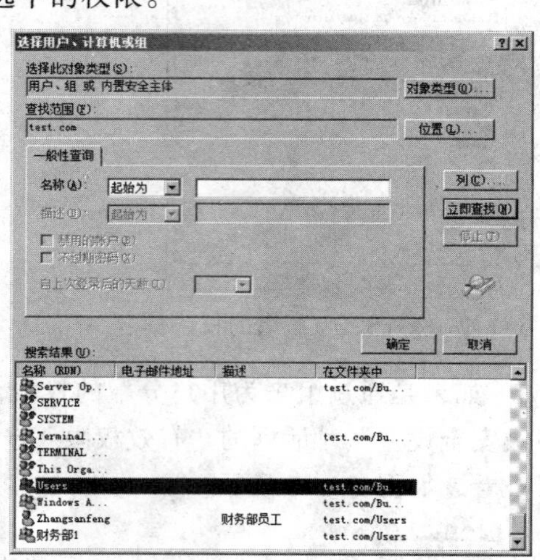

图 5-1-7 查找用户

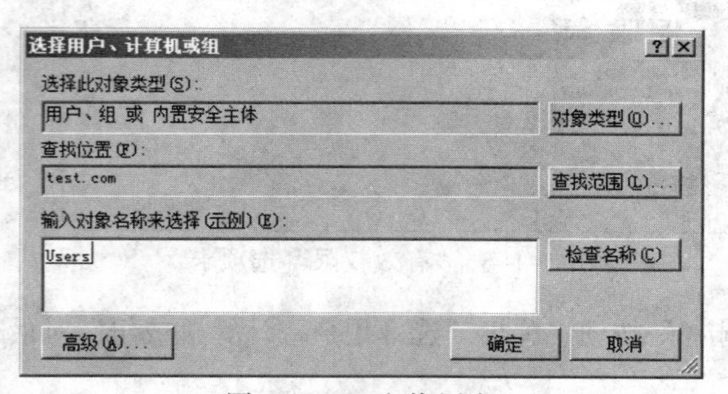

图 5-1-8 查找用户

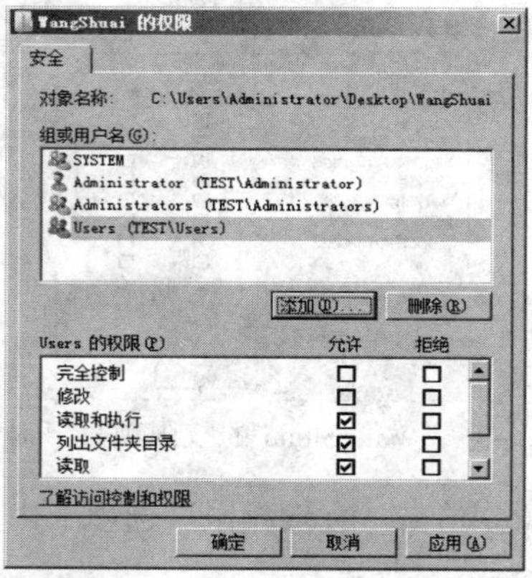

图 5-1-9 查看有效权限

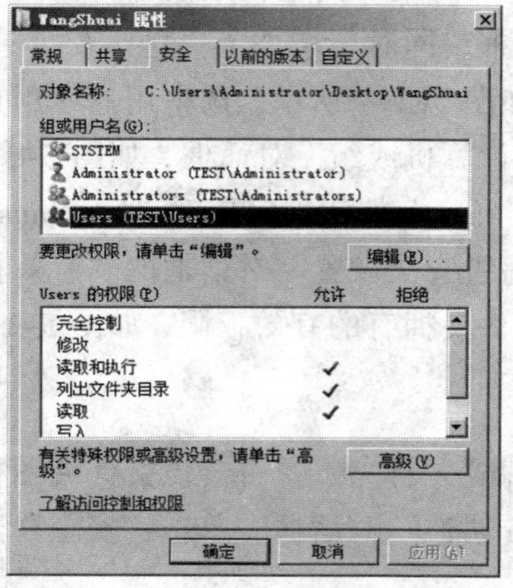

图 5-1-10 “安全”选项卡

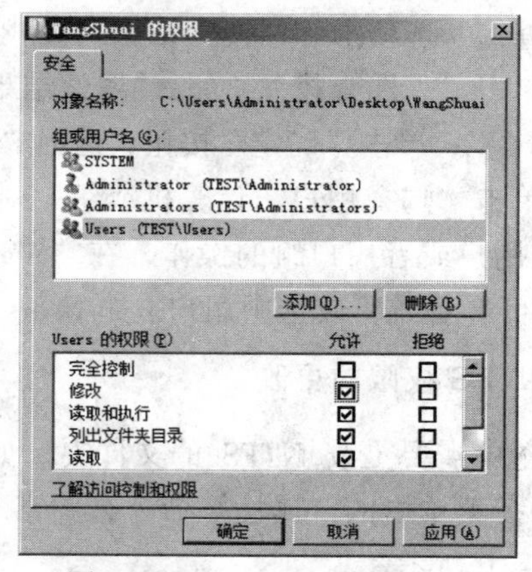

图 5-1-11 更改文件权限

如果要修改灰色区域的权限，必须取消继承权限。单击图 5-11-10 中的“高级”按钮，弹出“WangShuai 的高级安全设置”对话框，选中“包括可以从该对象的父项继承的权限”复选项，可以取消权限的继承，如图 5-1-12 所示。

③ 选中后，系统弹出 Windows“安全”对话框，如图 5-1-13 所示。单击“复制”按钮，返回，即可取消权限的继承。此时即可更改灰色区域的权限，如图 5-1-14 所示。

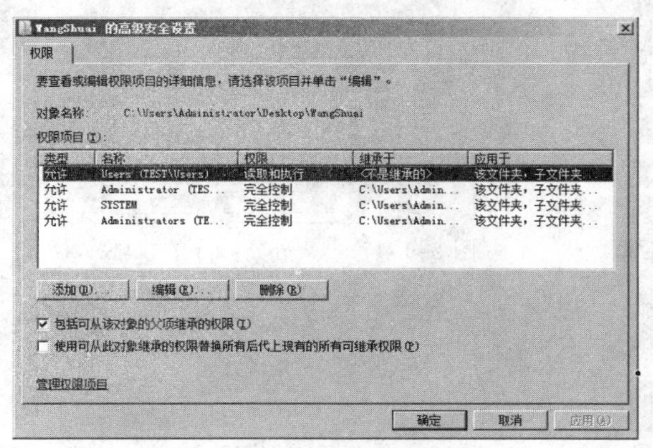

图 5-1-12　取消权限

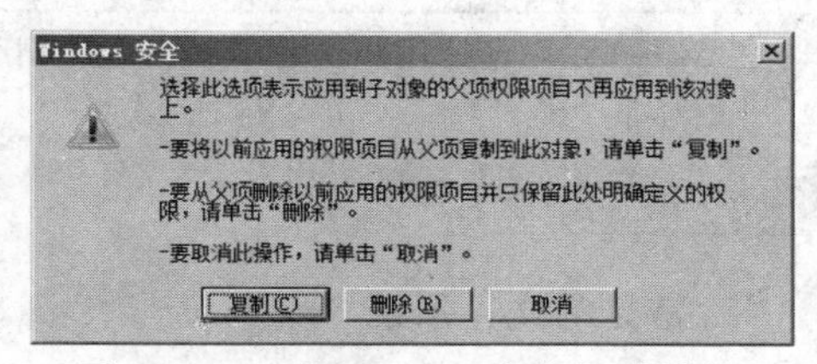

图 5-1-13　“Windows 安全”对话框

④ 单击“添加”按钮，弹出“选择用户、计算机或组”对话框，如图 5-1-6 所示，用来增加新的用户或组。

⑤ 在图 5-1-6 的“选择用户、计算机或组”对话框中，单击“高级”按钮，展开该对话框，如图 5-1-15 所示。单击“立即查找”按钮，“搜索结果”列表框如图 5-1-15 所示。选中用户 Zhangsanfeng 后，单击“确定”按钮，返回“选择用户、计算机或组”对话框，如图 5-1-16 所示。

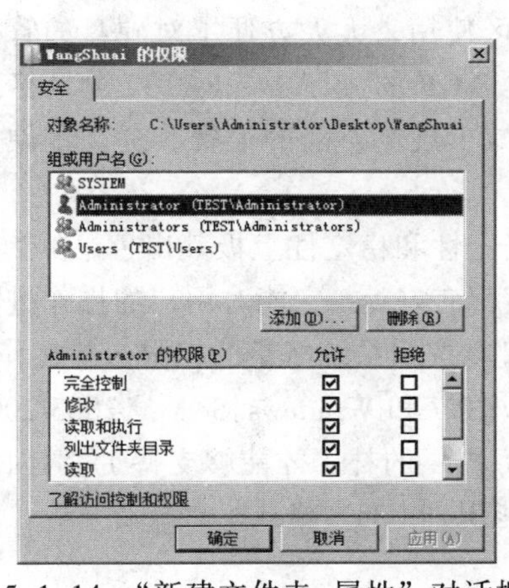

图 5-1-14　“新建文件夹 属性”对话框

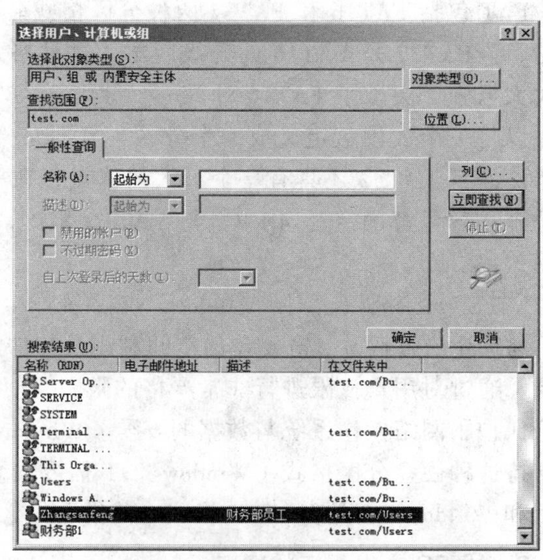

图 5-1-15　“选择用户、计算机或组”对话框

⑥ 单击“确定”按钮，返回“WangShuai 的权限”对话框“安全”选项卡，为用户 Zhangsanfeng 分配相应的权限，如图 5-1-17 所示。

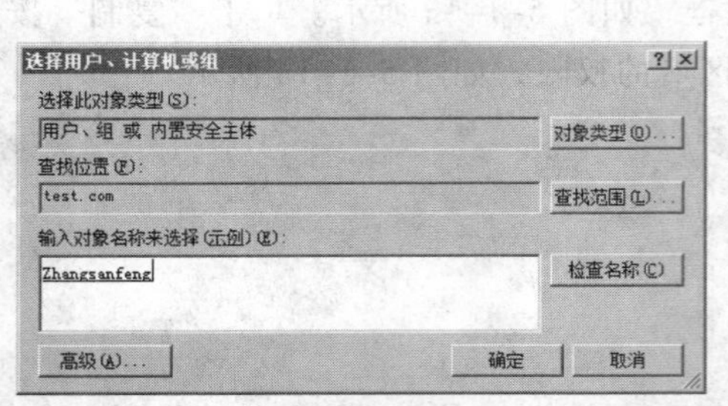

图 5-1-16 “选择用户、计算机或组”对话框

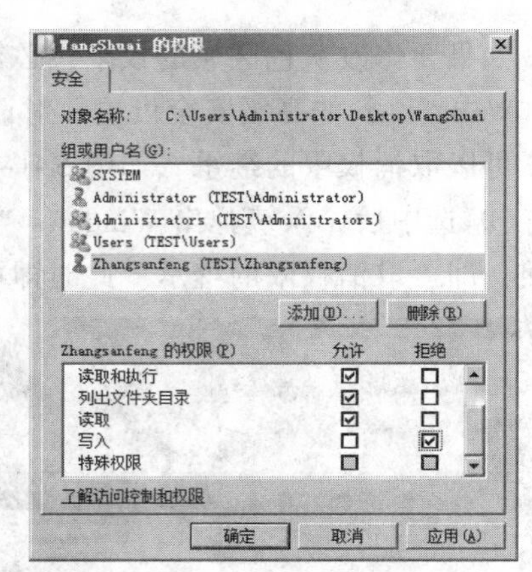

图 5-1-17 “WangShuai 的权限”对话框

相关知识

1. 常见的文件系统

文件系统指文件命名、存储和组织的总体结构。Windows 支持 3 种文件系统：FAT、FAT32 和 NTFS。用户可以在安装 Windows、格式化现有的分区或者安装新的硬盘时，选择相应的文件系统。用户在决定使用哪种文件系统之前，应当了解每个文件系统的优点和局限性。更改分区的现有文件系统可能很耗费时间，因此最好在安装系统时选择好需要的文件系统。

2. NTFS 与 FAT 和 FAT32 的对比

FAT 包括 FAT16 和 FAT32 两种分区格式。FAT16 在 DOS 时代得到广泛的应用，现在不常见了。FAT32 是 FAT16 的升级版本，这种格式采用 32 位的文件分配表，对磁盘的管理能力大大增强，突破了 FAT16 对每一个分区 2 GB 容量的限制。运用 FAT32 的分区格式后，用户可以将一个大硬盘定义成一个分区，而不必分为几个分区使用，大大方便了对硬盘的管理工作。而且 FAT32 还具有一个最大的优点，在一个不超过 8 GB 的分区中，FAT32 分区格式的每个簇容量都固定为 4 KB。与 FAT16 相比，可以大幅减少硬盘空间的浪费，提高了硬盘利用效率。

NTFS 分区格式是跟随 Windows NT 系统产生的，它在安全性和稳定性上极其出色，在使用中不易产生文件碎片，对硬盘的空间利用及软件的运行速度都有好处。它能对用户的操作进行记录，通过对用户权限进行非常严格的限制，使每个用户只能按照系统赋予的权限进行操作，充分保护了网络操作系统与数据的安全。Windows NT/2000/XP/7 和 Windows Server 2003/2008 都支持这种硬盘分区格式（Windows NT 需要安装 Microsoft 提供的补丁才能够支持）。但因为 DOS 和 Windows 98 是在 NTFS 格式之前推出的，所以并不能识别 NTFS 格式。

3. NTFS 文件系统的特点

① 可以对单个文件或者文件夹设置权限。

② 更好的可伸缩性使扩展为大驱动器成为可能。NTFS 的最大分区或卷比 FAT 的最大分

区或卷大得多，当卷或分区大小增加时，NTFS 的性能不会降低，而 FAT 的性能会降低。

③ 压缩功能，包括压缩或解压缩驱动器、文件夹或者特定文件的功能。但是，无法同时压缩和加密某个文件。

④ 文件加密，该功能极大地增强了安全性。但是，无法同时压缩和加密某个文件。

⑤ 磁盘配额，可用来监视和控制单个用户使用的磁盘空间量。

⑥ 域控制器和 Active Directory 需要使用 NTFS。

4．使用 NTFS 文件系统

① 格式化硬盘，选择 NTFS 文件系统，采用此方式分区中的数据将全部丢失。右击需要转化 NTFS 文件系统的磁盘分区，单击弹出快捷菜单中的“格式化”菜单命令，弹出格式化本地磁盘对话框，如图 5-1-18 所示。在“文件系统”下拉列表中选择 NTFS 选项，单击“确定”按钮，将此磁盘分区格式化成 NTFS 文件系统。

② 将 FAT 文件系统转换为 NTFS 文件系统，并保留原有的数据。单击“开始”→“运行”命令，弹出“运行”对话框。在“打开”文本框中输入 cmd 命令，单击“确定”按钮，弹出“命令提示符”窗口。在命令提示符下，输入 convert f：/ntfs 命令，如图 5-1-19 所示。按【Enter】键确认，其中 f 指驱动器号（其后要紧跟冒号），这时就会将 FAT 格式转换成 NTFS 文件系统。

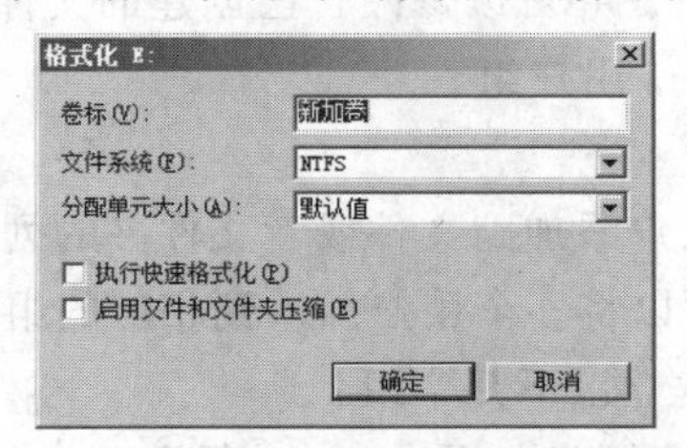

图 5-1-18　格式化本地磁盘对话框

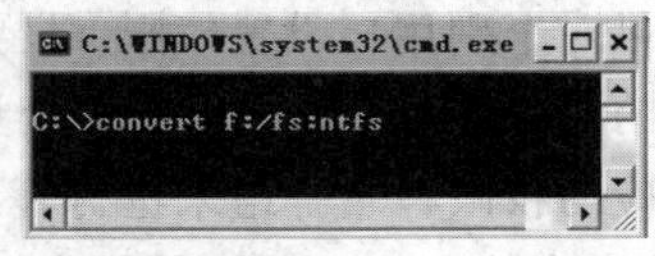

图 5-1-19　convert 命令格式

③ 使用第三方软件转换，例如“分区大师”软件等。

5．NTFS 权限的含义

由于 FAT 和 FAT32 文件系统下不能够提供文件级别的安全性，所以 Microsoft 公司在 NTFS 文件系统中引入了权限的概念。在每一个文件或文件夹的属性对话框中都增加了一个“安全”选项卡，如图 5-1-20 所示。包含访问控制列表（ACL）和访问控制项（ACE）选项。访问控制列表中列出的是和当前文件或文件夹权限有关的用户和组，当选中某个组或用户后，访问控制项中列出的是和该用户和组相关的权限。

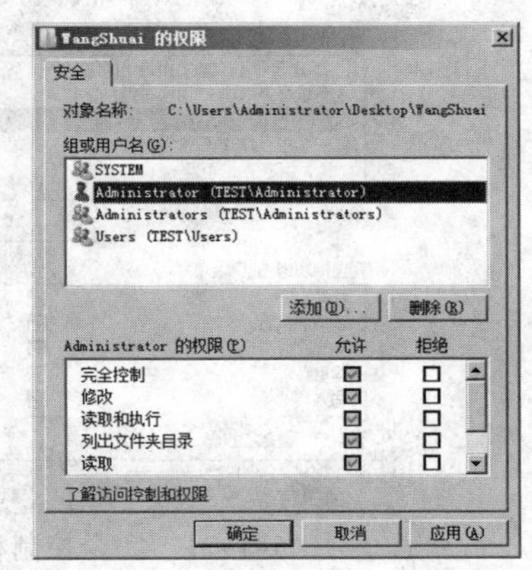

图 5-1-20　“安全”选项卡

6．文件和文件夹的 NTFS 权限

（1）NTFS 文件系统常见的权限

① 完全控制：它具有所有的 NTFS 文件夹权限。

② 修改：它除了具有“写入”和“读取与运行”权限，还具有删除，重命名子文件夹的权限。

③ 读取和执行：它与“列出文件夹目录”几乎相同的权限。但在权限的继承方面有所不同，“读取和执行”是文件与文件夹同时继承，而“列出子文件夹目录”只具有文件夹的继承性。

④ 列出文件夹目录：可以列出文件夹的内容，此权限只针对文件夹存在。

⑤ 读取：此权限可以查看文件夹内的文件名称、子文件夹的属性。

⑥ 写入：可以在文件夹里写入文件与文件夹，更改文件的属性。

⑦ 特别的权限：其他不常用的权限，例如删除权限的权限、更改权限的权限等。

上面这些 NTFS 权限可以单独设置，也可以同时选择几种。

（2）文件或文件夹的默认用户组

每一个新建立的文件或文件夹都有默认用户组。

① Administrators：内置管理员组，对所有文件和文件夹都有完全控制的权限。

② CREATOR OWNER：创建者组具有的特殊权限。特殊权限内容是完全控制权限，但只对于自己创建的文件夹具有此权限。

③ SYSTEM：此账户是代表操作系统本身，默认权限是完全控制。

④ Users：此组代表此计算机上所有的用户，默认的权限是读取和运行，对于文件夹还有特殊权限。拥有特殊权限时可以创建文件或者文件夹，并可以修改自己创建的文件或文件夹。注意，在桌面上创建的文件夹，默认用户不包括 Users 用户组。

（3）对多个用户设置相应权限

如果对个别用户设置权限，只要将用户使用的账户添加到文件或者文件夹的列表中，并设置相应的权限即可。如果对于多个用户设置权限，可以将多个用户加入到相应的组中，并对组设置相应的权限，结合组来进行管理，一般情况下建立以下几个组：

① 完全控制组：此组的用户对文件夹拥有所有权限，如图 5-1-21 所示。

② 只读组：此组的用户对文件夹拥有读取权限，如图 5-1-22 所示。

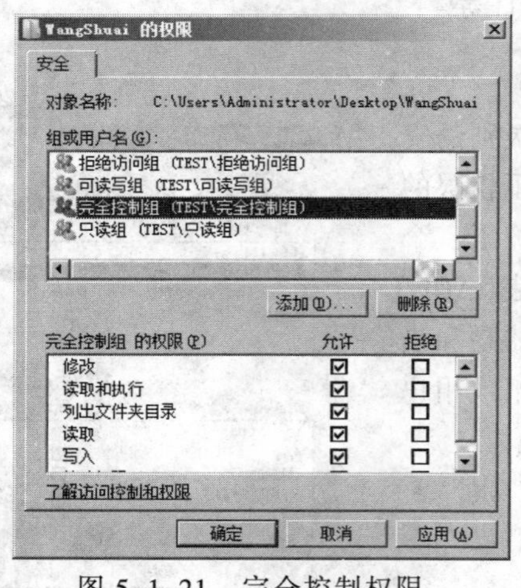

图 5-1-21 完全控制权限

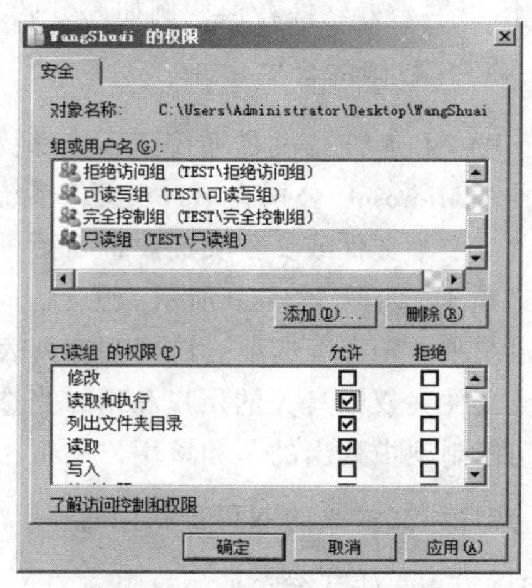

图 5-1-22 只读组的权限

③ 可读/写组：此组的用户对文件夹拥有读/写权限，如图 5-1-23 所示。

④ 拒绝访问组：此组的用户将没有权限访问此文件夹，如图 5-2-24 所示。

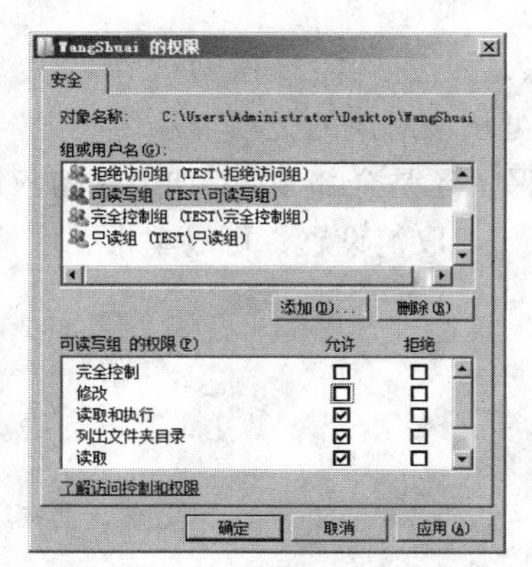

图 5-2-23　读取和写入权限

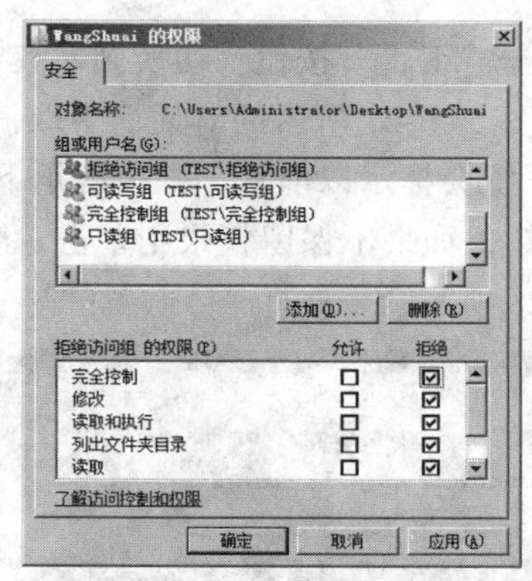

图 5-1-24　拒绝访问权限

7. 权限的组合

可以根据用户不同的需求将用户加入到不同的组里，也可以将一个用户同时加入到多个组。例如，将用户加入到只读组和可读写组两个组，用户将具有此两个组的权限。但是如果将用户加入到了拒绝访问组，而不管此用户是否加入了其他组，此用户都将被拒绝访问，因为拒绝的权限高于其他权限。

综上所述，当一个用户属于多个组的时候，这个用户会得到各个组的累加权限，一旦有一个组被拒绝访问，此用户也会被拒绝访问。

8. 权限的继承

新建的文件或文件夹会自动继承上一级目录或驱动器的 NTFS 权限，这样的好处是免去了设置默认权限的步骤。但是从上一级继承下来的权限是不能够直接修改的，如图 5-1-25 所示，只能在此基础上添加一些其他的权限。

对于个别的文件夹可能需要设置单独的权限，而不需要从上一级继承权限，可以将继承权限删除，然后手动设置 NTFS 权限。取消 NTFS 权限的继承特性的步骤如下。

① 右击需要取消 NTFS 继承性的文件夹 data，单击弹出菜单中的“属性”命令，弹出“data 属性”对话框。单击“安全”选项卡，如图 5-1-25 所示。

② 单击“高级”按钮，弹出“data 的高级安全设置”对话框，如图 5-1-26 所示。

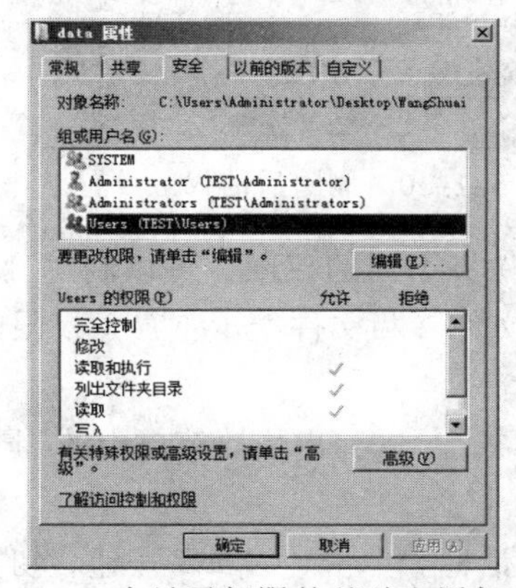

图 5-1-25　在继承权限的基础上添加其他权限

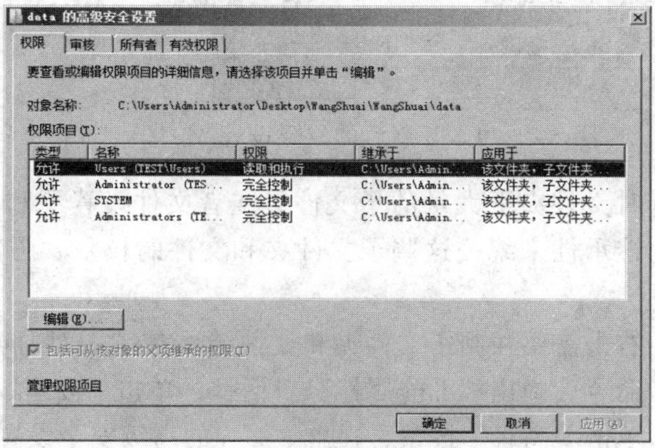

图 5-1-26　高级安全设置

③ 单击“编辑”按钮，切换到“权限”编辑状态，如图 5-1-27 所示。

④ 在图 5-1-27 所示的对话框中取消选择“包括可从该对象的父项继承的权限”复选框。取消之后系统会提示以前从上一级继承下来的权限是保留还是全部删除。如果保留权限就单击“复制”按钮，如果不保留权限则单击“删除”按钮，如果取消设置，可以单击“取消”按钮，如图 5-1-28 所示。

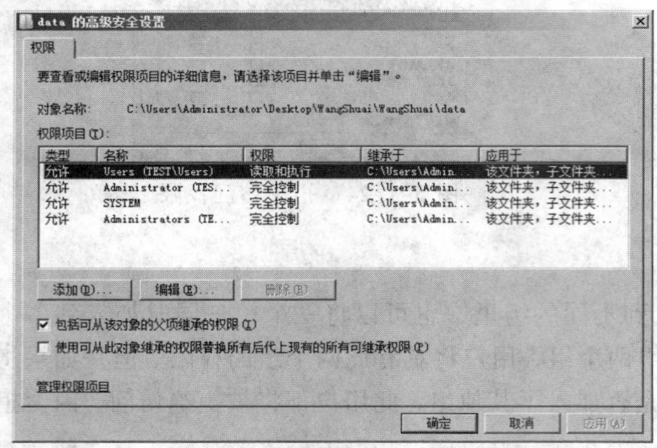

图 5-1-27 “data 的高级安全设置”对话框

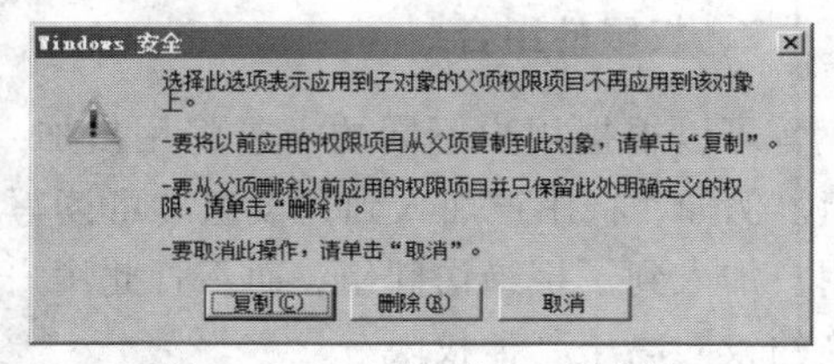

图 5-1-28 “安全”对话框

⑤ 如果单击“复制”按钮，以前的权限会全部保留下来，并可以根据需要进行更改，如图 5-1-29 所示。如果单击“删除”按钮，则所有继承的权限将会被删除，可以自行添加相应的用户或组，并设置相应的权限，如图 5-1-30 所示。

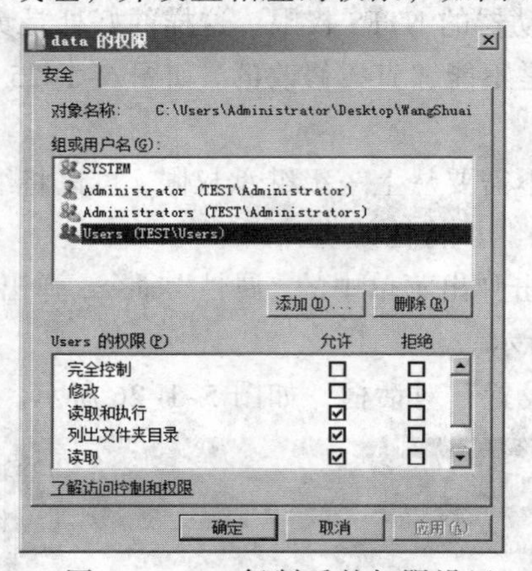

图 5-1-29 复制后的权限设置

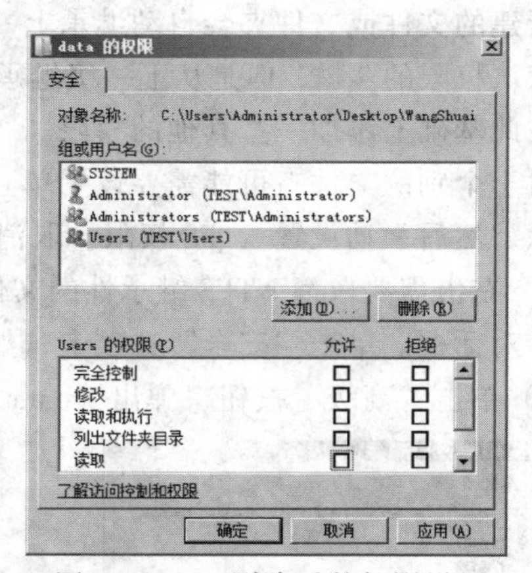

图 5-1-30 删除后的权限设置

有时文件夹下大量的子文件夹或者文件设置了和父文件夹不同的权限，可以利用 NTFS 权限的继承性来统一这些子文件夹和文件的权限。强制子文件夹和文件继承 NTFS 权限的步骤如下。

- 右击需要强制子文件夹和文件继承 NTFS 权限的文件夹，单击弹出快捷菜单中的“属性”命令，弹出“data 属性”对话框，单击“安全”选项卡。
- 单击“高级”按钮，弹出“data 的高级安全设置”对话框。单击“编辑”按钮，切换到“权限”编辑状态。

- 单击选中“使用可以从此对象继承的权限替换所有后代上现有的所有可继承权限”复选项，如图 5-1-31 所示。
- 单击“确定”按钮后，系统会将当前文件夹的权限强制继承到下级文件夹或文件。

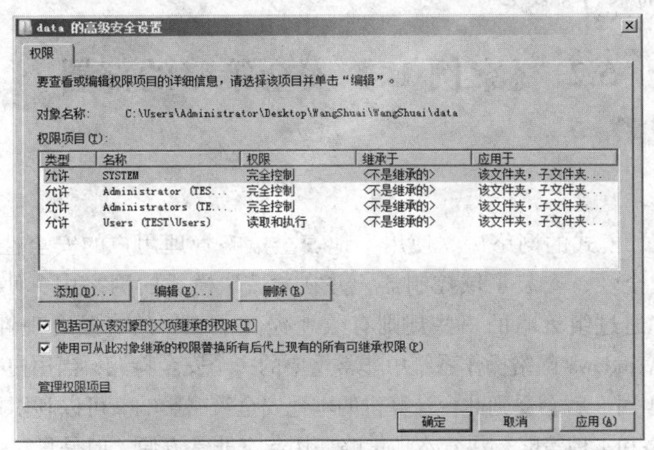

图 5-1-31　强制子文件夹或者文件继承 NTFS 权限

9. 文件复制或移动时对权限的影响

如果文件或文件夹从某文件夹复制到另一个文件夹时，由于文件的复制，等于是产生另一个新文件，因此新文件或文件夹的权限会继承目的文件夹的权限。

如果文件或文件夹从某文件夹移动到另一个文件夹时，它分两种情况：

① 如果移动到同一磁盘分区的另一个文件夹内，则仍然保持原来的权限。

② 如果移动到另一个磁盘分区的某个文件夹内，则该文件将继承目的地的权限。

如果将 NTFS 磁盘分区的文件或文件夹移动或复制到 FAT/FAT32 磁盘分区下，会将 NTFS 磁盘分区的下的安全设置全部取消。

思考与练习

一、选择题

1. 文件系统指文件________、________和________的总体结构。Windows 支持________、________和________三种文件系统。

2. 单击“开始”→“运行”命令，弹出“运行”对话框。在“打开”文本框中输入“________”命令，单击“确定”按钮，调出“________”窗口。在命令提示符下，输入“________”命令，按【Enter】键确认，这时就会将 FAT 格式转换成 NTFS 文件系统，并保留原有的数据。

3. NTFS 文件系统提供的常见的权限有________、________、________、________、________和________。特别的权限有________和________等。

二、简答题

1. 简述如何使用 NTFS 文件系统。
2. 简述取消 NTFS 权限继承特性的方法。

三、操作题

1. 使用 convert.exe 命令将 FAT 文件系统转换为 NTFS 文件系统。
2. 更改文件夹的 NTFS 权限。

5.2 【案例 14】安全策略的部署

案例描述

在初期“工作组”模式的网络中，使用本地安全策略管理用户的安全性。管理员王帅为了进一步提高系统的安全性，安装了域控制器，并在“域”模式的网络中，使用域安全策略管理公司的系统安全，并通过组策略的一些规则有效地提高了工作效率及合理性。

本地安全策略是 Windows 网络操作系统中非常重要的一个安全特性，当用户登录到某台 Windows Server 2008 的计算机上时，就会受到此台计算机的本地安全策略影响。可以利用本地安全策略编辑本地计算机上的账号策略和本地策略。尽管本地策略使用起来非常方便，但是只对一台计算机有效，如果要为很多计算机设置就会带来较大的工作量，维护和更新也比较麻烦，因此，在域环境中可以使用域安全策略取代本地安全策略。在域上设置的安全策略可以影响到域中所有的计算机和用户。不管在本地计算机还是域中，安全策略都是管理系统安全的一个非常有效的工具。

操作步骤

1. 应用本地安全策略管理用户环境

步骤 1 视频

首先以管理员的身份登录到计算机，利用本地策略管理用户环境，本地策略主要应用于工作组模式网络中的计算机。

① 在系统的桌面上，单击“开始”→“管理工具”→“本地安全策略”命令，弹出“本地安全设置”窗口，如图 5-2-1 所示。

图 5-2-1 “本地安全设置”窗口

另外，也可以单击“开始”→“运行”命令，弹出“运行”对话框。在“打开”文本框中输入 secpol.msc 命令，同样可以弹出“本地安全设置”窗口。

② 在窗口左侧的目录树中，依次展开“账户策略”→“密码策略”选项，如图 5-2-2 所示。在右侧窗口中，双击“密码必须符合复杂性要求”策略，弹出“密码必须符合复杂性要求属性”对话框，选中“已启用”单选按钮，单击“确定”按钮，启用此策略，如图 5-2-3 所示。

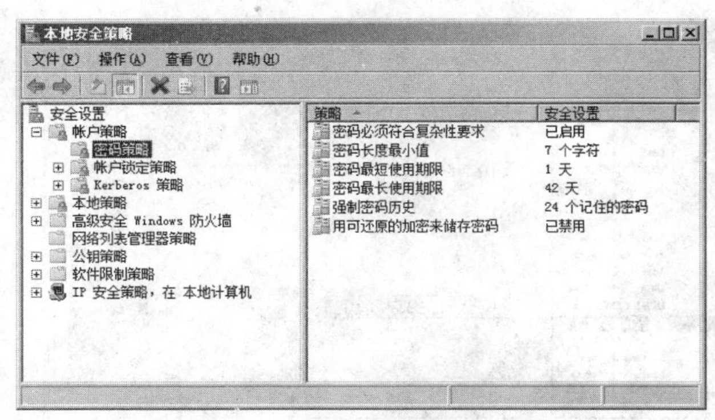

图 5-2-2　“密码策略”界面

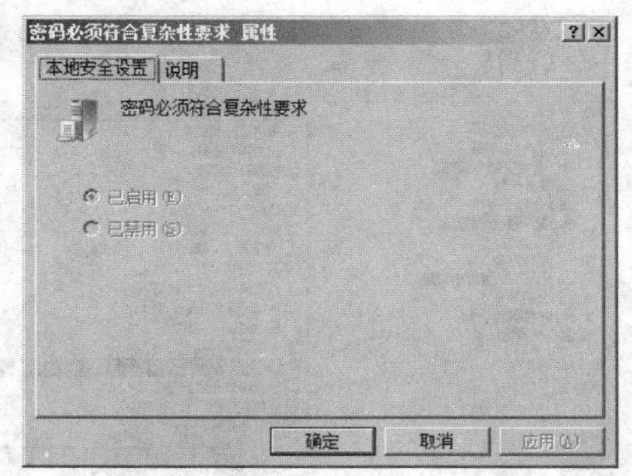

图 5-2-3　“密码必须符合复杂性要求属性”对话框

③ 双击图 5-2-2 中的“密码长度最小值”策略，弹出“密码长度最小值 属性”对话框，在“密码必须至少是”列表框中输入“8”，单击“确定”按钮完成设置，如图 5-2-4 所示。

④ 还可以继续设置“密码策略”的其他策略。例如，“密码最长使用期限”“密码最短使用期限”和“强制密码历史”等，如图 5-2-5 所示。

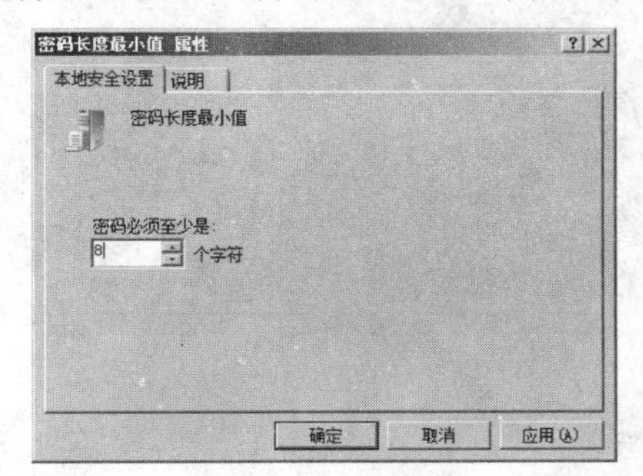

图 5-2-4　“密码长度最小值属性”对话框

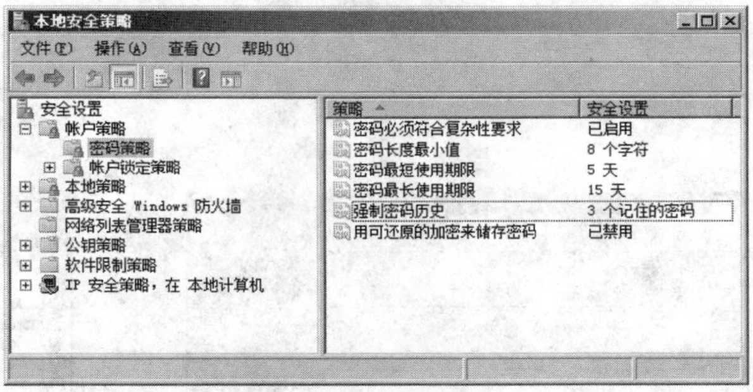

图 5-2-5　“密码策略”界面

⑤ 在窗口左侧依次展开“账户策略”→“账户锁定策略”选项，如图 5-2-6 所示，双击“账号锁定阈值”策略，弹出“账户锁定阈值 属性”对话框，设置三次无效登录后锁定账户，如图 5-2-7 所示。同时还可以设定“账号锁定时间”和“复位账户锁定计数器”时间。

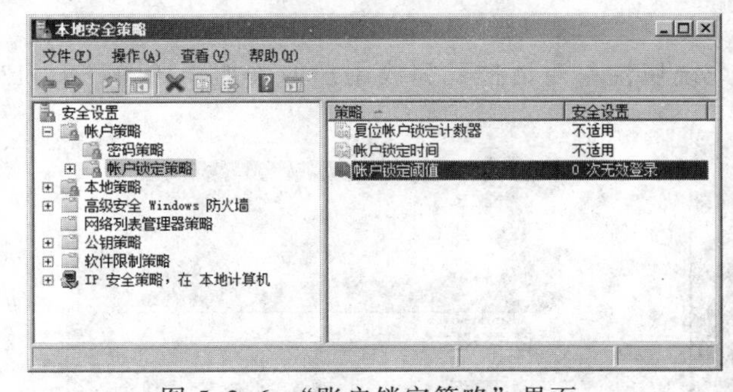

图 5-2-6　“账户锁定策略”界面

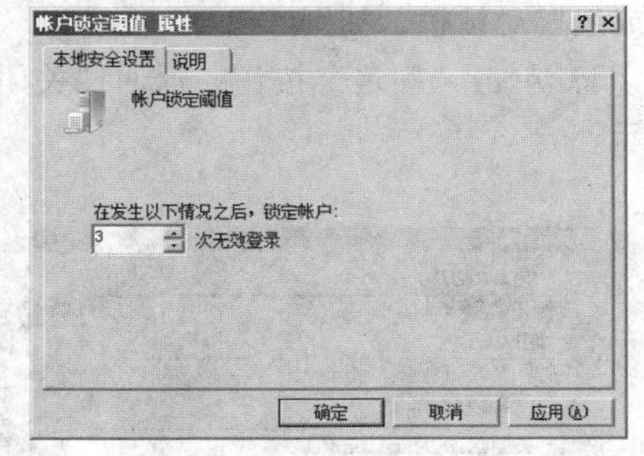

图 5-2-7　“账户锁定阈值 属性”对话框

⑥ 在图 5-2-2 窗口左侧的目录树中，依次展开“本地策略”→“用户权限分配”选项，如图 5-2-8 所示。双击“关闭系统”策略，弹出“关闭系统 属性”对话框，如图 5-2-9 所示。

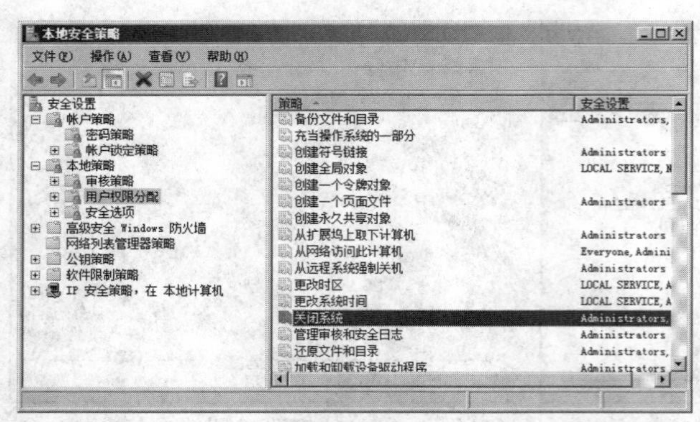

图 5-2-8 “用户权限分配”展开界面

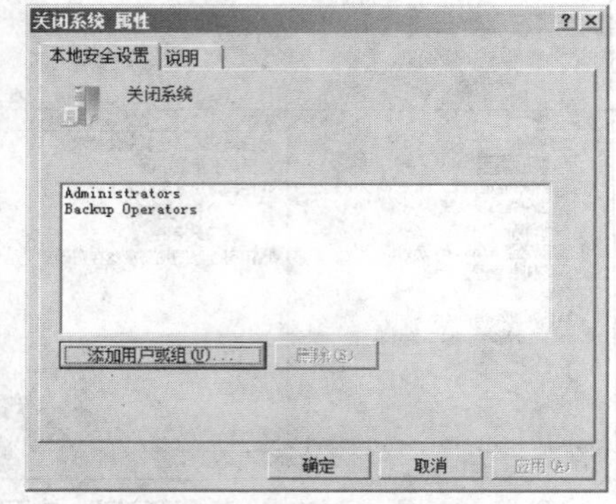

图 5-2-9 “关闭系统 属性”对话框

⑦ 单击“添加用户或组”按钮，弹出“选择用户或组”对话框，如图 5-2-10 所示。

⑧ 单击“高级”按钮，展开该对话框，单击“立即查找”按钮，如图 5-2-11 所示。

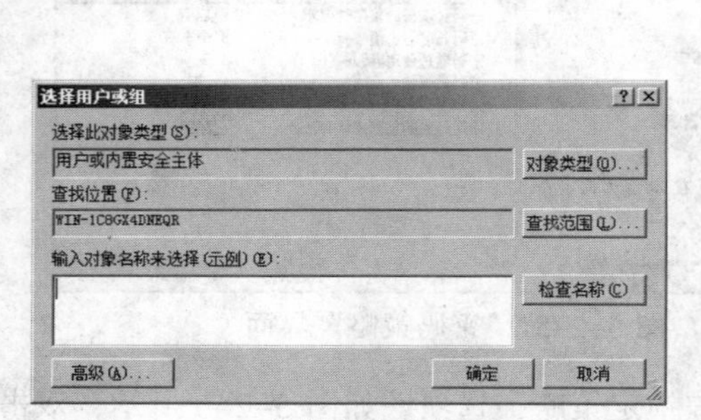

图 5-2-10 “选择用户或组”对话框

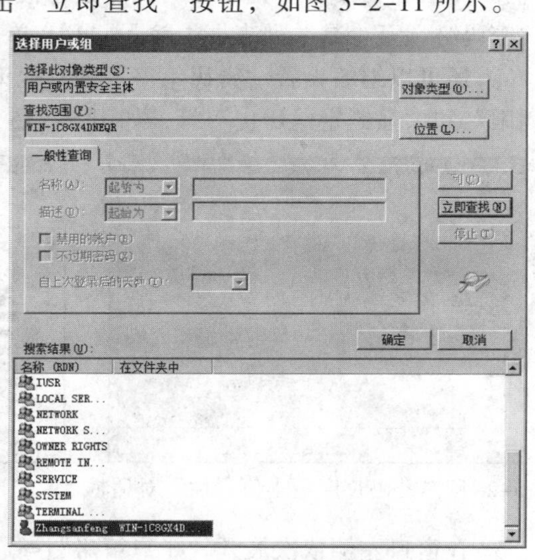

图 5-2-11 搜索用户

⑨ 在“搜索结果”列表框中，单击需要添加的用户，单击“确定”按钮，返回“选择用户或组”对话框，如图 5-2-12 所示。

⑩ 单击“确定”按钮，返回“关闭系统属性”对话框，完成用户的添加，如图 5-2-13 所示。

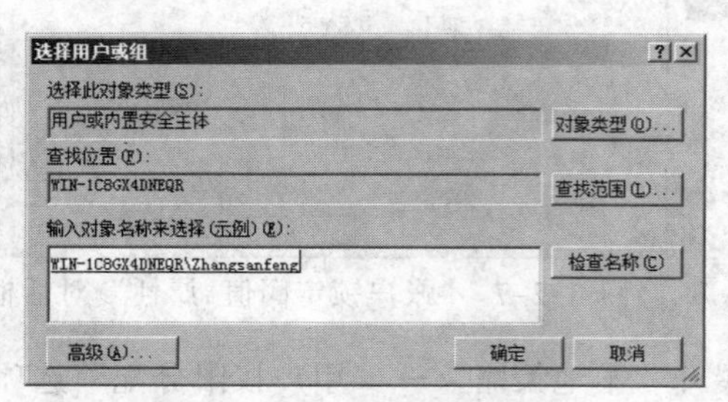

图 5-2-12 添加用户

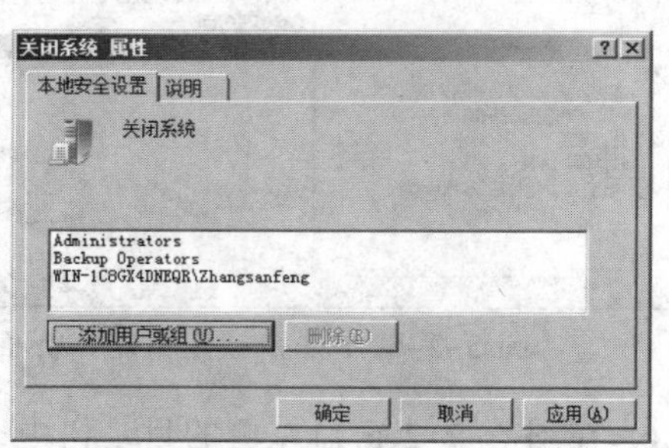

图 5-2-13 “关闭系统 属性”对话框

⑪ 在图 5-2-2 窗口左侧的目录树中，依次展开“本地策略”→“安全选项”选项，如图 5-2-14 所示。双击“交互式登录：不显示上次的用户名”策略，调出“交互式登录：不显示上次的用户名属性”对话框，选中“已启用”单选按钮，单击“确定”按钮，启用此策略。

2. 应用域安全策略

如果要对整个域内的计算机和用户设置统一的安全策略，可以通过“域安全策略”进行设置。也可以针对域内的组织单元来设置安全策略，例如对组织单元“计算机系”设置安全策略，此策略会应用到这个组织单元内的所有用户或计算机。

① 首先以管理员的身份登录到域控制器的计算机上。

② 单击“开始”→“管理工具”→“组策略管理”打开“组策略管理”窗口。

③ 在图 5-2-14 中左侧窗格中右击“Default Domain Policy”，单击“编辑”命令，即可设置域安全策略，如图 5-2-15 所示。因为设置的内容和方法与本地策略相同，因此这里就不再重复。

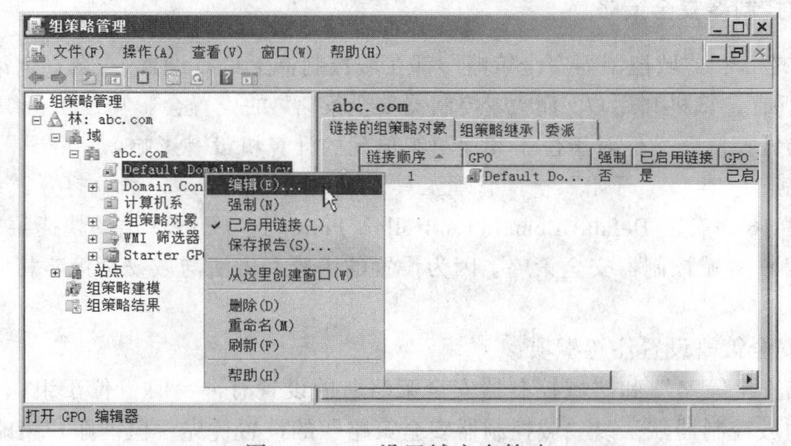

图 5-2-14　设置域安全策略

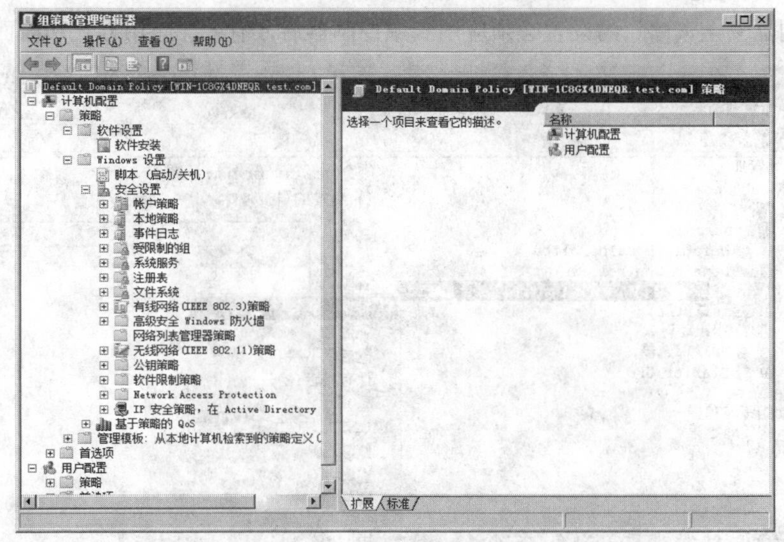

图 5-2-15　设置选项

域安全策略设置注意事项：

◎ 当本地安全策略与域安全策略设置有冲突时，以域安全策略的设置优先，即本地安全策略无效。但如果域安全策略中的某些设置项为“没有定义”，那么相对应的本地安全策略的设置项的设置内容就有效。

◎ 域安全策略生效的时间节点。

➢ 计算机重新启动时。

➢ 若此计算机是域控制器，则每隔 5 min 会自动应用。

➢ 若此计算机是非域控制器，则每隔 90～120 min 会自动应用。

➢ 所有计算机每隔 16 h 会自动强制应用域安全策略内的所有设置，即使策略没有变化。

➢ 运行 gpupdate /force 强制应用。

3. 应用域控制器安全策略

“域安全策略”和“域控制器安全策略”都在域控制器上进行设置，“域安全策略”设置将会影响域内的所有计算机和用户，而“域控制器安全策略”的设置会影响位于组织单元 Domain Controllers 内的域控制器，但对于位于其他组织单元的计算机没有影响。

登录域控制器，通过“开始”→“管理工具”→“组策略管理”命令打开“组策略管理”窗口，在图 5-2-16 中右击 Default Domain Controllers Policy 选项，在弹出的快捷菜单中选择“编辑”命令，即可设置域控制器安全策略。因为设置的内容和方法与域安全策略相同，因此这里就不再重复。

域控制器安全策略设置注意事项：

① 当“域安全策略”和“域控制器安全策略”的设置有冲突时，位于组织单元 Domain Controllers 内的域控制器默认以“域控制器安全策略”的设置优先，但“账户策略”是以“域安全策略”的设置优先。

②“域控制器安全策略”的设置必须应用到域控制器后才有效，应用方式和前面介绍的类似。

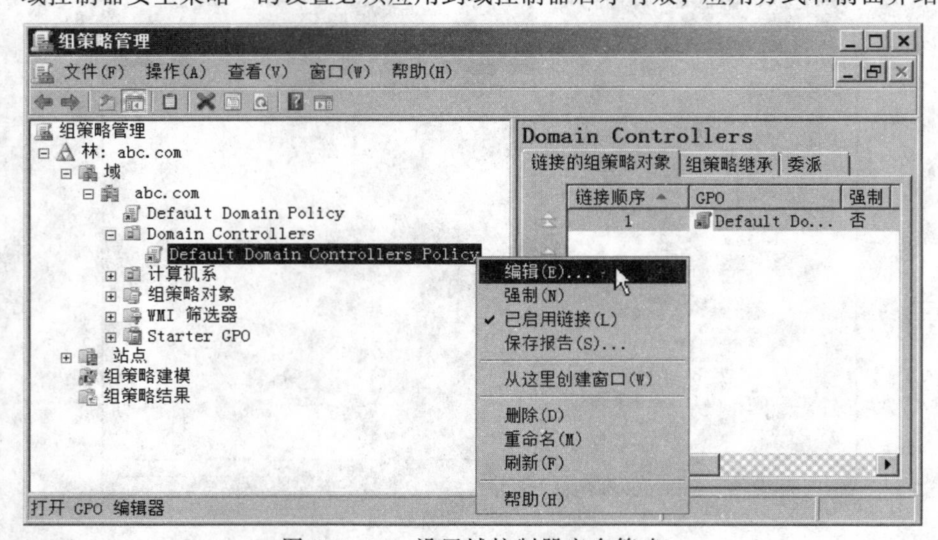

图 5-2-16 设置域控制器安全策略

相关知识

1. 安全的含义

安全就是保护计算机系统中的硬件资源和软件资源不被未经授权的非法用户盗取和利用。安全是当今 IT 相关新闻的一个重要话题，经常出现的系统漏洞、安全补丁以及蠕虫病毒是每个使用计算机的人都耳熟能详的名词。几乎每台计算机系统都可以连接到另外的计算机或者连接到 Internet，因此确保这些计算机的安全，对于减少入侵、数据窃取或丢失、误用甚至对第三方的责任而言都是至关重要的。

2. 账户策略

账户的安全性是所有安全策略中最重要的，大部分的安全性问题是由于账户名和密码过于简单。账户策略可以通过设置密码策略和账户锁定策略来提高账户密码的安全级别。虽然账户策略在本地计算机上定义，却可以影响用户账户与计算机或域交互作用的方式。账户策略主要包含密码策略和账户锁定策略两个子集。

（1）密码策略

用于本地用户账户，确定密码设置。例如，强制执行和有效期限等。密码策略包含以下设置。

① 密码必须符合复杂性要求。该安全设置确定密码是否符合复杂性要求，启用该策略后密码必须符合复杂性的要求，复杂性是指密码必须包含来自以下 4 个类别中的 3 个字符，英文大写字母（A ~ Z），英文小写字母（a ~ z），10 个基本数字（0 ~ 9）和特殊符号（如！、$、#、%）。双击该策略后弹出图 5-2-3 所示对话框。默认的情况下，在域控制器上已启用，而在独立服务器上已禁用。例如，启用此策略，更改或创建密码时，会强制执行复杂性要求。

② 密码长度最小值。该安全设置确定用户账户的密码可以包含的最少字符个数。如果数值设置为 0，代表密码可以为空密码，但会导致严重的安全问题。默认的情况下，在域控制器上为 7，在独立服务器上为 0，建议使用最少 7 个字符的密码。双击该策略后调出图 5-2-4 所示对话框。

③ 密码最长使用期限。该安全设置确定系统要求用户更改密码之前可以使用该密码的最长时间，单位为天。设置范围在 1 ~ 999 天之间，例如，将天数设置为 0，则表示密码永不过期。默认设置为 42 天。

④ 密码最短使用期限。该安全策略设置确定用户可以更改密码之前必须使用该密码的时间，单位为天。设置范围在 1 ~ 998 天之间，例如，将天数设置为 0，则表示可以随时更改密码。默认设置为 0 天。

⑤ 强制密码历史。指多少个最近使用过的密码不允许再使用。设置范围在 0 ~ 24 之间的一个数值。该策略通过确保旧密码不能继续使用，从而使管理员能够增强安全性。默认设置为 0，表示可以随意使用过去的旧密码。

⑥ 用可还原的加密方法来存储密码。该安全设置确定操作系统是否使用可还原的加密方法来存储密码。如果应用程序使用了要求知道用户密码才能进行身份验证的协议，则该策略可对它提供支持。使用可还原的加密存储密码和存储明文版本密码本质上是相同的。因此，除非

应用程序有比保护密码信息更重要的要求，否则不必启用该策略。

（2）账户锁定策略

用本地用户账户，确定某个账户被系统锁定的情况和时间长短等。账户锁定策略包含以下设置。

① 复位账户锁定计数器：指用户由于输入错误密码开始计数时，计数器保持的时间。当时间过后，计数器将复位为 0。设置的范围为 1 ~ 99 999 min，只有当指定了账户锁定阈值时，该策略设置才有意义。如果定义了账户锁定阈值，则该复位时间必须小于或等于账户锁定时间。

② 账户锁定时间：指当用户账户被锁定后，多少分钟后自动解锁。设置的范围为 0 ~ 99 999 min。如果将账户锁定时间设置为 0，表示必须由管理员手动解锁。只有当指定了账户锁定阈值时，该策略设置才有意义。

③ 账户锁定阈值：指用户输入几次错误的密码后，将用户账户锁定。设置的范围为 0 ~ 999 之间。如果将此值设为 0，则表示不锁定账户。默认设置为 0。

3. 本地策略

本地策略可以控制是否记录用户在本地的操作事件，可以设置用户一些特殊的权限以及和系统相关的安全选项。本地策略包含审核策略、用户权限分配和安全选项三个子集。

（1）审核策略

通过审核策略可以确定是否将安全事件记录到计算机上的安全日志中，同时也可以确定是否记录登录成功或登录失败的信息记录在日志中，以便查看。通过事件查看器可以查看记录的事件信息。执行审核策略前，必须决定要审核的事件类别。为事件类别选择的审核设置将定义用户的审核策略。在加入域中的成员服务器和工作站上，默认情况下未定义事件类别的审核设置。在域控制器上，默认情况下审核关闭。通过为特定的事件类别定义审核设置，可以创建一个适合组织安全需要的审核策略。可以被选择进行审核的事件类别有审核账户登录事件、审核账户管理、审核目录服务访问、审核登录事件、审核对象访问、审核策略更改、审核特权使用、审核过程跟踪和审核系统事件，如图 5-2-17 所示。

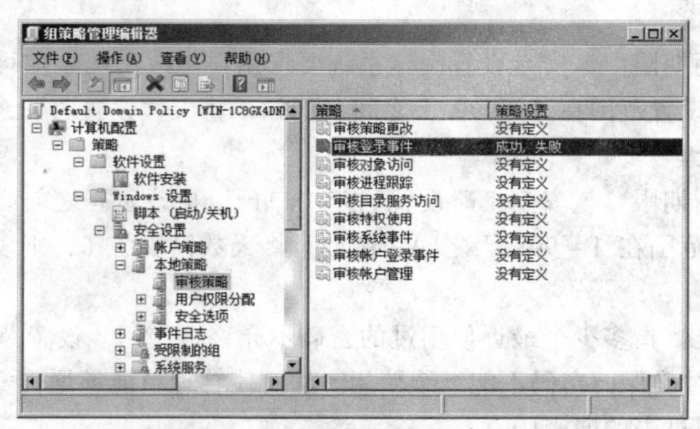

图 5-2-17 “审核策略”界面

执行审核策略前，首先要决定选择哪种审核策略。对于每种可以进行审核的事件，需要在配置过程中对是否需要跟踪成功或失败尝试。例如，设置审核对象访问。双击审核对象访问后，弹出“审核登录事件属性”对话框，如图 5-2-18 所示。选择需审核的“成功”或“失败”复选项。

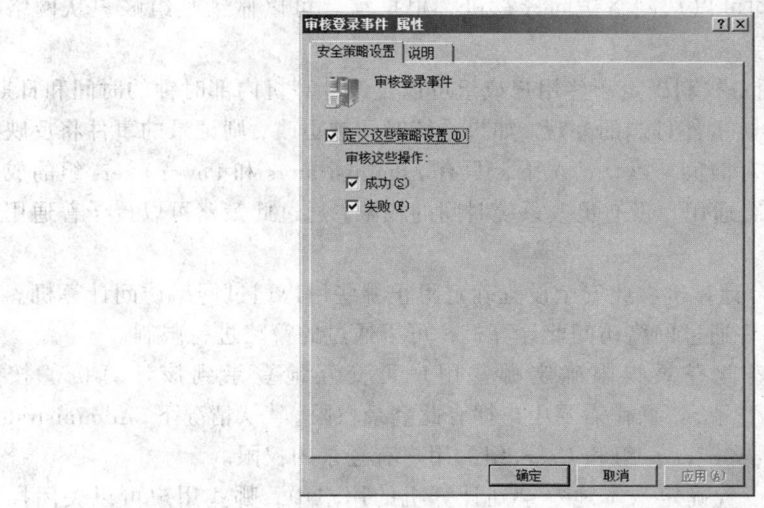

图 5-2-18　“审核登录事件属性”对话框

详细的审核条目设置如下所述。

① 审核策略更改。该安全设置确定是否审核用户权限分配策略、审核策略或信任策略更改的每一个事件。

② 审核登录事件。在域控制器上将生成域账户活动的账户登录事件，并在本地计算机上生成本地账户活动的账户登录事件。

③ 审核对象访问。该安全设置确定是否审核用户访问某个对象的事件，例如，文件、文件夹、注册表项、打印机等。

④ 审核进程跟踪。该安全设置确定是否审核事件的详细跟踪信息。例如，程序激活、进程退出、句柄复制和间接对象访问等。

⑤ 审核目录服务访问。该安全设置确定是否审核用户访问那些指定自己的系统访问控制列表的 Active Directory 对象的事件。

⑥ 审核特权使用。该安全设置确定是否审核用户实施其用户权利的每个实例。例如，更改系统时间等。

⑦ 审核系统事件。当用户重新启动或关闭计算机时或者对系统安全或安全日志有影响的事件发生时，安全设置确定是否予以审核。

⑧ 审核账户登录事件。该安全设置确定是否审核在这台计算机用于验证账户时，用户登录到其他计算机或者从其他计算机注销的每个事件。

⑨ 审核账户管理。该安全设置确定是否审核计算机上的每个账户管理事件。账户管理事件包括创建、更改或删除用户账户或组；重命名、禁用或启用用户账户；设置或更改密码。

(2) 用户权限分配

确定具有登录计算机的权利或特权的用户或组，为某些用户或组授予一些特殊权限，例如关闭系统、拒绝本地登录、更改系统时间及拒绝从网络访问这台计算机等。

以下列出了一些常用的“用户权限分配”策略选项：

① 从网络访问此计算机。此用户权利确定允许哪些用户或组可通过网络连接到计算机。默认情况下任何用户均可以从网络访问计算机，根据需要可以撤销某组账户从网络访问的权限。

② 更改系统时间。此用户权利确定哪些用户或组可以更改计算机内部时钟的时间和日期。拥有此用户权利的用户可影响事件日志的外观。如果系统时间被更改，则记录的事件将反映新的时间而不是事件发生的实际时间。默认情况下，只有 Administrators 和 Power Users 组的成员具有更改系统时间的权限，普通用户没有更改系统时间的权限，通过此策略可以授予普通用户更改系统时间的权限。

③ 拒绝从网络访问这台计算机。此安全设置确定阻止哪些用户通过网络访问计算机。有些用户只在本地使用，不允许通过网络访问此计算机，可以通过此策略进行限制。

④ 允许在本地登录。此登录权限确定哪些用户可交互地登录到该计算机。按下【Ctrl+Alt+Del】组合键，启动登录，该操作需要用户拥有此登录权限。默认情况下，Administrators 组、Backup Operators 组、Power Users 组和 Users 组的用户有登录的权限。

⑤ 关闭系统。此安全设置确定从本地登录到计算机的用户中，哪些用户可以关闭操作系统。默认情况下，只有 Administrators 组、Backup Operators 组和 Power Users 组的成员具有关闭系统的权限，普通用户没有关闭系统的权限，通过此策略可以授予普通用户关闭系统的权限。

（3）安全选项

启用或禁用计算机的安全设置。例如，不显示上次的登录名、软盘驱动器和光盘的访问、驱动程序的安装以及登录提示等。

以下列出了一些常用的“安全选项”策略选项：

① 不显示上次的用户名。该安全设置确定是否将最近一次登录到计算机的用户名显示在 Windows 登录画面中。如果启用该策略，则最近一次成功登录的用户的名称将不显示在“登录到 Windows”对话框中。如果禁用该策略，则会显示最近一次登录的用户的名称。默认情况下，此策略已禁用。

② 不需要按【Ctrl+Alt+Del】组合键。该安全设置确定用户登录之前是否要按【Ctrl+Alt+Del】组合键。如果在计算机上启用该策略，则不要求用户按【Ctrl+Alt+Del】键即可登录。但是如果不要求按【Ctrl+Alt+Del】组合键，则用户很容易遭受企图截取用户密码的攻击。在用户登录前要求使用【Ctrl+Alt+Del】组合键，可以保证用户在输入自己的密码时通过受信任的路径进行通信。如果禁用该策略，则任何用户在登录到 Windows 之前都必须按下【Ctrl+Alt+Del】组合键。默认情况下，此策略已禁用。

③ 用户试图登录时消息标题。该安全设置为用户试图登录时消息文字所在窗口的标题栏中显示标题说明。可根据用户需要，添加登录消息标题。

④ 用户试图登录时消息文字。该安全设置指定用户登录时显示的文本消息。例如，警告用户不得以任何方式滥用公司信息或者警告用户其操作可能会受到审核等。可根据用户需要添加登录时消息文字。

⑤ 在密码到期前提示用户更改密码。该安全设置确定提前多长时间（单位为天）警告用

户其密码将过期。通过这种提前警告，用户可以有时间创建足够安全、可靠的密码。默认设置为 14 天。

⑥ 允许系统在未登录前关机。该安全设置确定是否无须登录到 Windows 即可关闭计算机。如果启用此策略，Windows 登录屏幕上的“关机”选项可用。禁用此策略，Windows 登录屏幕上不会显示关闭计算机的选项。用户必须能够成功登录到计算机并具有关闭系统用户权限，才可以执行系统关闭。如果有时需要在未登录前关机，则可以将此策略启用。

⑦ 只有本地登录的用户才能访问 CD-ROM。该安全设置确定本地用户和远程用户是否可以同时访问 CD-ROM。如果启用该策略，则仅允许交互式登录的用户可以访问 CD-ROM 媒体，如果禁用该策略，则可通过网络访问 CD-ROM。

思考与练习

一、填空题

1. Windows Server 2008 在提高安全性上主要有________、________、________、________、________、________和________7 个方面。

2. 通过本地安全策略可以控制________、________、________和________4 个策略。

3. 单击桌面上的________→________→________命令，弹出“本地安全设置”窗口，利用该对话框可以进行本地安全策略的一些设置。

4. 默认的密码最长使用时间是________。安全密码的长度最短应该是________位。

5. 可以被选择进行审核的事件类别有________、________、________、________、________、________、________、________和________。

二、简答题

1. 简述 Windows Server 2008 操作系统的安全特性。

2. 账户策略主要包含密码策略和账户锁定策略两个子集，简述这两个账户策略子集的含义。

三、操作题

1. 应用本地安全策略管理用户环境，并通过账户策略和本地策略管理计算机。

2. 应用域安全策略管理用户环境，设置相应的密码策略。

5.3 【案例 15】组策略配置

案例描述

Windows 操作系统由于用户群庞大，不可避免地会出现各种和安全相关的问题。组策略是管理计算机和用户安全的最基本的方法，而本地安全策略和域安全策略都是组策略的一种，只不过组策略主要的应用场景是在活动目录中的容器里。管理员王帅通过一系列组策略的应用，保证了系统的安全性。

操作步骤

操作步骤视频

组策略（Group Policy，GP）是系统管理员为计算机和用户定义的，用来控制应用程序、系统设置和管理模板的一种机制，也是一种用于管理网络内用户设置和计算机设置的管理工具。组策略包括影响计算机的“计算机配置”策略设置和影响用户的“用户配置”策略设置。通过设置可以控制用户密码长度、密码复杂程度、账户的销定策略、用户的审核策略、用户的权利等。

在设置组策略时，应先创建组织单位，再将欲设置组策略的用户或组添加到该组织单位中，然后即可为该组织单位创建组策略，所做的配置会直接应用于该组织单位中的用户账户。下面以之前创建的“销售部”组织单元为例，讲解创建和设置组策略的具体操作。

① 单击“开始”→“管理工具”→“组策略管理”命令，打开“组策略管理”窗口。在窗口左侧依次展开“林:abc.com”→“域”→“abc.com”→“销售部”选项，如图 5-3-1 所示。

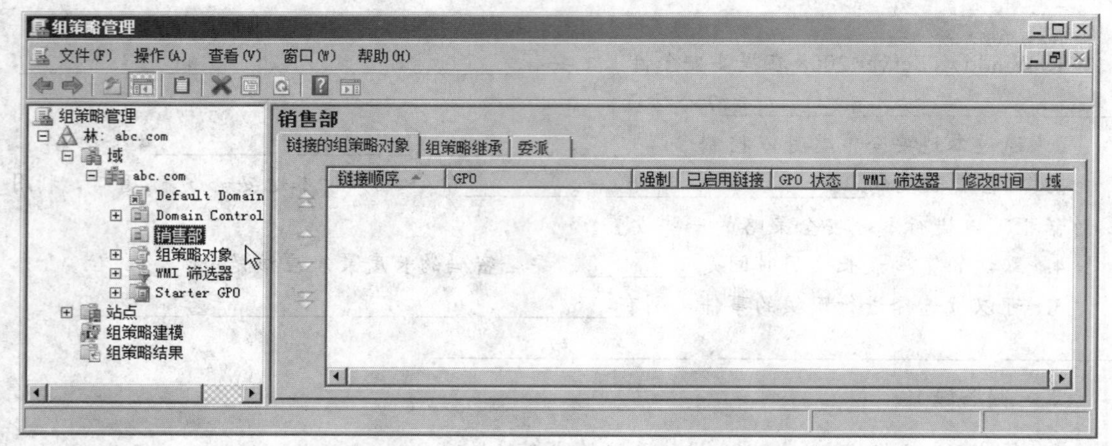

图 5-3-1 “组策略管理”窗口

② 右击“销售部”选项，在弹出的快捷菜单中，单击“在这个域中创建 GPO 并在此处链接”命令，弹出“新建 GPO”对话框。在“名称”文本框中输入新建组策略对象的名称，如图 5-3-2 所示。

图 5-3-2 “新建 GPO”对话框

③ 单击“确定”按钮，一个组策略创建完成。此时，“组策略管理”窗口右侧的列表内会显示出刚刚创建的组策略，如图 5-3-3 所示。

④ 右击组策略 ExpGPO，弹出快捷菜单，单击“编辑”命令，弹出“组策略管理编辑器”窗口，如图 5-3-4 所示。在该窗口中，根据需要对组策略进行编辑。

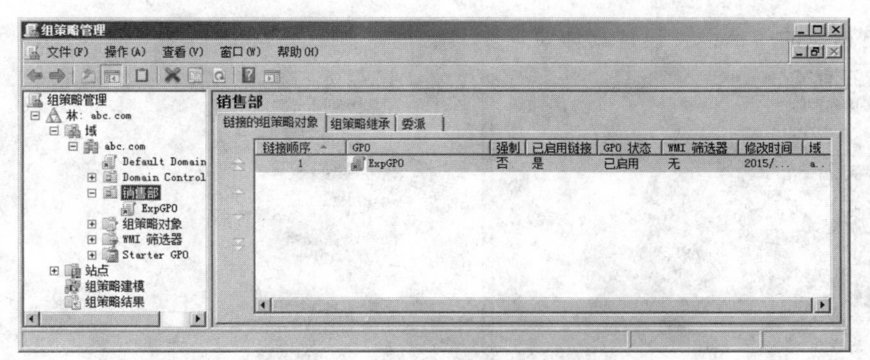

图 5-3-3 创建组策略

图 5-3-4 “组策略管理编辑器”窗口

⑤ 在“组策略管理编辑器”窗口左侧，依次展开“计算机配置”→“策略”→“Windows 设置”→“安全设置”→“账户策略”→“密码策略”选项，如图 5-3-5 所示。在窗口右侧的“策略”列表中，列出了对密码的要求。右击所需的选项，弹出快捷菜单，单击“属性”命令，弹出相应的对话框，设置具体要求。例如，弹出“密码长度最小值 属性”对话框，选中“定义此策略设置”复选框，激活其下方的数字框，输入数字“8”，表示密码至少要由 8 个字符组成，如图 5-3-6 所示。再比如，弹出“强制密码历史 属性”对话框，选中“定义此策略设置”复选框，在其下方的数字框中输入“2”，表示保存最后两次的密码，且新的密码不可以与这两个密码相同，如图 5-3-7 所示。

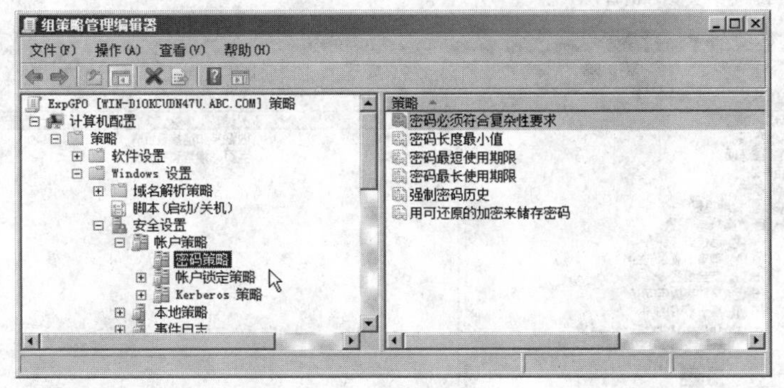

图 5-3-5 “密码策略”选项

⑥ 在“组策略管理编辑器”窗口左侧，依次展开“计算机配置”→“策略”→“Windows 设置”→“安全设置”→“账户策略”→“账户锁定策略”选项，窗口右侧的“策略”列表中，列出了对账户锁定的要求，如图 5-3-8 所示。右击所需的选项，弹出快捷菜单，单击“属性”

命令，弹出相应的对话框，设置具体要求。

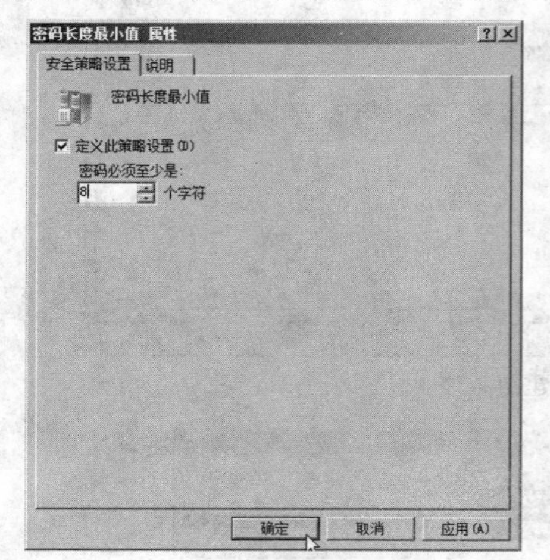

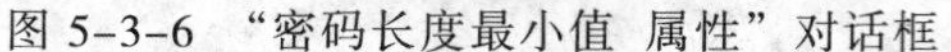

图 5-3-6 “密码长度最小值 属性”对话框

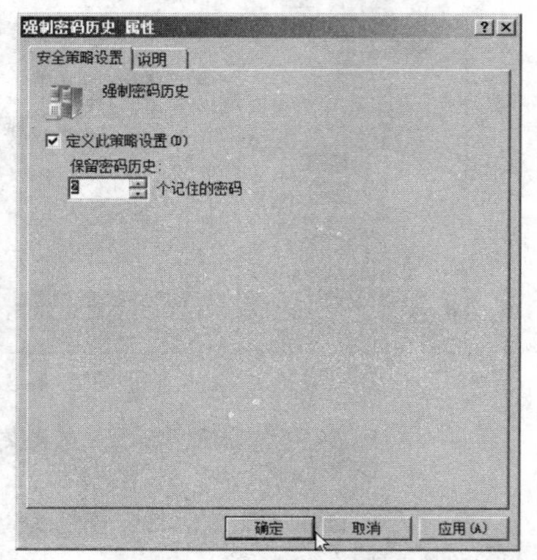

图 5-3-7 “强制密码历史 属性”对话框

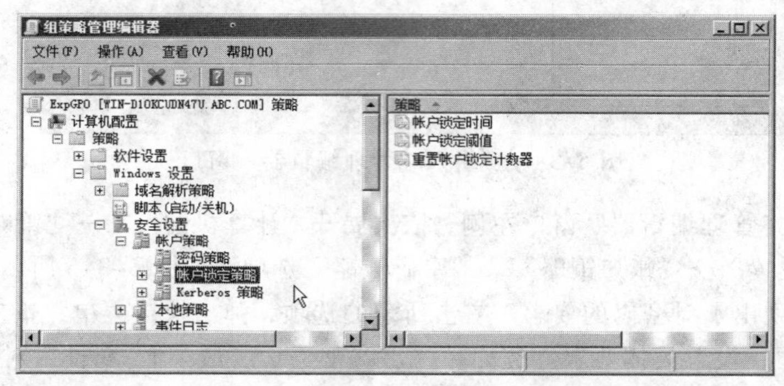

图 5-3-8 设置账户锁定策略

⑦ 如要设置组织单位中每个用户浏览器的主页地址，在窗口左侧的目录树中，依次展开“用户配置”→“Windows 设置”→“Internet Explorer 维护”→“URL”选项，在窗口右侧打开该选项的设置策略选项，如图 5-3-9 所示。

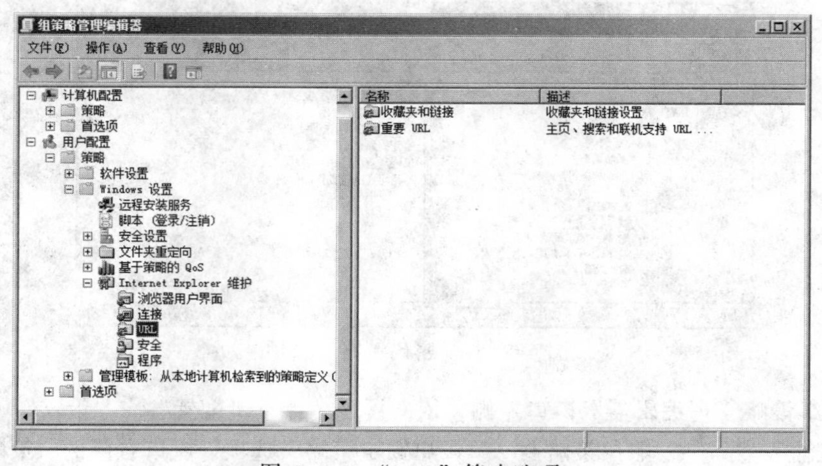

图 5-3-9 “URL”策略选项

⑧ 双击"重要 URL"策略，弹出"重要 URL"对话框。选中"自定义主页 URL"复选框，并在文本框中输入主页网址，如图 5-3-10 所示。

⑨ 设置完成后，单击"确定"按钮，返回"组策略管理编辑器"窗口。

⑩ 如要设置组织单位中每个用户在桌面上隐藏"网上邻居"图标，在"组策略编辑器"窗口左侧的目录树中，依次展开"用户配置"→"管理模板"→"桌面"选项，在窗口右侧打开该选项的设置策略选项，如图 5-3-11 所示。

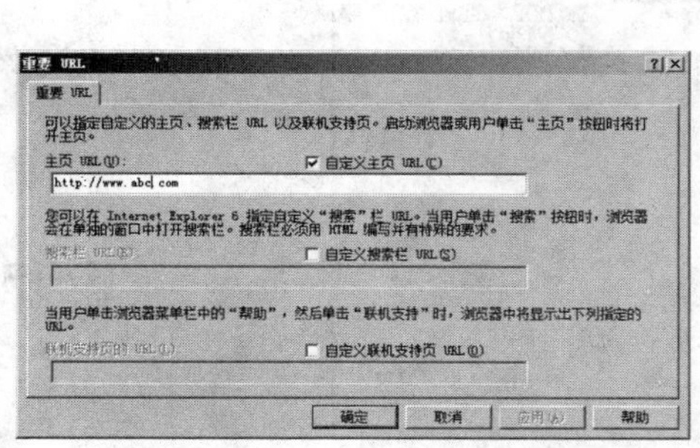

图 5-3-10 "重要 URL"对话框

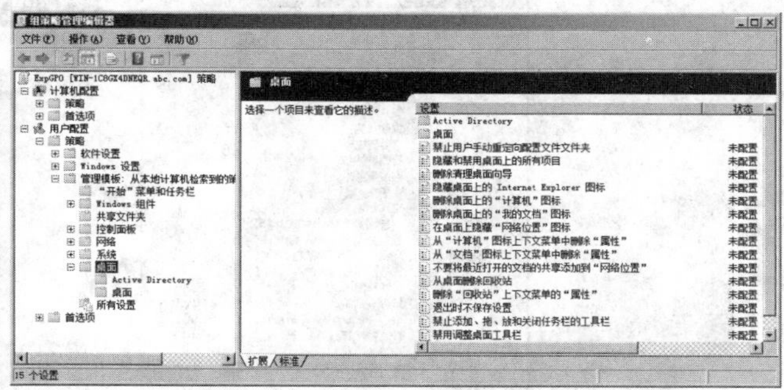

图 5-3-11 "桌面"策略选项

⑪ 双击"隐藏桌面上'网络位置'图标"策略，弹出"隐藏桌面上'网络位置'图标属性"对话框。选中"已启用"单选按钮，启用此策略，如图 5-3-12 所示。

⑫ 单击"确定"按钮，完成此策略的设置，返回到"组策略管理编辑器"窗口，如图 5-3-13 所示。

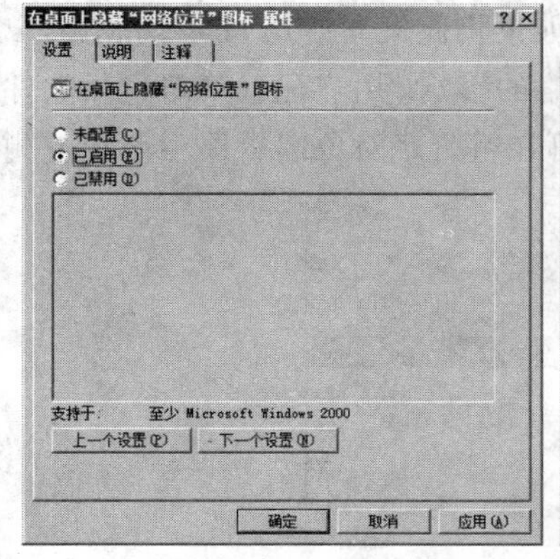

图 5-3-12 "隐藏桌面上'网上邻居'图标属性"对话框

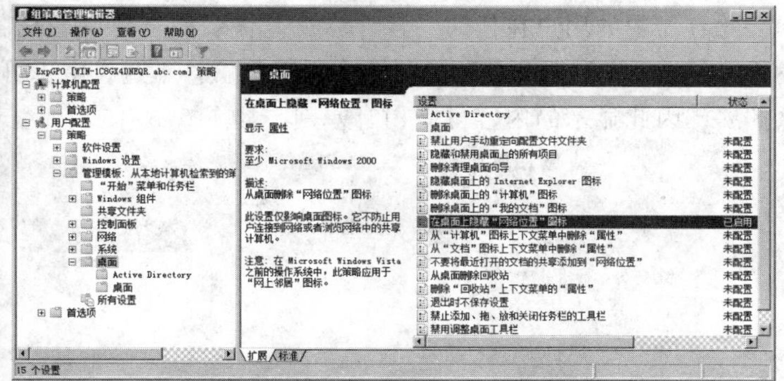

图 5-3-13 完成组策略的设置

相关知识

在域的环境下，用户可以在 Active Directory 中建立相应的容器，然后对此容器设置相应的组策略。组策略包括影响计算机的"计算机配置"策略设置和影响用户的"用户配置"策略设置。

1. 计算机配置策略

计算机配置策略只对容器中的计算机起作用，例如，用户可以建立相应的容器，将计算机移动到此容器中，然后设置组策略中的计算机配置策略。一旦应用此策略，任何用户登录到此计算机，都会受到此容器上的策略影响。

计算机配置策略包括软件设置、Windows 设置和管理模板 3 个选项设置。由于可从组策略对象编辑器中添加或删除扩展，因此系统显示的子项可能不同，如图 5-3-14 所示。

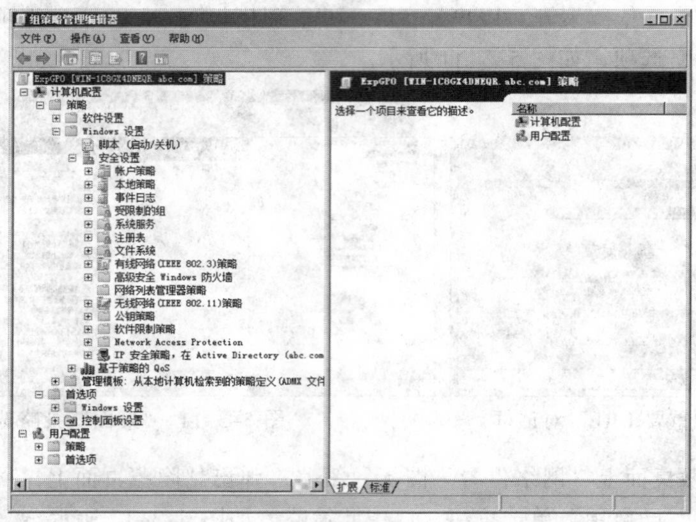

图 5-3-14 “计算机配置”选项

2. 用户配置

用户配置策略是针对 Active Directory 中的用户的策略，如果将此策略应用到某个容器上，那么此容器中的用户在任何一台计算机上登录都会受到此策略的影响。用户配置策略包括软件设置、Windows 设置和管理模板 3 个选项设置。不过，由于可在组策略对象编辑器中添加或删除扩展，因此显示的内容可能稍有差别，如图 5-3-15 所示。

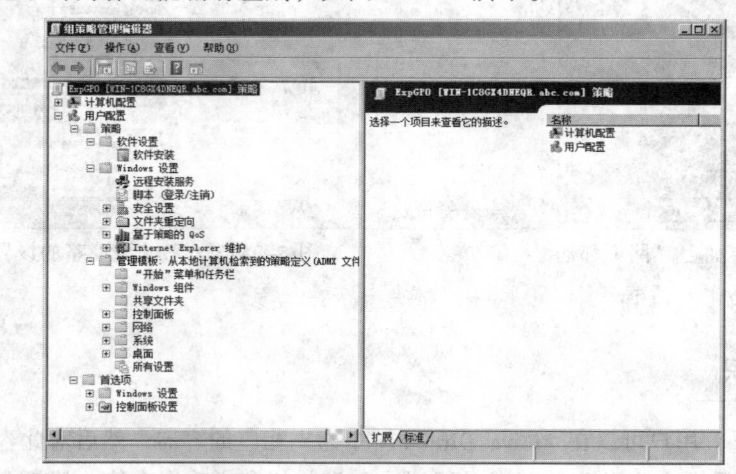

图 5-3-15 “用户配置”界面

3.“软件设置”文件夹

组策略对象编辑器中的计算机配置策略和用户配置策略下均有可用的“软件设置”文件夹。

计算机配置中的“软件设置”文件夹包含适用于登录到该计算机的所有用户的软件设置。该文件夹包含软件安装设置，并可能包含由独立软件供应商放置在该文件夹中的其他设置。而用户配置中的“软件设置”文件夹包含无论用户登录到哪台计算机均适用的软件设置。该文件夹还包含软件安装设置，并可能包含由独立软件供应商放置在该文件夹中的其他设置。

4. “Windows 设置”文件夹

组策略对象编辑器中的计算机配置策略和用户配置策略下均有可使用“Windows 设置”文件夹。计算机配置中的“Windows 设置”文件夹包含适用于登录到该计算机上的所有用户的 Windows 设置。该文件夹还包含安全设置和脚本两部分，脚本可以在计算机启动或关闭时运行，以执行特殊的程序和设置。安全设置主要包括账户策略、本地策略、事件日志、受限制的组、系统服务、注册表、文件系统、无线网络策略、公钥策略、软件限制策略和 IP 安全策略等，主要是和计算机系统安全相关的设置。而用户配置中的“Windows 设置”文件夹包含不论用户登录到哪台计算机均适用的 Windows 设置。该文件夹下包含远程安装服务、脚本（登录/注销）、安全设置、文件夹重定向和浏览器维护。

下面以文件夹重定向为例，介绍用户配置中的“Windows 设置”下的策略应用。在组策略对象编辑器中，可以使用“文件夹重定向”将某些特殊文件夹重定向到网络位置。特殊文件夹是指 Documents and Settings 目录下，例如，My Documents 这样的文件夹。用户桌面上“我的文档”文件夹默认的存储位置为“C:\Documents and Settings\wangshuai\My Documents”（wangshuai 表示登录的用户名）。如果要将用户的“文档”重定向到某台文件服务器的共享路径中，可以打开 wangshuai 用户所在的容器上组策略，然后依次展开“用户配置”→“策略”→“Windows 设置”→“文件夹重定向”→“文档”选项，如图 5-3-16 所示。

右击“文档”图标，单击弹出快捷菜单中的“属性”命令，弹出“文档属性”对话框，在“设置”下拉列表中选择“基本-将每个人的文件夹重定向到同一个位置”选项，在“根路径”的文本框中输入重定向到某台文件服务器的共享路径，如图 5-3-17 所示。

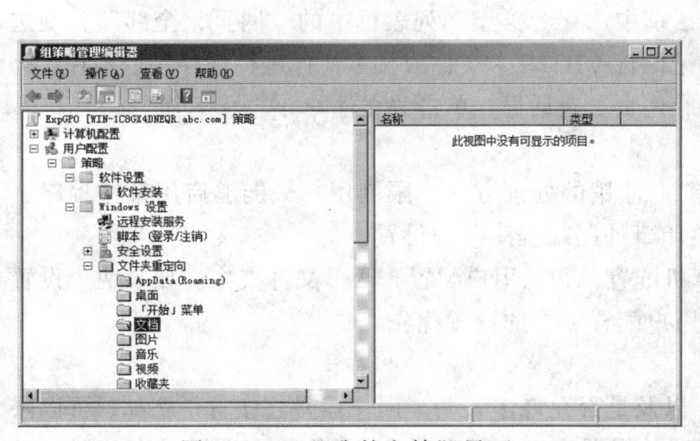

图 5-3-16 “我的文档”界面

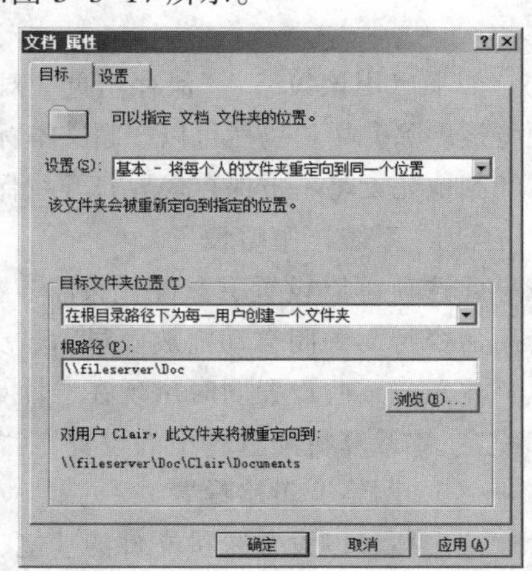

图 5-3-17 “文档属性”对话框

当应用此策略后，应用此策略的容器中的所有用户登录计算机后，“我的文档”文件夹都会重定向到 fileserver 服务器的“Doc”文件夹中，并为每位用户创建以登录名为名的文件夹。

5. “管理模板”文件夹

系统管理模板用来定义系统中所有涉及注册表数据库的设置。例如，隐藏开始菜单中的命令、隐藏桌面的图标、禁用光驱的自动播放、删除桌面上“我的电脑”图标、显示“关闭事件跟踪程序”及禁用“控制面板”等设置。组策略对象编辑器中的“计算机配置”和“用户配置”均有可用的“管理模板”文件夹。

（1）“Windows 组件”策略设置

“Windows 组件”能够限制对 Internet Explorer、Netmeeting、资源管理器、Windows Installer、Windows Update 以及工作任务的操作。例如，如果要让用户无法保存网页，可以在组策略编辑器窗口中依次展开“用户配置”→“管理模板”→“Windows 组件”→“Internet Explorer”→“浏览器菜单”选项，如图 5-3-18 所示。然后双击浏览器菜单窗口中的“文件菜单：禁用另存为网页，全部格式”选项，在“文件菜单：禁用另存为网页，全部格式属性”窗口中，选中“已启用”单选按钮，如图 5-3-19 所示。

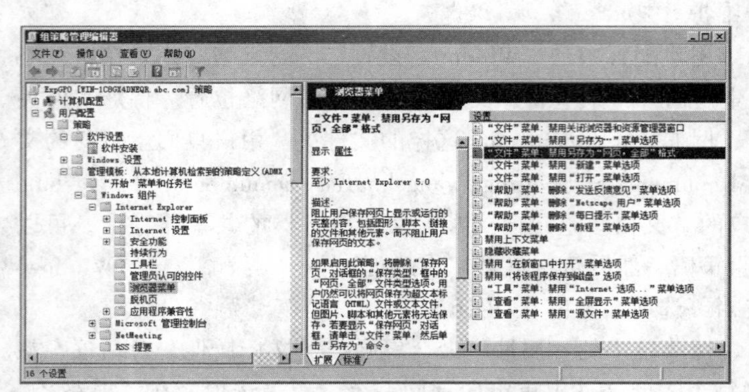

图 5-3-18 “浏览器菜单”界面

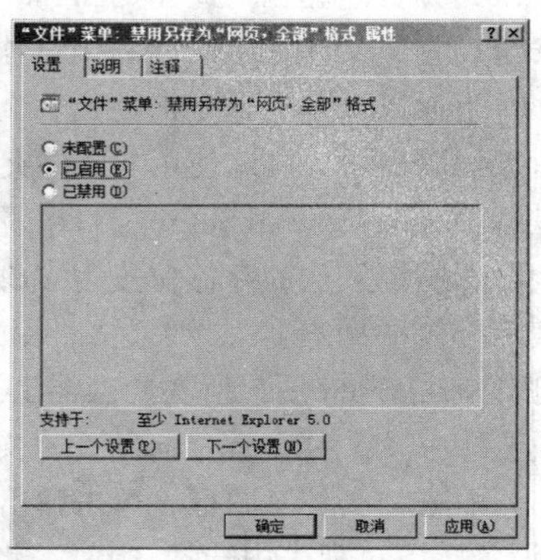

图 5-3-19 “‘文件’菜单：禁用另存为‘网页，全部’格式属性”对话框

如果启用该策略，“保存网页”对话框中“存为类型”列表框中的“网页，全部”类型选项将被删除。用户仍然可以按超文本标记语言（HTML）文件或文本文件进行保存，但图片、脚本和其他元素将不被保存。要打开“保存网页”对话框，单击“文件”→“另存为”命令。

（2）“系统”策略设置

此选项可以设置磁盘配额策略、登录/注销的处理方式、限制用户只能够启用某些程序、禁用命令行、关闭自动播放及显示“关闭事件跟踪程序”的设置。

注意，某些设置同时出现在“计算机配置”和“用户配置”两个文件夹中。如果两个设置都配置，“计算机配置”中的设置比“用户配置”中的设置优先。

（3）“网络”策略设置

此选项可以设置脱机文件的功能，以及是否允许多人共享同一拨号连接等。例如，可以限制用户使用脱机文件功能，可以在组策略编辑器窗口中依次展开“计算机配置”→“管理模板”→“网络”→“脱机文件”选项，如图 5-3-20 所示，在窗口右侧中，双击“允许或不允许使用‘脱机文件’功能”策略，弹出“允许或不允许使用‘脱机文件’功能属性”对话框，单击选中“已禁用”单选项，如图 5-3-21 所示。

此策略可以防止用户将网络文件和文件夹设置成可以脱机使用。通过此项设置将 Windows 资源管理器中从文件菜单和所有上下文菜单中删除了“允许脱机使用”选项。这样用户就不能将文件保存在自己的计算机上供脱机使用。这项设置出现在“计算机配置”和“用户配置”文件夹中。如果两项设置都配置，在“计算机配置”中的设置比“用户配置”中的设置优先。

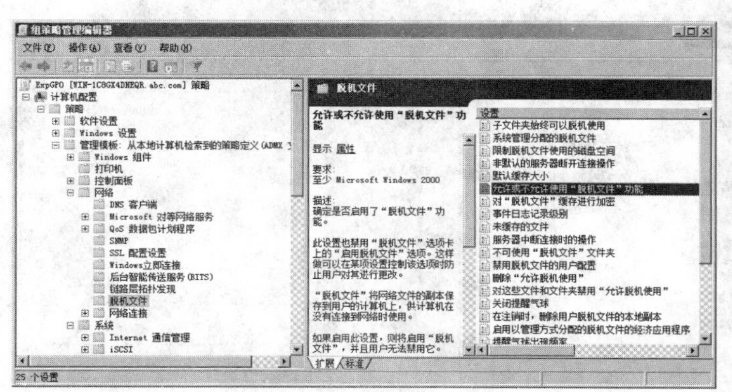

图 5-3-20　“脱机文件”界面

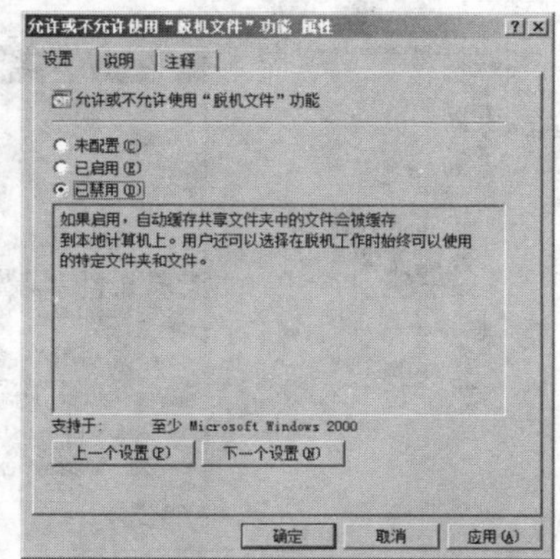

图 5-3-21　禁止使用脱机文件

（4）“桌面”策略设置

此选项可以限制桌面上所有的功能，其中包括删除桌面上“我的文档”图标、隐藏桌面上“网上邻居”图标及隐藏和禁用桌面上所有项目等策略。例如，用户想从桌面删除图标、快捷方式及其他默认的和用户定义的项目，包括“公文包”“回收站”“我的电脑”以及“网上邻居”等。可以在组策略编辑器窗口中依次展开“用户配置”→“管理模板”→“桌面”选项，如图 5-3-22 所示，在窗口右侧中，双击“隐藏和禁用桌面上的所有项目”策略，弹出“隐藏和禁用桌面上的所有项目 属性”对话框，单击选中“已启用”单选按钮，如图 5-3-23 所示。

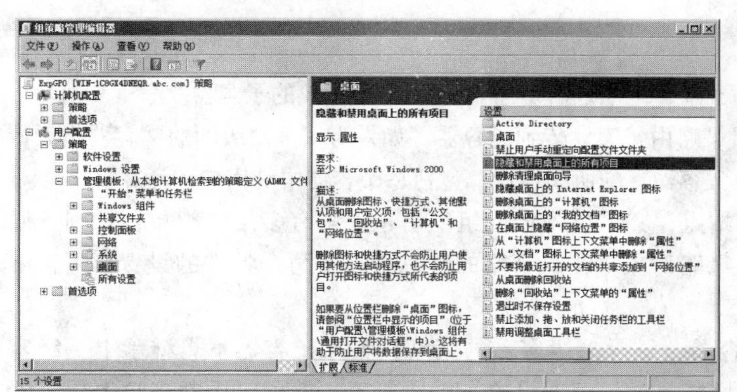

图 5-3-22　“桌面”界面

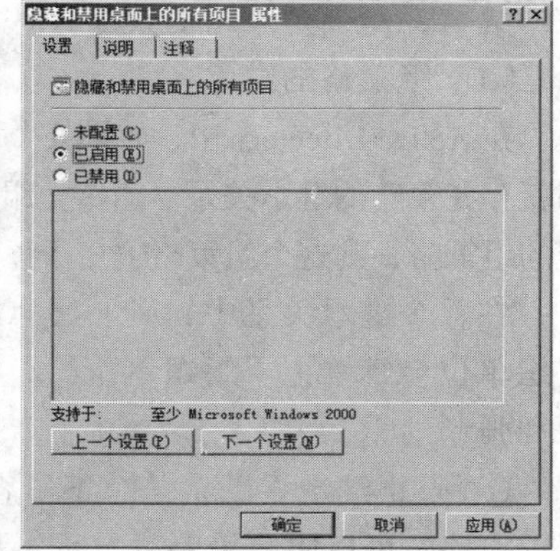

图 5-3-23　“隐藏和禁用桌面上所有项目属性”对话框

（5）“控制面板”策略设置

此选项包含在控制面板删除“添加或删除程序”并从菜单删除“添加或删除程序”项目、禁止访问控制面板、阻止更改墙纸等与控制面板相关的策略设置。

例如，禁止访问控制面板，可以在组策略编辑器窗口中依次展开“用户配置”→“管理模板”→“控制面板”选项，如图 5-3-24 所示，在窗口右侧中，双击“禁止访问控制面板”策略，弹出“禁止访问‘控制面板’属性”对话框，单击选中“已启用”单选按钮，如图 5-3-25 所示。

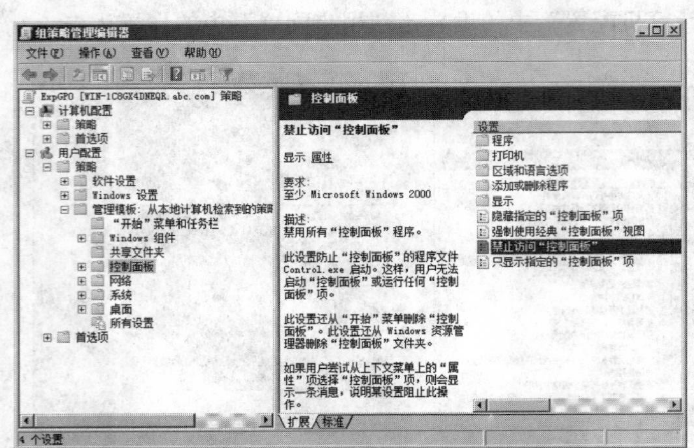

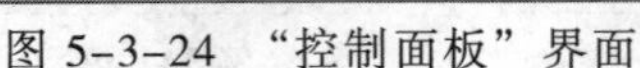

图 5-3-24 “控制面板”界面

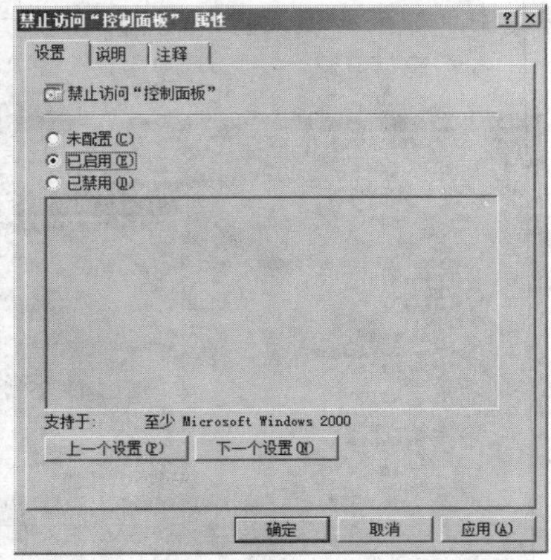

图 5-3-25 “禁止访问‘控制面板’属性”对话框

此策略将停用所有“控制面板”中的程序。这个设置将防止“控制面板”的程序文件 Control.exe 启动。用户无法启动“控制面板”或运行任何“控制面板”中的项目。这个设置还会将“开始”菜单中的“控制面板”选项删除。

6. 组策略的应用规则

组策略的影响范围非常广泛，域内所有的用户和计算机都可能受到它的约束，因此在应用组策略之前进行详细的规划，能使其顺利地运行。应用组策略需要注意两个规则，一个是组策略的继承，一个是策略的累加。

（1）组策略的继承

在 Active Directory 中，如果某个容器 A 下层还有 B 容器，则 B 就是 A 的子容器。A 和 B 两者之间就存在策略的继承关系。通常，组策略由父容器传到子容器。如果为一个高级别的父容器指派特定的组策略，则这个组策略适用于该父容器下的所有容器，包括每个容器中的用户和计算机对象。

在整个继承关系中，最上层为站点，其下层为域或组织单位。若有多层组织单位，则下层组织单位会继承上层组织单位的组策略对象。在组策略的继承中，有两个特殊的设置：阻止继承和强制继承。

① 阻止继承。默认情况下子容器会继承上级容器的策略，如果子容器不想继承上一级容器的策略，可以阻止策略的继承。只要针对子容器设置不继承策略，就可以中断来自上层容器的所有组策略。用户可以右击子容器，在快捷菜单中选中“阻止继承”命令，如图 5-3-26 所示。用户通过该设置可以防止继承站点、域或组织单位级别的策略。如果为子组策略对象选中了这个选项，则子级将不能继承父级组策略对象的任何策略。

② 强制继承。用户可以右击子容器，在快捷菜单中选中“强制”命令，如图 5-3-27 所示。拥有强制继承的权利，使得其他组策略对象的设置与其抵触者一律无效。

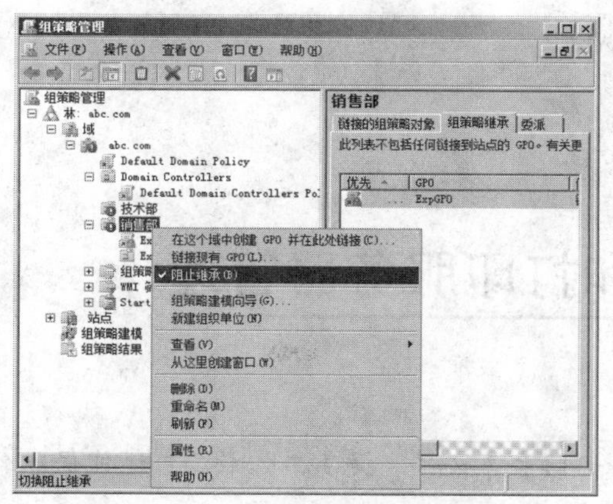

图 5-3-26　“阻止继承”命令

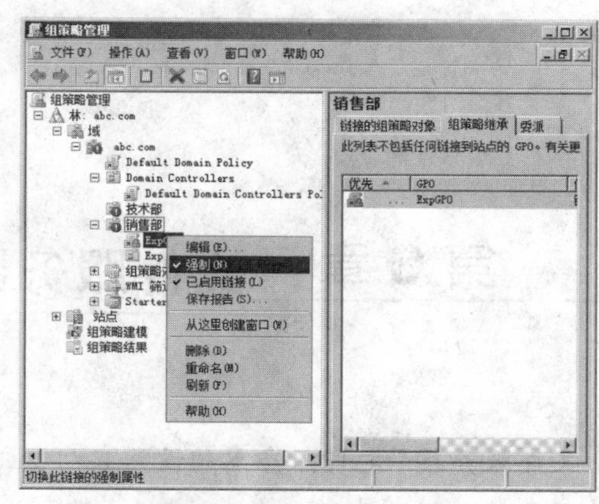

图 5-3-27　“强制”命令

（2）策略的累加

策略累加机制和组策略的应用顺序有密切关系，容器除了本身的组策略外，还要继承来自上层容器的策略，此容器会同时应用多个组策略，综合这些策略所造成的限制，称为有效策略。有效策略是多个组策略的累加，但是当遇到对于相同策略有不同设置时，是按照后设置值覆盖前设置值方式处理的。子容器会首先应用继承来自上层容器的策略，然后再应用本身的组策略。当上层的设置项目与下层的设置不同时，组策略的效果相加。但若是对于同一个项目作不同的设置，则先应用的策略会被后来应用的策略覆盖，上述这种情形，就是所谓的累加机制。

思考与练习

一、填空题

1. 计算机配置策略和用户配置策略都包括________、________和________3 个选项设置。

2. 计算机配置中的“软件设置”文件夹包含________和________等。用户配置中的“软件设置”文件夹包含________和________等。

3. 计算机配置中的“Windows 设置”文件夹中的安全设置主要包括________、________、________、________、________、________、________、________和________等，主要是和计算机系统安全相关的设置。

二、简答题

1. 简述计算机配置和用户配置策略的含义。

2. 简述计算机配置中的“Windows 设置”文件夹和用户配置中的“Windows 设置”文件夹的应用有什么相同和不同之处。

3. 简述“Windows 组件”策略设置的主要内容。

三、操作题

1. 在 Active Directory 中的组织单位设置组策略。

2. 利用系统下组策略设置禁用光驱的写入功能。

第 6 章　文件服务器和打印服务器管理

文件服务器和打印服务器的设置有利于公司各部门共享文件，提高工作效率，还能保障作息的安全。

6.1 【案例 16】管理共享文件夹

案例描述

公司中有许多员工每天需要提交各种文档，同时公共信息也需要全体职工能够尽快查看并了解。由于文件很多且需要访问、修改的人员也很多，如果通过使用 U 盘等在计算机之间进行信息传递，既不能保障信息的安全又降低了工作效率。管理员王帅在公司内部创建了一个文件服务器，把公司一些内部文件进行了分类，文件服务器将文档集中保存在一个或多个共享文件夹中，用户可以通过网络访问到该共享文件夹。

操作步骤

1. 创建共享文件夹

用户必须满足以下两个条件才能创建共享文件夹：

◎ 用户必须属于 Administrators、Server Operators、Power Users 等用户组的成员。

◎ 如果文件夹位于 NTFS 磁盘分区内，用户还至少需要对此文件夹拥有“读取”的 NTFS 权限。

步骤 1 和步骤 2 视频

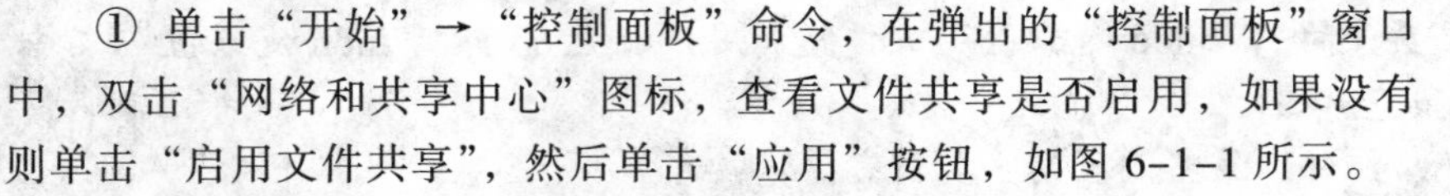

① 单击“开始”→“控制面板”命令，在弹出的“控制面板”窗口中，双击“网络和共享中心”图标，查看文件共享是否启用，如果没有则单击“启用文件共享”，然后单击“应用”按钮，如图 6-1-1 所示。

② 单击“开始”→“计算机”命令，在 C 盘中新建文件夹 Tech_Data，右击 Tech_Data 文件夹，在快捷菜单中选择“共享”命令，如图 6-1-2 所示，弹出“文件共享”对话框，如图 6-1-3 所示。

③ 在图 6-1-3 中，可以直接输入有权共享的用户组或用户的名称，也可以通过下拉箭头选择用户组或用户，然后单击“添加”按钮。

④ 选择共享用户的身份（共享权限），然后单击“共享”按钮，如图 6-1-4 所示。被添加的用户身份有以下几种：

◎ 读者：表示用户对此文件夹的共享权限为“读取”。
◎ 参与者：表示用户对此文件夹的共享权限为“更改”。
◎ 共有者：表示用户对此文件夹的共享权限为“完全控制”。

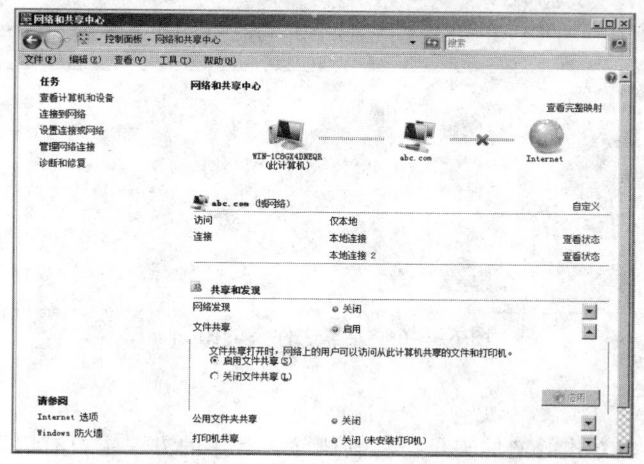

图 6-1-1　启用文件共享

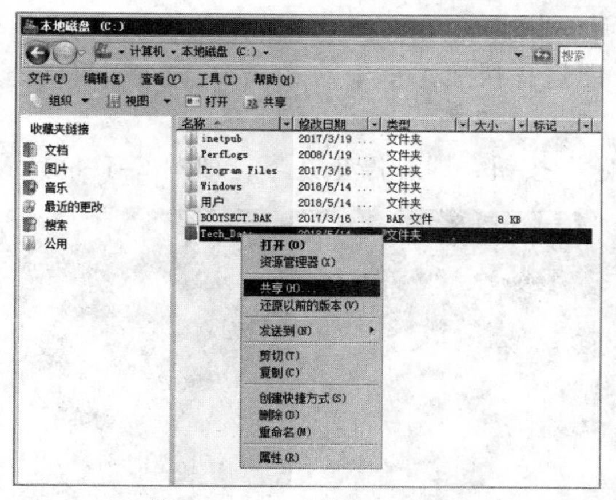

图 6-1-2　“共享”命令

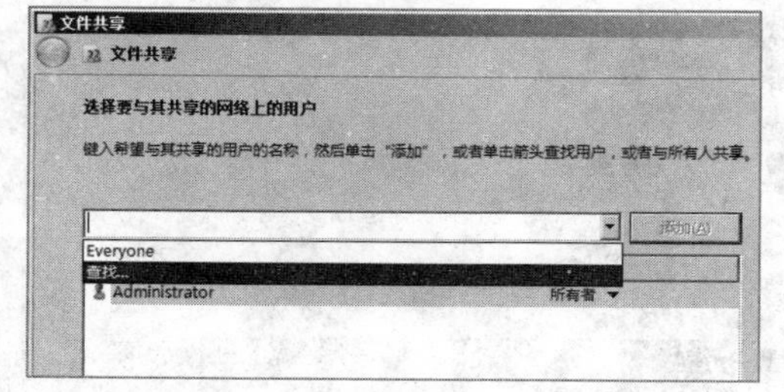

图 6-1-3　添加共享用户

⑤ 在对话框中，单击“完成”按钮，即可完成创建共享文件夹，如图 6-1-5 所示。

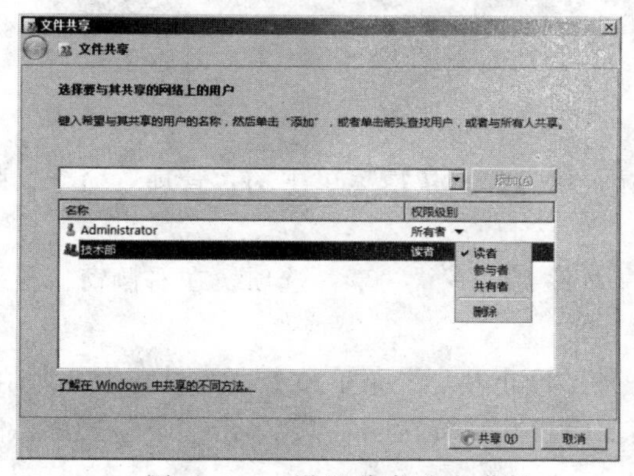

图 6-1-4　设置共享用户身份

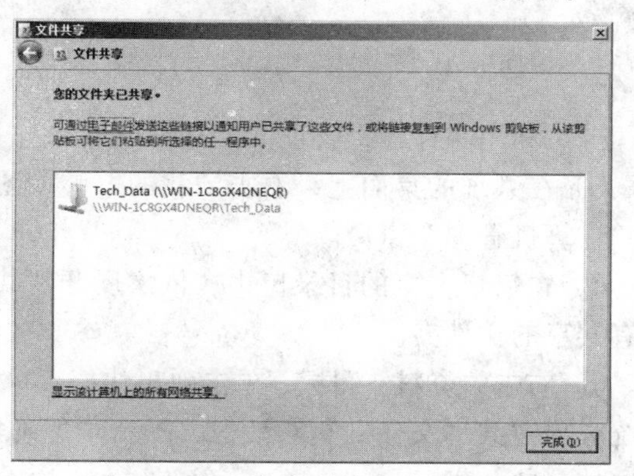

图 6-1-5　完成共享文件夹设置

⑥ 在本地磁盘（C:）窗口中，可查看到 Tech_Data 文件夹的图标已发生变化，如图 6-1-6 所示。

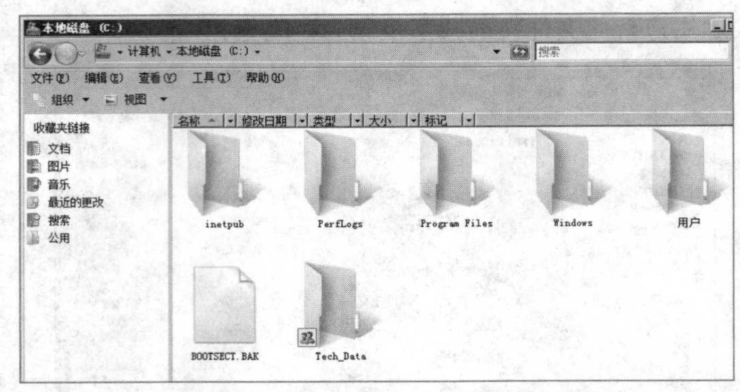

图 6-1-6　共享文件夹的图标

2. 删除共享文件夹

对于不再使用共享方式的文件夹可以将其删除，常用的方法主要有以下两种。

（1）利用快捷菜单删除。

① 首先以具有删除共享权限的用户登录计算机。

② 右击需要删除共享的文件夹 Tech_Data，选择快捷菜单中的“共享”命令，弹出“文件共享”对话框，单击“停止共享”按钮，如图 6-1-7 所示。

③ 在“文件共享”对话框中，单击“确定”按钮，即可停止共享，如图 6-1-8 所示。

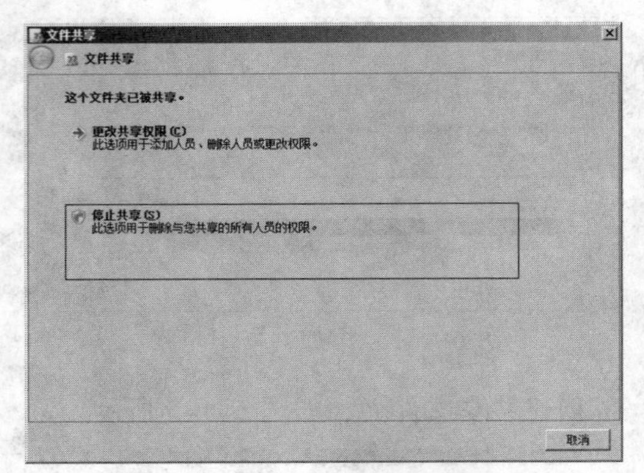

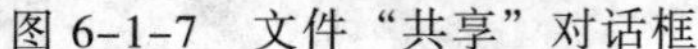

图 6-1-7　文件“共享”对话框

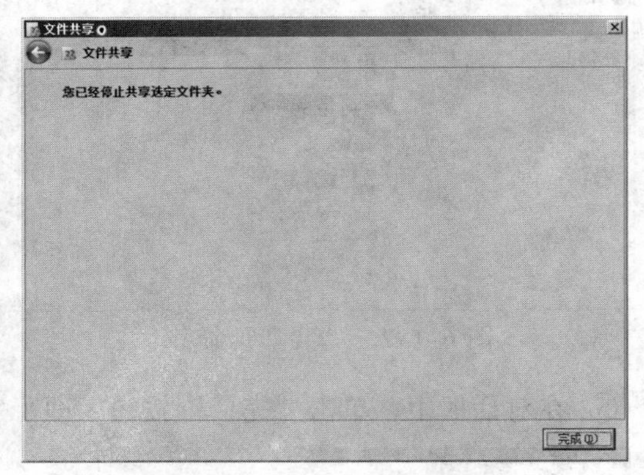

图 6-1-8　文件“共享”对话框

（2）利用“计算机管理”工具窗口删除

① 在系统的桌面上，右击“我的电脑”图标，单击弹出快捷菜单中的“管理”命令，弹出“计算机管理”窗口。

② 在窗口左侧的目录树中，依次展开“共享文件夹”→“共享”选项，在右侧窗口显示所有共享的文件夹。

③ 右击“资料”图标，单击弹出快捷菜单中的“停止共享”菜单命令，如图 6-1-9 所示。系统弹出“共享文件夹”对话框，提示“您确实要停止共享资料吗？”，单击“是”按钮，停止文件夹的共享。

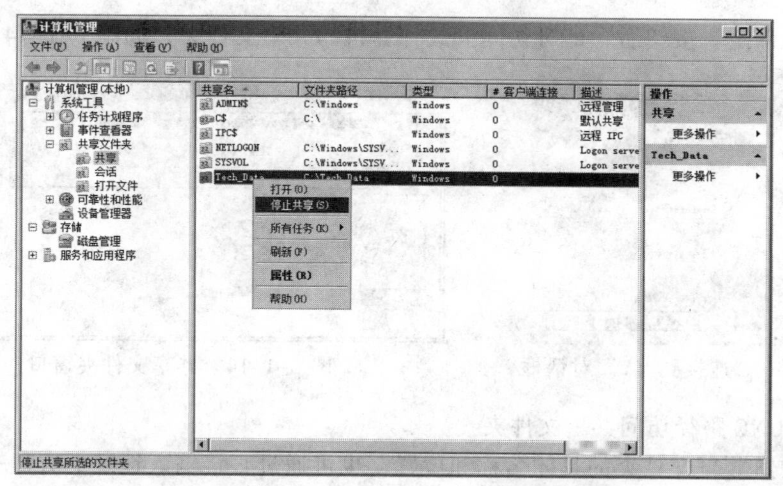

图 6-1-9　“停止共享”命令

3. 从客户计算机访问共享文件夹

步骤 3 视频

当在文件服务器上创建共享文件夹后，Windows XP 或 Windows 7 客户机可以通过以下 3 种方式访问共享文件夹。

（1）利用“网上邻居”窗口访问共享文件夹

① 双击系统桌面上的“网上邻居”图标，弹出“网上邻居”窗口，如图 6-1-10 所示。

② 双击“整个网络”图标，弹出“整个网络”窗口，如图 6-1-11 所示。

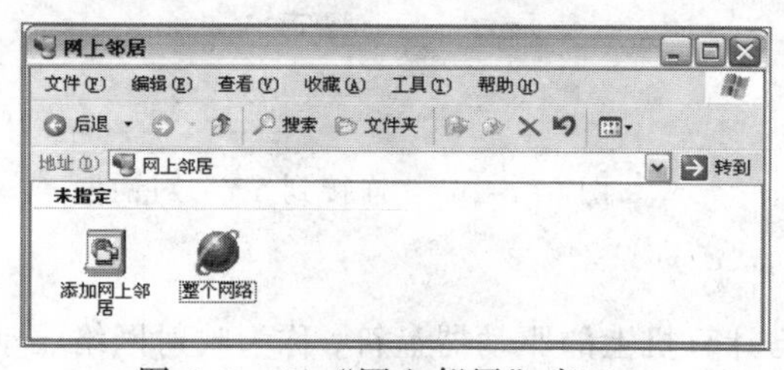

图 6-1-10　“网上邻居”窗口

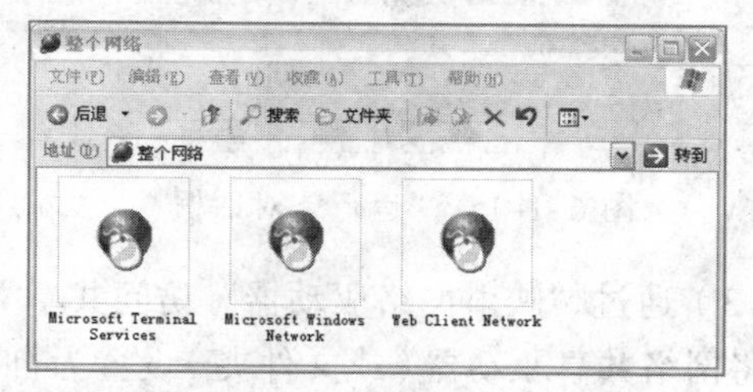

图 6-1-11　“整个网络”窗口

③ 双击“Microsoft Windows Network”图标，弹出“Microsoft Windows Network”窗口，如图 6-1-12 所示。

图 6-1-12　“Microsoft Windows Network”窗口

④ 双击“Workgroup”图标，在打开的窗口中双击选中相应的计算机，弹出“连接到 YY”对话框，输入具有权限访问的用户名和密码，如图 6-1-13 所示。

⑤ 单击“确定”按钮后，即可访问到此计算机的共享文件夹，如图 6-1-14 所示。

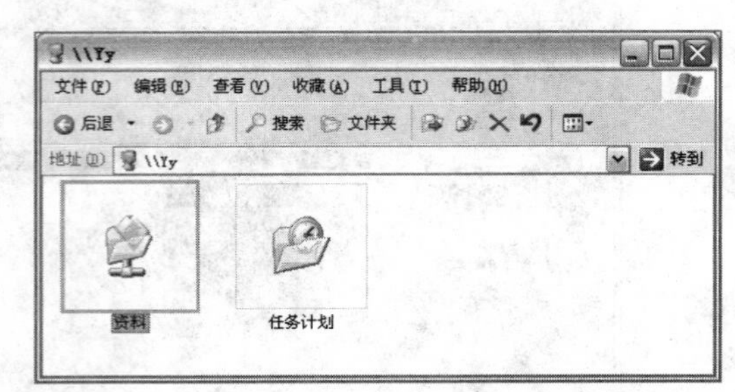

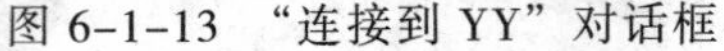

图 6-1-13 “连接到 YY”对话框　　　　图 6-1-14 共享文件夹窗口

（2）利用 UNC 路径访问共享文件夹

① 如果知道共享文件夹的具体名称和位置，也可通过直接输入地址的方法来连接共享文件夹。在系统的桌面上，单击“开始”→“运行”命令，弹出“运行”对话框，在“打开”文本框中输入“\\192.168.1.101”命令，如图 6-1-15 所示。

② 单击“确定”按钮，弹出“连接到 YY”对话框，输入具有权限访问的用户名和密码，单击“确定”按钮，即可访问到指定的共享文件夹，如图 6-1-16 所示。

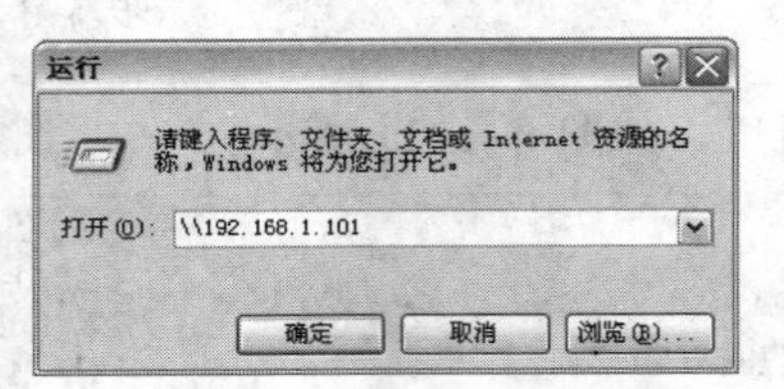

图 6-1-15 “运行”对话框

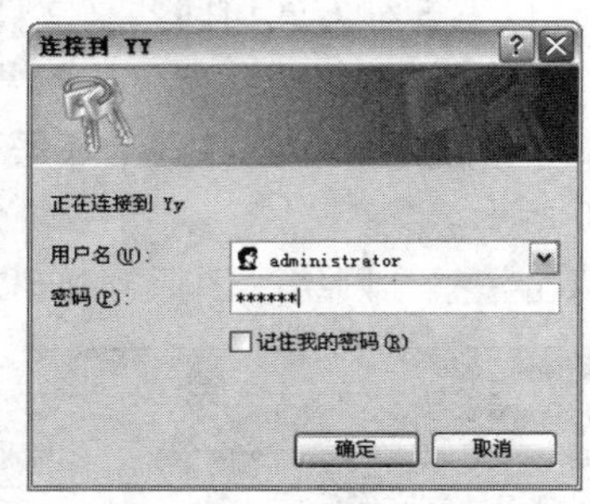

图 6-1-16 “连接到 YY”对话框

（3）通过“映射网络驱动器”访问共享文件夹

将网络共享驱动器（或文件夹）设置为自己计算机上的驱动器盘符，称为映射网络驱动器。如果用户经常用某个网络驱动器（或文件夹），可以把它映射到用户自己的计算机上，像使用自己的驱动器一样使用。设置驱动器映射操作步骤如下。

在“网上邻居”窗口选定提供共享的计算机图标，打开其共享内容窗口，右击选定需要映射网络驱动器的共享文件夹，单击弹出快捷菜单中的“映射网络驱动器”命令，弹出“映射网络驱动器”对话框。在“驱动器”下拉列表中选择需要映射的驱动器号，如图 6-1-17 所示。网络驱动器指派的盘符顺序为 Z～A，而本地驱动器（硬盘驱动器和可移动存储设备）指派的盘符顺序则为 A～Z。

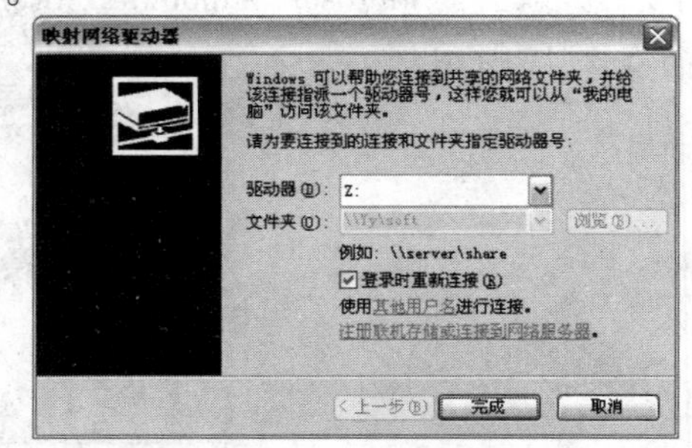

图 6-1-17 “映射网络驱动器”对话框

如果用户经常使用此网络驱动器，选中“登录时重新连接”复选框，Windows 每次启动时均自动连接此网络驱动器。但如果用户很少使用此网络驱动器，则不要选中此复选框，以免影响 Windows 的启动速度。设置完成后单击“确定”按钮，即可在“我的电脑”窗口中会看到新增的网络驱动器图标，如图 6-1-18 所示。现在用户可以像使用自己计算机上的驱动器一样，使用该网络驱动器。网络驱动器与硬盘驱动器图标略有不同，其下还连接着一条“一”字形管道。用户也可以在“我的电脑”窗口中，单击“工具”→“映射网络驱动器”命令，弹出“映射网络驱动器”对话框，在“驱动器”下拉列表中选择需要映射的驱动器号，如图 6-1-19 所示。

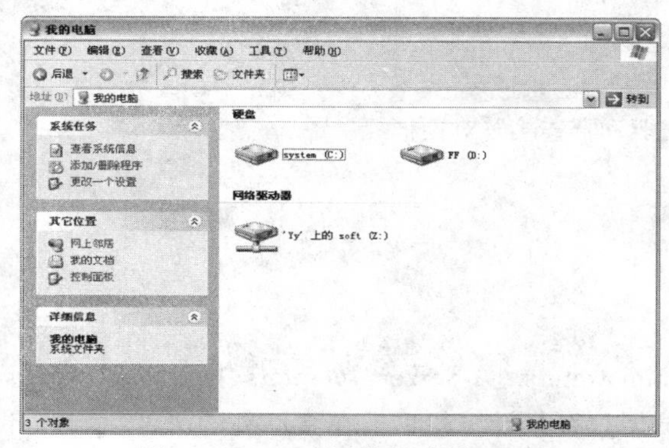

图 6-1-18　“网络驱动器”图标

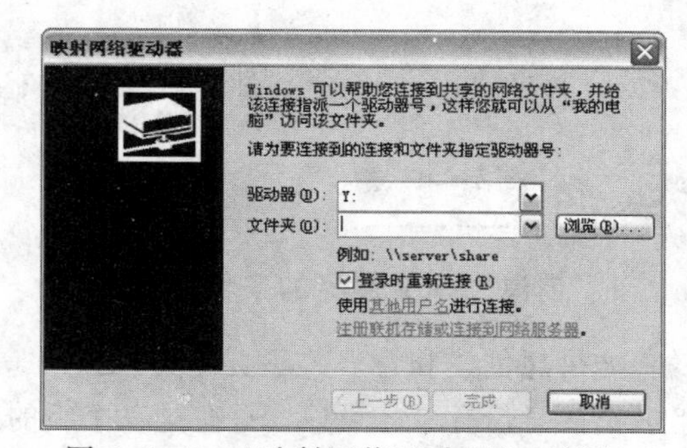

图 6-1-19　“映射网络驱动器”对话框

在“文件夹”对话框中输入共享资源的 UNC 路径，或者单击“浏览”按钮，弹出“浏览文件夹”对话框，找到需要映射的网络共享文件夹，如图 6-1-20 所示，在“浏览文件夹”对话框中，单击“确定”按钮，完成“映射网络驱动器”访问共享文件夹。

也可以在“命令提示符”中运行 Net Use 命令，例如，输入“NET　USE　Z: \\YY\soft”命令后，它就会以驱动器号 Z 来连接共享文件夹。

如果不再使用网络驱动器盘符，一种方法是在“我的电脑”窗口中，右击需断开的网络驱动器盘符，单击弹出快捷菜单中的“断开”命令，将其删除，如图 6-1-21 所示。

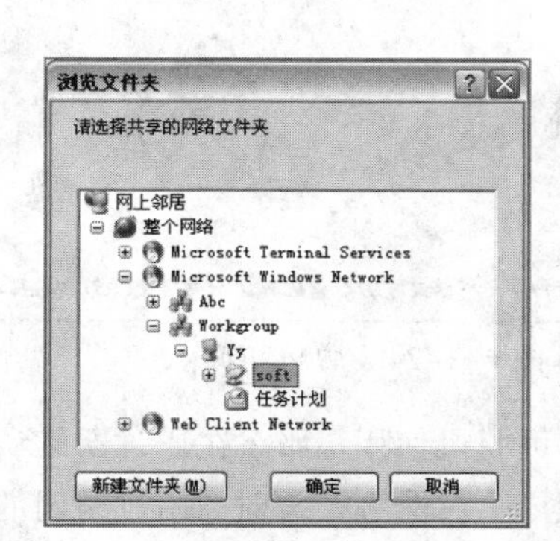

图 6-1-20　“浏览文件夹”对话框

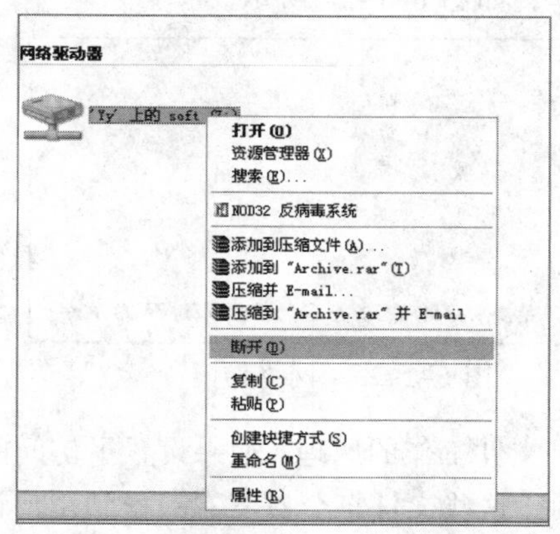

图 6-1-21　“断开”映射网络驱动器

另一种方法是在“我的电脑”窗口中，单击“工具”→“断开网络驱动器”命令，弹出“中断网络驱动器连接”对话框，单击选中须删除的网络驱动器，单击“确定”按钮，将其删除，如图 6-1-22 所示。

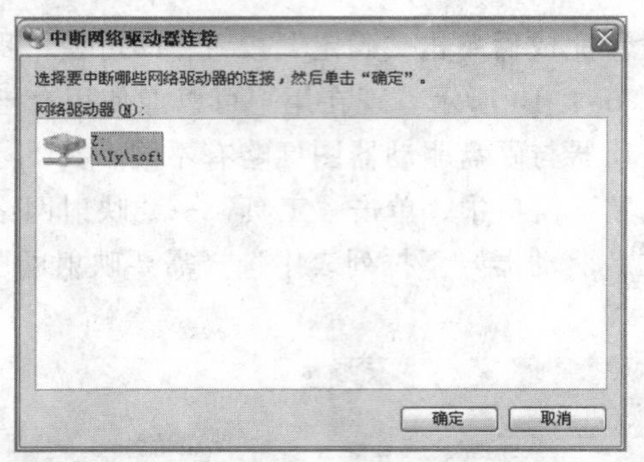

图 6-1-22 “中断网络驱动器连接”对话框

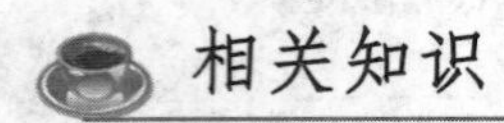

相关知识

1. 创建共享文件夹的条件

如果想创建和管理共享文件夹，必须以 Administrators 组、Server Operators 组或 Power Users 组成员的身份登录才可以。只有这三个组的成员用户登录计算机后，在文件夹的“属性”窗口中才会有“共享”选项卡，若用户没有创建共享文件夹的权限，则不显示“共享”选项卡。

2. 脱机文件

当用户在公司时可以将笔记本电脑连接到网络上，通过网络可以访问网络上的共享文件夹内的网络文件，如图 6-1-23 所示。但当用户离开公司后还需要访问这些网络文件时，但此时笔记本电脑没有连接到公司网络，因此无法通过网络实现访问，这时就可以通过脱机文件的方法解决这个问题。这种方法可以让计算机在脱离网络时，仍然可以访问原先位于网络上的文件，只是此时访问的文件并不是真正位于网络上计算机内的，而是存储在本地计算机硬盘内的文件缓存版本，如图 6-1-24 所示。

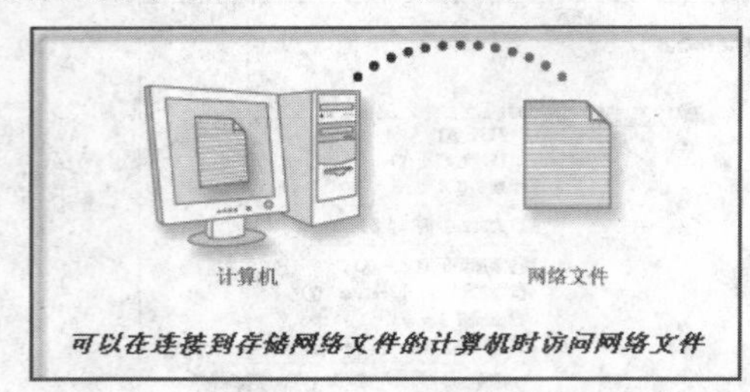

图 6-1-23 网络访问

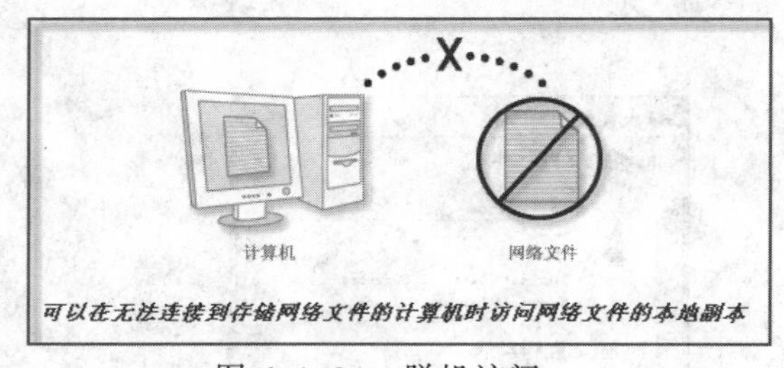

图 6-1-24 脱机访问

脱机文件工作的原理：如果设置了访问的共享文件为可脱机使用，那么在通过网络访问这些文件时，这些文件将会被复制一份到用户计算机的硬盘内。在网络正常时，用户访问的是网络上的共享文件，而当用户计算机脱离网络时，用户仍然可以访问这些文件，只是访问的是位于硬盘内的文件缓存版本，用户访问这些缓存版本的权限和访问网络上的文件是相同的。

使用脱机文件有以下几个优点：

① 不会因为网络的问题影响网络文件的访问。

② 可以方便地和网络文件进行同步。

③ 在较慢的网络上可提高工作效率。

如果设置了脱机文件，那么计算机重新接入网络时，为了保证网络文件和计算机上的缓存版本一致，它们之间应该进行同步的操作。同步操作可由系统根据两者的状态自动完成，也可以由用户随时利用手动方式完成，同步过程有以下几个选择：

① 如果用户修改了缓存版本，那么它会被复制到网络计算机上并覆盖源文件。

② 如果网络计算机上的源文件发生了改变，那么它会被复制到用户计算机并覆盖文件缓存版本。

③ 如果两者都被修改，系统会让用户选择保留那个文件或两者都保留。

3．使用脱机文件

用户离开公司后仍然需要使用网络计算机上共享文件夹“Files”中的共享文件“销售资料”，请利用脱机文件的方式实现上述目标。

此任务要分为以下几个部分来实现：

（1）网络计算机的设置

① 设置网络计算机的脱机文件功能，通过“开始”→“计算机”命令进入共享文件夹所在的磁盘分区，右击“Files”共享文件夹选择“属性”命令，在如图 6-1-25 所示的“Files 属性”对话框中单击“高级共享”按钮，在弹出的“高级共享”对话框中，单击“缓存”按钮。

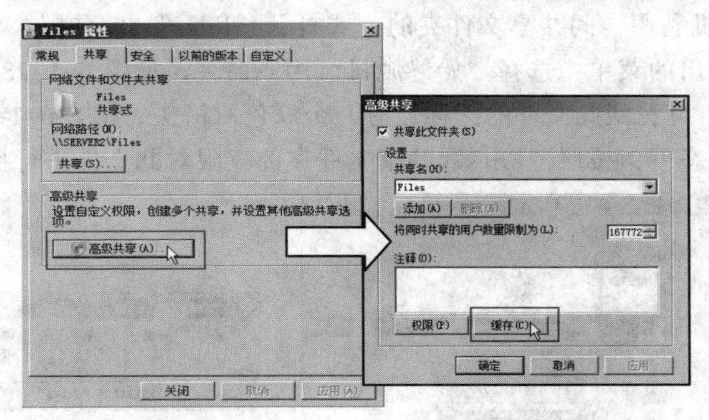

图 6-1-25　打开脱机设置框

② 在图 6-1-26 中，有 3 个选项需要用户选择，这里就选择第一个选项，然后单击“确定”按钮，这 3 个选项的作用如下：

◎ 只有用户指定的文件和程序才能在脱机状态下可用：用户可在客户机自行选择需要进行脱机使用的文件，即只有被用户选择的文件才可脱机使用。

◎ 用户从该共享打开的所有文件和程序将自动在脱机状态下可用：用户只要访问过该共享文件夹内的文件，被访问过的文件会自动缓存到用户的硬盘供脱机使用。“已进行性能优化”主要针对应用程序的，选择此项后程序会被自动缓存到用户的计算机，在运行网络计算机上的此程序时，用户计算机会直接读取缓存版本，这样可减少网络传输的过程，加快程序的执行速度，但要注意此程序最好不要设置更改的共享权限。

◎ 该共享上的文件或程序将在脱机状态下不可用：选择此项将关闭脱机文件的功能。

（2）客户机的设置

在用户计算机上启用脱机文件功能，有些系统默认已启用了此功能。这里以 Windows Server 2008 系统为例进行介绍，选择“开始”→“控制面板”命令，双击“脱机文件”图标，单击“启用脱机文件”按钮，如图 6-1-27 所示。然后重启计算机使设置生效。

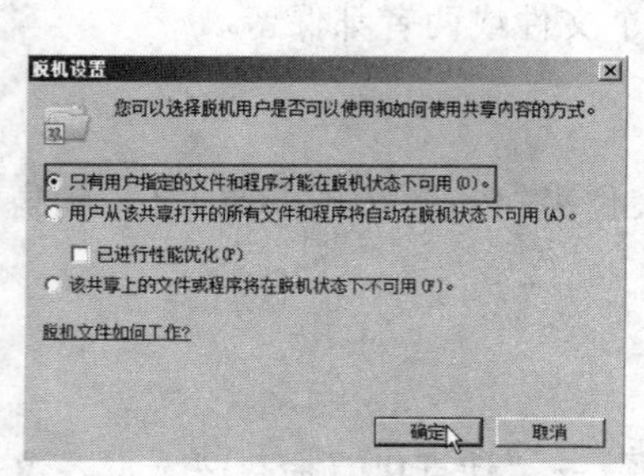

图 6-1-26　选择脱机设置选项

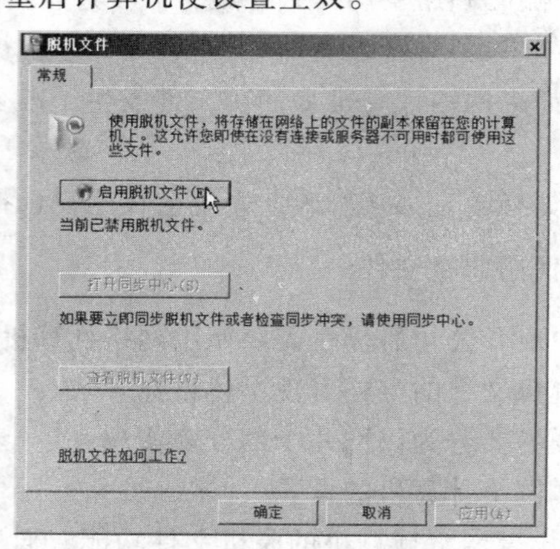

图 6-1-27　启用脱机文件

（3）用户设置可脱机使用的文件

① 用户在客户机利用访问共享文件夹的方式打开“Files”共享文件夹，然后右击需要脱机访问的文件，在弹出的菜单中选择“始终脱机可用”命令，如图 6-1-28 所示。

② 选择完成后，可看到此文件的图标会有一个绿色双箭头，如图 6-1-29 所示，此时用户可以在脱离网络的状态下，按照“Files”共享文件夹的权限对此文件进行操作。

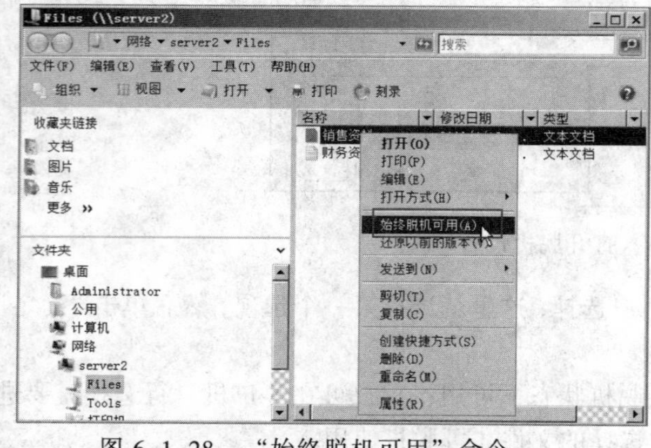

图 6-1-28　“始终脱机可用”命令

图 6-1-29　脱机文件

思考与练习

一、选择题

1. 删除共享文件夹的主要方法有_________和_________。

2. 如果想创建和管理共享文件夹，必须以_________、_________或_________成员的身份登录。只有这 3 个组的成员用户登录计算机后，在文件夹的“属性”窗口中才会有________选项卡。

3. 计算机上所有的共享文件夹可以通过________窗口中的________文件夹内的管理工具进行管理，“共享文件夹”下的“共享”管理工具可以实现的功能有________、________、________和________。

4. 弹出“计算机管理”窗口有两种方法：第一种方法是，右击________图标，弹出它的快捷菜单，单击该菜单内的________命令；第二种方法是，单击“开始”→“运行”命令，弹出“运行”对话框，在________文本框中输入________命令，再单击“确定”按钮。

二、简答题

1. 简述在“File 属性”对话框“共享”选项卡内对创建的共享文件夹可以进行的设置。

2. 简述计算机上所有共享文件夹可以通过“计算机管理”窗口中的“共享文件夹”文件夹下“共享”管理工具可以实现的功能。

三、操作题

1. 创建共享文件夹并设置相应的属性。

2. 使用“属性”面板和“计算机管理”窗口删除共享文件夹。

6.2 【案例 17】共享权限的设置

案例描述

在公共计算机上的共享文件夹下保存公司统一制定的《请假申请单》《绩效考核表》《出差汇报单》等常用单据文档模板。由于某些员工对系统操作不熟悉，经常发生修改文档模板的情况，给大家带来了很大不便，管理员王帅通过设置共享权限，有效地限制了各个用户的权限，保证了共享文件夹的安全。

操作步骤

1. 设置共享名并修改权限

每个共享文件夹可以有一个或多个共享名，而且每个共享名还可设置共享权限，默认的共享名就是文件夹的名称。如果要更改或添加共享名就首先右击共享文件夹，然后选择弹出菜单中的“属性”命令，在“属性”对话框中单击“高级共享”按钮，在弹出的“高级共享”对话框中单击“添加”按钮，然后在弹出的“新建共享”对话框中输入新的共享名即可。如图 6–2–1 所示。

如果需要修改共享权限，那么可以在输入共享名时单击“权限”按钮，也可以在图 6–2–1 中的“高级共享”对话框中单击设置共享名，打开权限设置对话框并选择所需的共享权限，如图 6–2–2 所示。

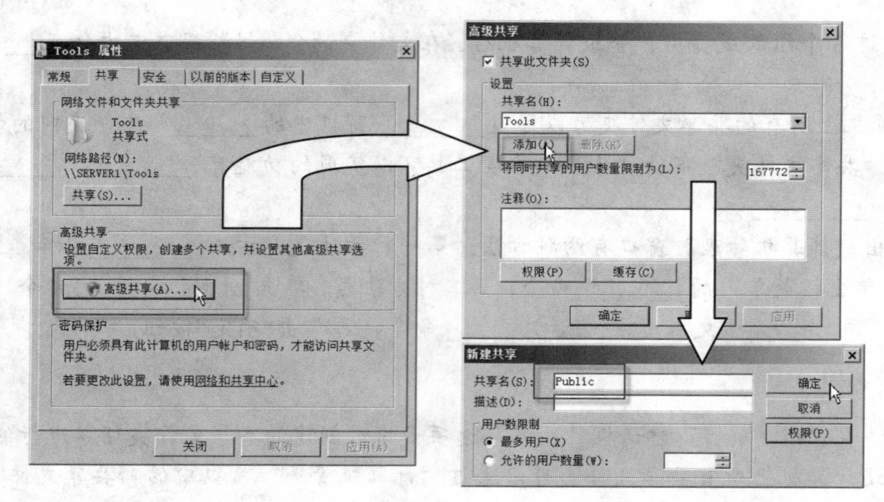

图 6-2-1　设置共享名

2. 隐藏共享文件夹

如果不希望用户在“网上邻居”中看到共享文件夹，只要在共享名后加“$”符号就可以将它隐藏起来。例如只要将共享名 Tools 改为 Tools$，就可不在“网上邻居”中不显示此共享文件夹。

用户可通过“\\计算机名\共享名$”的方式访问被隐藏的共享文件夹。

提示：在系统中有许多自动创建的被隐藏的共享文件夹，它们是供系统内部使用或管理系统使用的，例如 C$（代表 C 磁盘）、AdMIN$（代表安装 Windows Server 2008 的文件夹）。

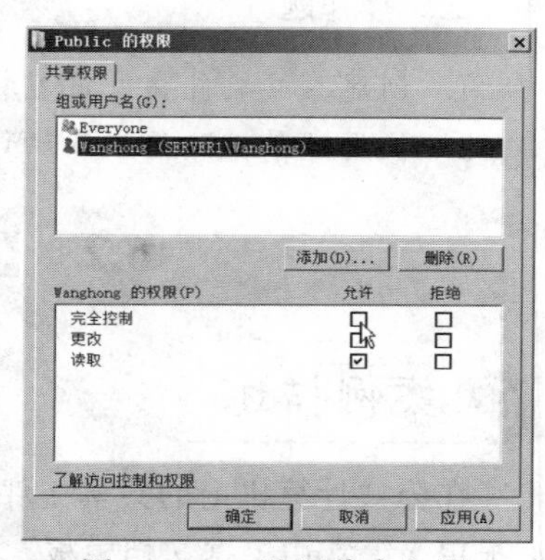

图 6-2-2　设置共享权限

3. 共享文件夹的复制和移动

如果将共享文件夹复制到其他的磁盘分区中，那么源文件夹将仍然保留共享状态，而复制产生的新文件夹将不保留共享状态。

如果将共享文件夹移动到其他的磁盘分区中，那么该文件夹将不保留共享状态。

相关知识

从前面的内容中可以知道，用户必须拥有一定的共享权限才可以访问共享文件夹，共享文件夹的共享权限和功能如下。

① 读取：可以查看文件名与子文件夹名、查看文件内的数据、运行程序。

② 更改：拥有读取权限的所有功能，还可以新建与删除文件和子文件夹、更改文件内的数据。

③ 完全控制：拥有读取和更改权限的所有功能，还具有更改权限的能力，但更改权限的能力只适用于 NTFS 文件系统内的文件夹。

提示：共享文件夹权限只对通过网络访问此共享文件夹的用户有效，对本地登录用户不受此权限的限制，因此为了提高资源的安全性，应该设置相应的 NTFS 权限。

共享文件夹的权限会随着用户所属组的不同、NTFS 权限的设置或文件夹的移动复制造成有效权限的变化，下面介绍在这些情况下共享权限如何变化。

1. 共享权限的累加性

用户对共享文件夹的有效权限是其所有共享权限的总和。例如，用户 A 同时属于销售组和财务组，且都有自己的共享权限，则用户 A 的有效权限是所有权限的总和，即读取+更改=更改，如表 6-2-1 所示。

表 6-2-1　共享权限的累加性

用户和组	权限
用户 A	读取
销售组	未指定
财务组	更改
用户 A 的最终有效权限为：读取+更改=更改	

2.“拒绝”权限覆盖所有其他权限

虽然用户对某个共享文件夹的有效权限是所有权限的总和，但如果有一个权限设置为“拒绝”，那么用户就将失去其他的访问权限，例如，用户 A 同时属于销售组和财务组，如表 6-2-2 所示，用户的有效共享权限为“拒绝”。

表 6-2-2　“拒绝”权限的应用

用户和组	权限
用户 A	读取
销售组	拒绝
财务组	更改
用户 A 的最终有效权限为：拒绝	

提示：通过表 6-2-1 和表 6-2-2 可看出，未指定和拒绝对最后的有效权限有不同的影响，未指定权限不参加累加的过程，而拒绝权限会在累加过程中覆盖所有的权限。

3. 与 NTFS 权限的混合使用

如果共享文件夹位于 NTFS 磁盘分区中，则除了可以给共享文件夹设置共享权限之外还可以给文件夹设置 NTFS 权限，这样也可以进一步提高文件夹的安全性。但网络用户在访问共享文件夹时，除了要受到共享权限的影响还要受到 NTFS 权限的影响，最终用户的有效权限是取共享权限和 NTFS 权限中最严格的权限。例如，用户 A 对共享文件夹 C:\Tools 的共享权限为“读取”，NTFS 权限为“完全控制”，那么用户最后的有效权限为两者之中最严格的权限“读取”，如表 6-2-3 所示。

提示：如果用户由本地登录，而不是通过网络登录，那么用户的有效权限就只是由 NTFS 权限决定，也就是“完全控制”，因为本地登录不受共享权限的影响。

表 6-2-3 共享权限与 NTFS 权限的混合使用

权 限 类 型	用户的权限
共享权限	读取
NTFS 权限	完全控制
用户 A 的最终有效权限为：读取	

思考与练习

一、选择题

1. 当在文件服务器上创建共享文件夹后，客户机可以通过________和________两种方式访问共享文件夹。

2. 建立隐含共享文件夹时，应该添加________特殊符号。

3. 创建的隐含共享文件夹在________中是访问不到的，只能通过________和________等方法来查看此隐含共享文件夹。

4. 可以对共享文件夹或驱动器指派________、________和________3 种类型的访问权限。

5. ________权限是指派给本机上的 Administrators 组的默认权限，________权限是指派给 Everyone 的默认权限，“更改”权限不是________的默认权限。

二、简答题

1. 简述当共享文件夹建立完成后，客户机访问共享文件夹的方式。

2. “读取”权限允许设置的权限有哪些？

3. 简述“更改”权限的特点。

三、操作题

1. 创建及访问隐含共享文件夹。

2. 通过网上邻居及 UNC 路径访问共享文件夹。

3. 设置文件夹的共享权限，保证共享文件夹的安全。

6.3 【案例 18】访问域中的共享资源

案例描述

由于公司的网络模型更改为域的环境，为了更有效地管理共享文件夹并把共享文件夹发布到活动目录中，使员工能够通过个性化的查找功能方便地查找到需要访问的共享文件夹，需要管理员王帅在发布时设置有效的关键字。

操作步骤

1. 发布共享文件夹

① 单击桌面的“开始”→“管理工具”→“Active Directory 用户和计算机”命令，弹出

“Active Directory 用户和计算机”窗口，在左侧窗口中右击“技术部”选项，在弹出的快捷菜单中选择“新建”→“共享文件夹”命令，如图 6-3-1 所示。

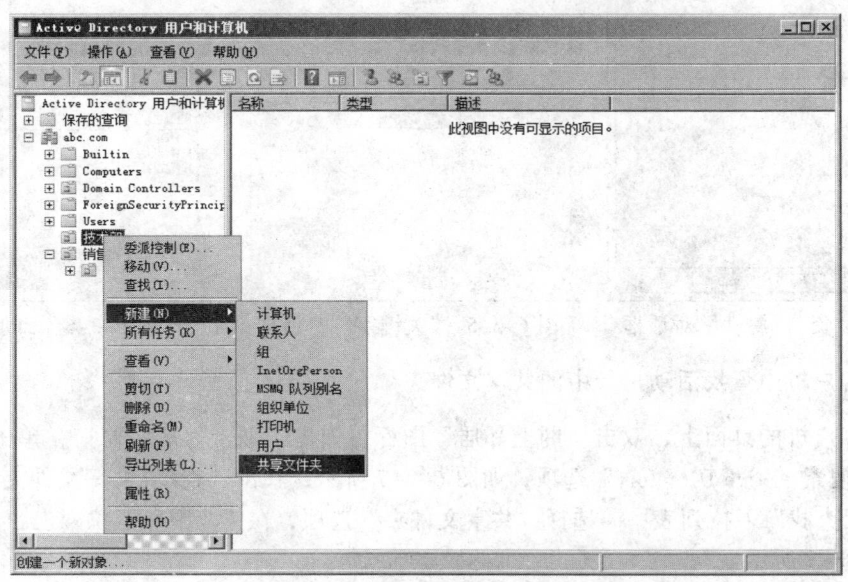

图 6-3-1　发布共享文件夹

② 弹出“新建对象-共享文件夹”对话框，在“名称”和“网络路径”文本框中输入共享文件夹的名称和网络路径，如图 6-3-2 所示。注意：文件夹是之前创建的共享文件夹，此处不是新建共享，只是将已共享的文件夹信息发布到活动目录中。

③ 单击“确定”按钮，即可发布“资料”共享文件夹，如图 6-3-3 所示。

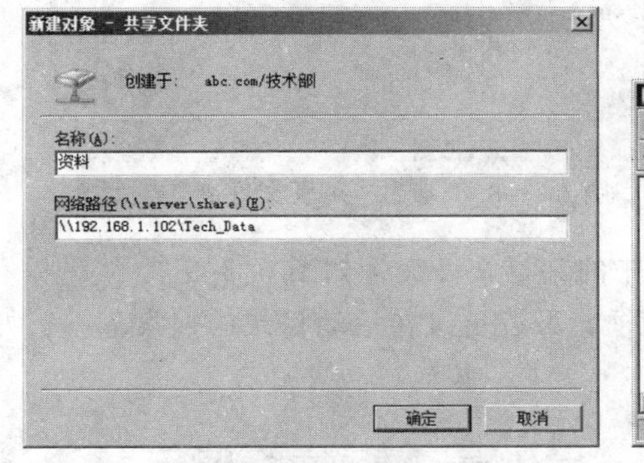

图 6-3-2　“新建对象-共享文件夹”对话框

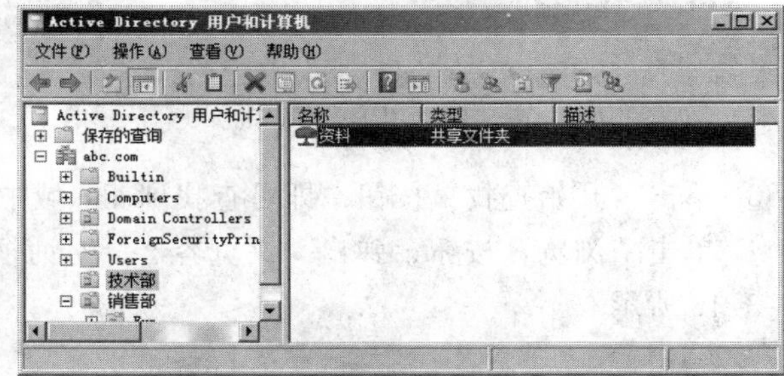

图 6-3-3　发布后的共享文件夹

④ 双击发布的共享文件夹，弹出“资料 属性”对话框，在“描述”文本框中输入共享文件夹的描述信息，如图 6-3-4 所示。

⑤ 单击“关键字”按钮，弹出“关键字”对话框，在“新值”文本框中输入和此共享文件夹有关的关键字，如图 6-3-5 所示。

⑥ 单击“添加”按钮，即可增加一个共享文件夹的关键字，可添加多个所需的关键字，如图 6-3-6 所示。单击“确定”按钮，完成共享文件夹的属性信息。

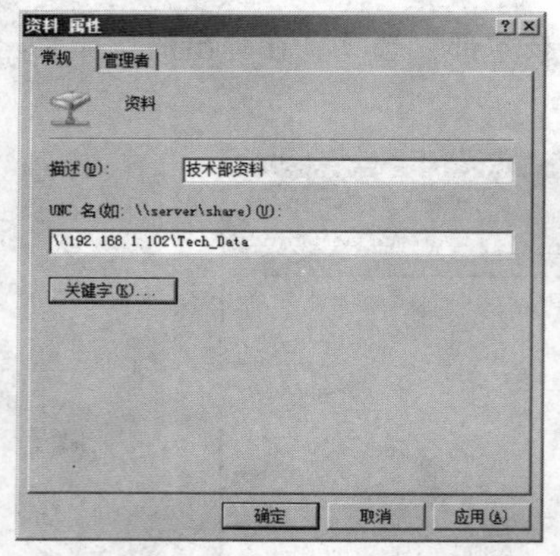

图 6-3-4 “资料 属性”对话框

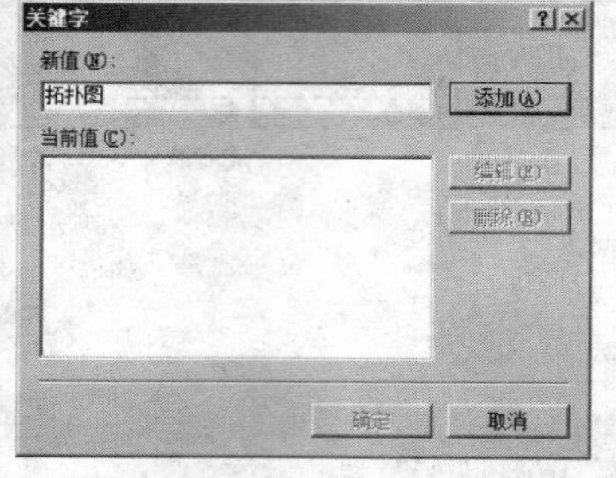

图 6-3-5 “关键字”对话框

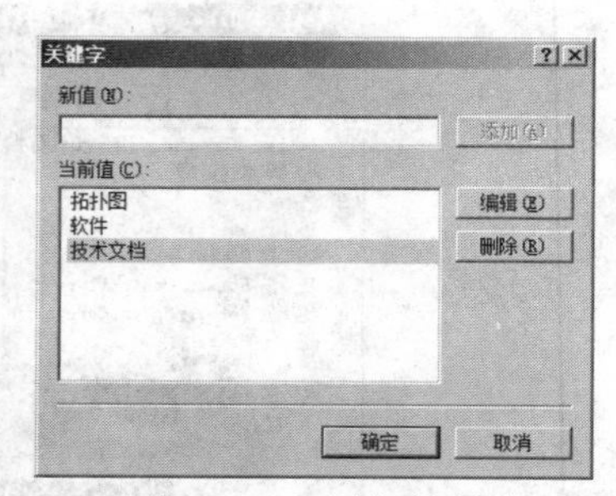

图 6-3-6 添加关键字

2. 在客户机中查找活动目录中的共享文件夹

① 在客户机的桌面上，双击“网上邻居”图标，弹出“网上邻居”窗口，单击左侧网络任务中的“搜索 Active Directory”选项，如图 6-3-7 所示，弹出“查找 共享文件夹”对话框。

② 在“查找”下拉列表中，选择“共享文件夹”选项，在“范围”下拉列表中，选中 abc 域，如图 6-3-8 所示。

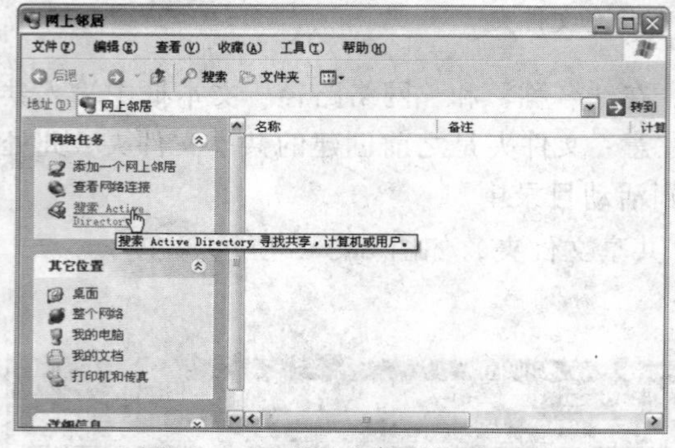

图 6-3-7 “网上邻居”窗口

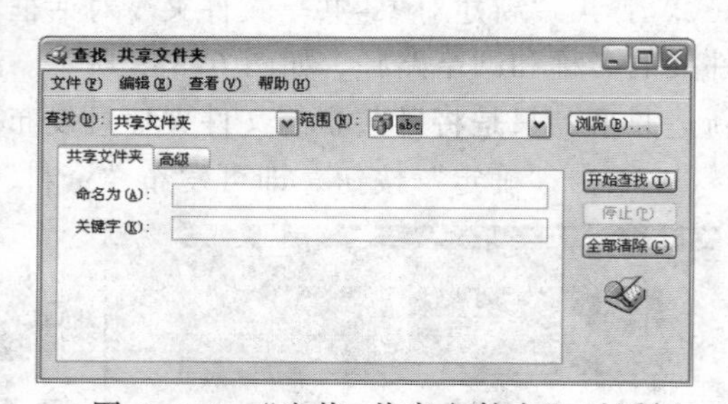

图 6-3-8 “查找 共享文件夹”对话框

③ 单击“开始查找”按钮，即可查找到 abc 域中的共享文件夹，如图 6-3-9 所示。

④ 单击“浏览”按钮，弹出“浏览容器”对话框，可以更改在活动目录的搜索范围，如图 6-3-10 所示。

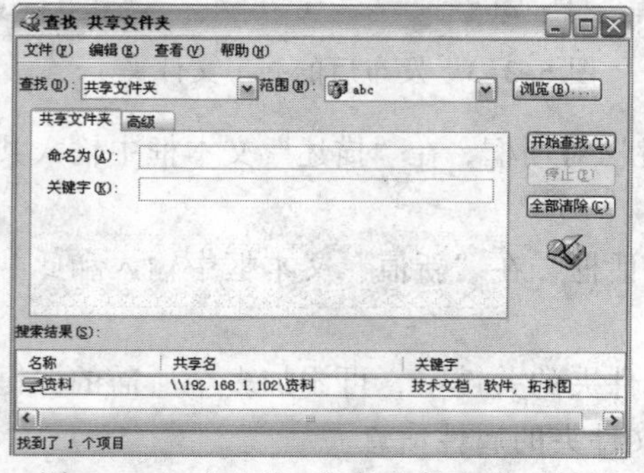

图 6-3-9 “查找 共享文件夹”对话框

图 6-3-10 “浏览容器”对话框

⑤ 单击“确定”按钮，返回“查找 共享文件夹”对话框。单击“高级”选项卡，如图 6-3-11 所示。

⑥ 单击“字段”列表框，通过条件查找共享文件夹，如图 6-3-12 所示。

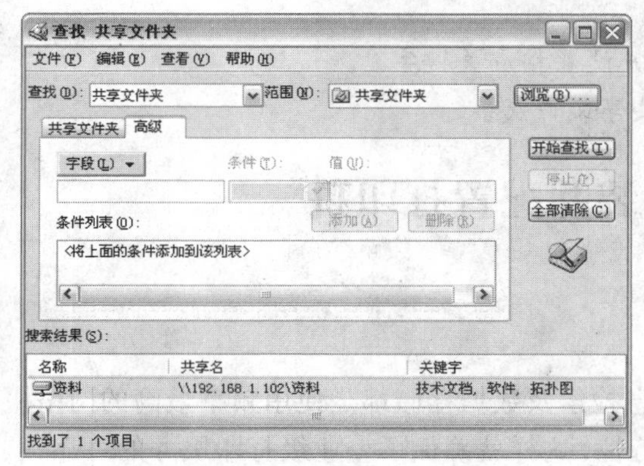

图 6-3-11　“高级”选项卡

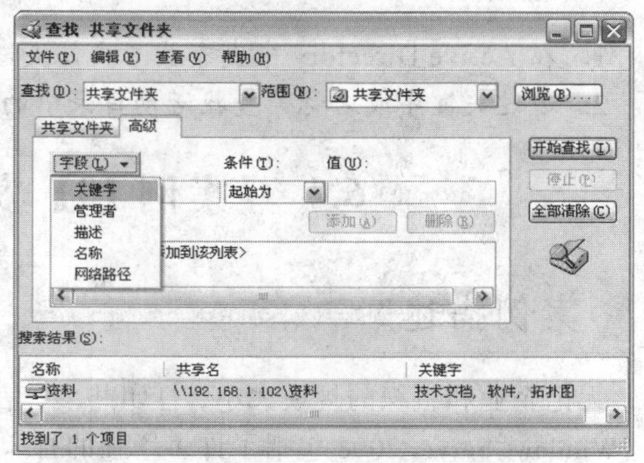

图 6-3-12　条件查找共享文件夹

相关知识

在 Active Directory 中发布共享文件夹要求

若要执行此过程，必须是 Active Directory 中 Domain Admins 组或 Enterprise Admins 组的成员。可以将不同部门的共享文件夹建立在不同的组织单位中，也可以将所有的共享文件夹统一到一个指定的组织单位中。图 6-3-13 建立了一个共享文件夹的组织单位，可以将此活动目录中的共享文件夹都发布到该组织单位中。

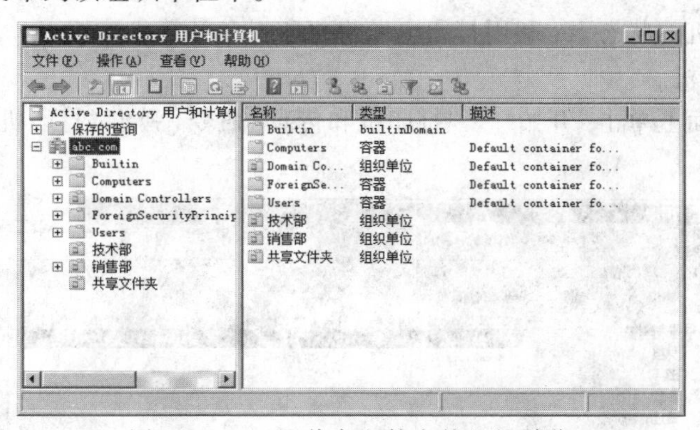

图 6-3-13　共享文件夹的组织单位

思考与练习

一、选择题

1. 在 Active Directory 中发布共享文件夹，必须是 Active Directory 中________组或组的成员。

2. 右击“Active Directory 用户和计算机”窗口中内的_________图标，弹出它的快捷菜单，单击该菜单中的_________→_________命令，弹出“新建对象-共享文件夹”对话框。

二、操作题

1. 在 Active Directory 中发布共享文件夹，并设置相应关键字。
2. 通过关键字或名称等查找活动目录中的共享文件夹。

6.4 【案例 19】安装并配置打印机

案例描述

无论企业和组织的规模大小，打印共享、信息检索及数据存储都是使用频率最高的网络服务。Windows Server 2008 包括了许多增强的打印特性，这样就确保了企业级打印服务的可靠性、易管理性、安全性以及灵活性。Windows Server 2008 提供了功能强大的打印服务，利用 Windows Server 2008 提供的打印服务功能可以对打印机进行全面有效的管理。管理员王帅购买了新的打印机并配置了相关的打印属性，使打印机能够更方便地为员工提供打印服务。

操作步骤

1. 安装本地打印机

步骤 1 和步骤 2 视频

在使用打印机之前，必须将打印机和计算机相连接，并安装相应的驱动程序，具体安装步骤如下。

① 在计算机关机的状态下，利用打印电缆将打印机和计算机连接起来，然后启动计算机。

② 在系统的桌面上单击“开始”→“打印机和传真”命令，弹出“打印机”窗口，如图 6-4-1 所示。

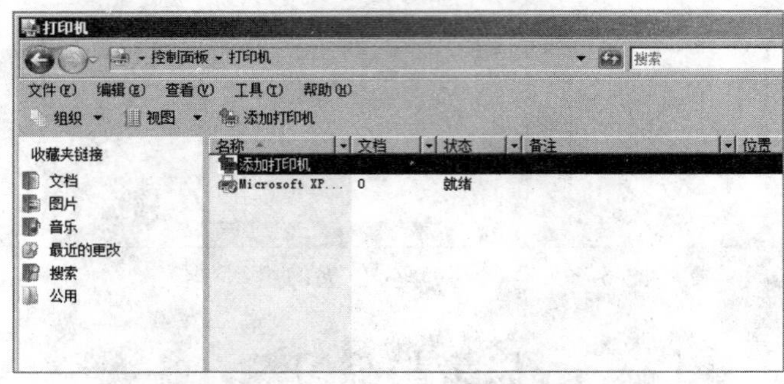

图 6-4-1 “打印机”窗口

③ 双击“添加打印机”图标，弹出“添加打印机”对话框，如图 6-4-2 所示，提示关于 USB 接口、IEEE1394 接口和红外接口的打印机的一些注意事项等信息。

④ 单击“下一步”按钮，进入“选择打印机端口”界面，提示选择打印机的端口。此时单击“USB 001”单选项，如图 6-4-3 所示。

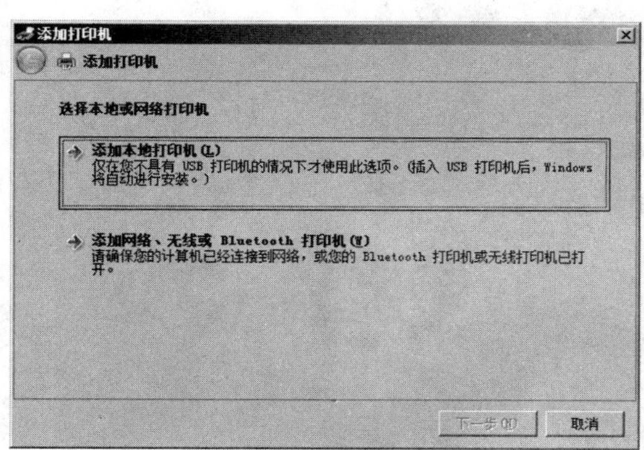

图 6-4-2　“添加打印机”对话框

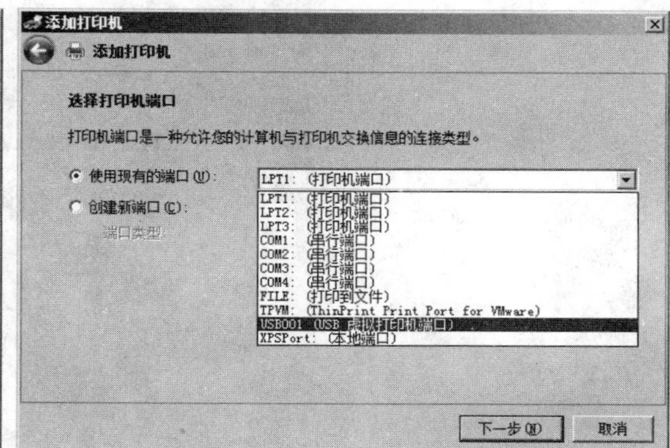

图 6-4-3　“本地或网络打印机”界面

⑤ 单击“下一步”按钮，选择打印机的端口类型，这里选择“使用以下端口”选项，并在其下拉列表中选择“USB 001（USB 虚拟）打印机端口”选项，如图 6-4-4 所示。

⑥ 单击“下一步”按钮，选择打印机的厂商和打印机的具体型号。这里安装的是 HP 公司生产的 HP LaserJet 1200 Series PCL 5 型号的打印机，如图 6-4-5 所示。

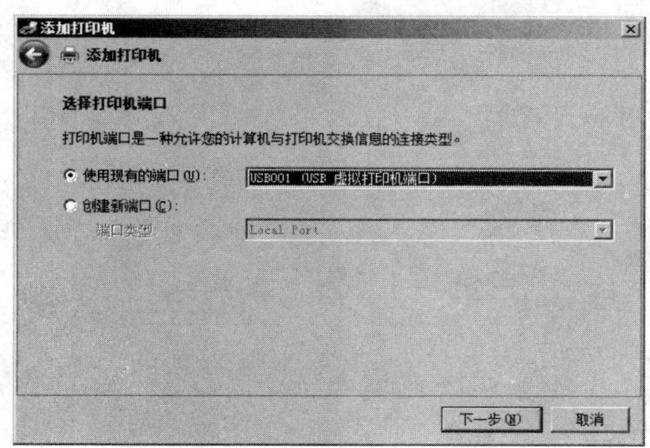

图 6-4-4　“选择打印机端口”界面

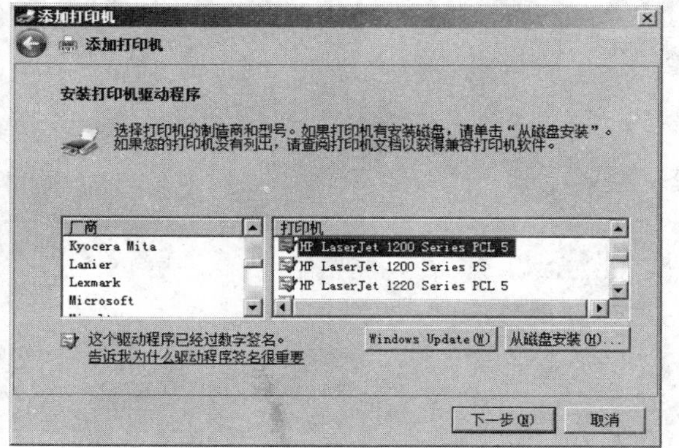

图 6-4-5　“安装打印机驱动程序”界面

如果品牌或者型号没有当前正在使用的打印机，可以单击“从磁盘安装”按钮，通过打印机厂商提供的驱动程序盘安装打印机的驱动程序，如图 6-4-6 所示。

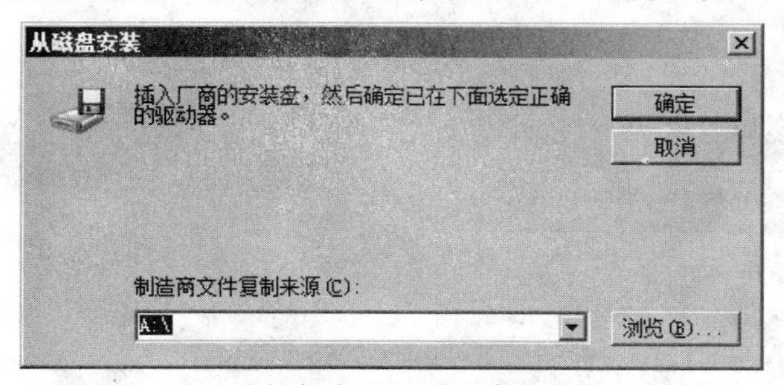

图 6-4-6　选择打印机驱动程序的路径对话框

⑦ 单击图 6-4-5 中“下一步”按钮，弹出“输入打印机名称”对话框，在其内的文本框中输入打印机名称，如图 6-4-7 所示。

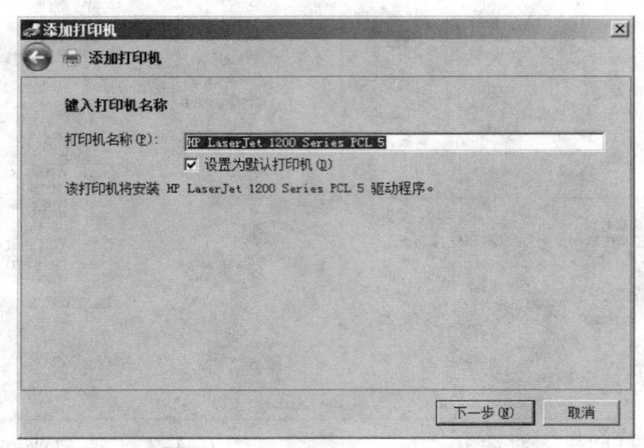

图 6-4-7 “输入打印机名称”对话框

⑧ 单击“下一步”按钮，选择是否共享此打印机。如果共享则必须在“共享名称”打印机名称，如图 6-4-8 所示。

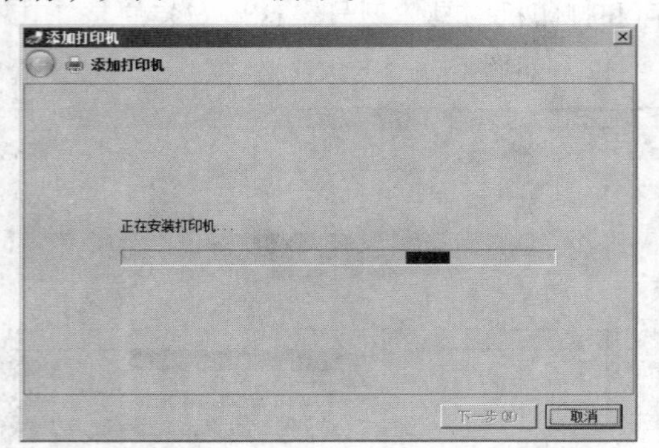

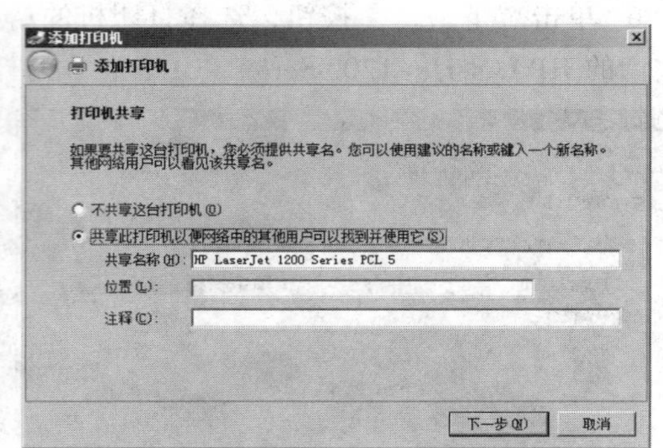

图 6-4-8 “打印机共享”界面

⑨ 单击“下一步”按钮，输入打印机的位置和注释信息，如图 6-4-9 所示。对于只有单台打印机的网络，此信息可以忽略。

⑩ 单击“下一步”按钮，选择是否打印测试页，如图 6-4-10 所示。

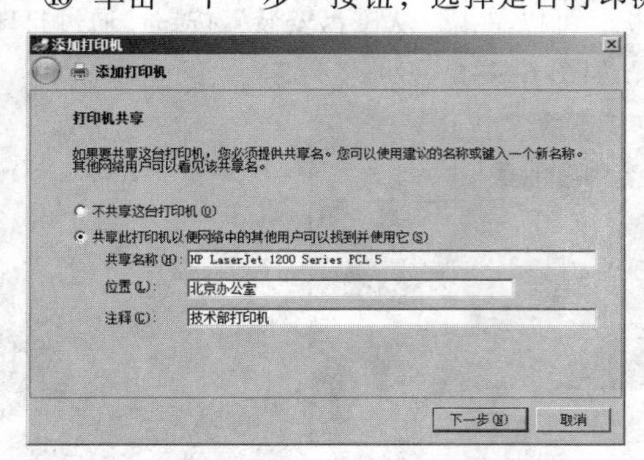

图 6-4-9 设置“位置和注释”信息

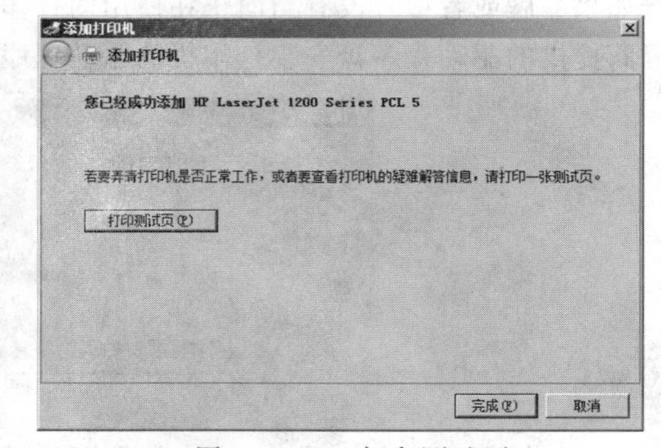

图 6-4-10 打印测试页

⑪ 单击“完成”按钮，完成打印机安装。当打印机安装完成后，在“打印机和传真”窗口中就会出现打印机图标，如图 6-4-11 所示，用户这时就可以使用打印机了。

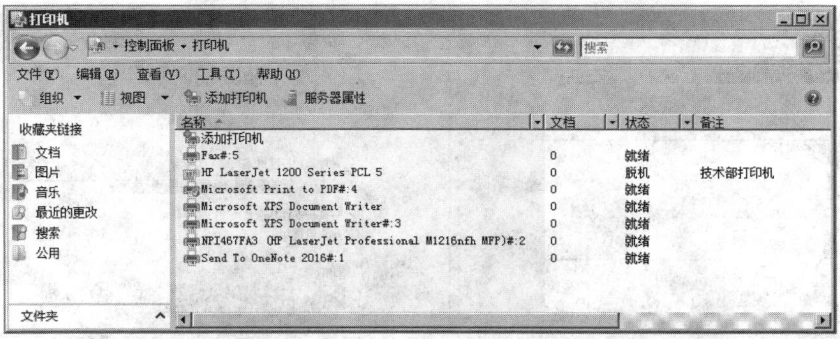

图 6-4-11　安装完成的打印机窗口

2. 配置打印机属性

当打印机安装完成后，就需要对打印机进行相关的设置，包括打印机的属性设置，例如，打印机名称、端口和优先级等。配置打印机属性设置的步骤如下：

① 单击“开始”→“控制面板”命令，在“控制面板”窗口中双击“打印机”图标，弹出“打印机和传真”窗口。

② 右击打印机图标，单击弹出的快捷菜单中的“属性”命令，如图 6-4-12 所示，打开打印机“属性”对话框。

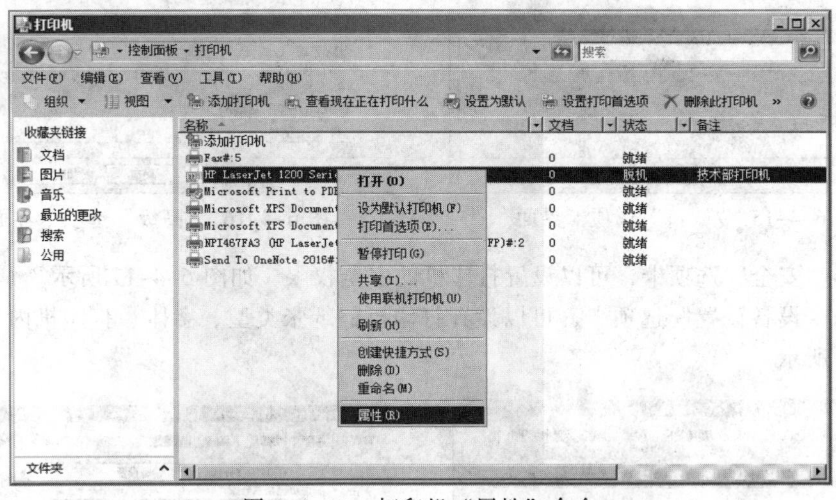

图 6-4-12　打印机“属性”命令

③ 在“常规”选项卡中可以设置打印机名称、位置信息和注释信息等，同时还可以打印测试页，如图 6-4-13 所示。

④ 单击“共享”选项卡，可以设置打印机共享的有关信息，同时可以设置打印机其他驱动程序，如图 6-4-14 所示。

⑤ 单击“端口”选项卡，可以添加、删除和配置打印机端口，同时可以启用打印机池，如图 6-4-15 所示。

⑥ 单击“高级”选项卡，可以设置打印机使用的时间区间、优先级以及后台打印的设置信息等，如图 6-4-16 所示。

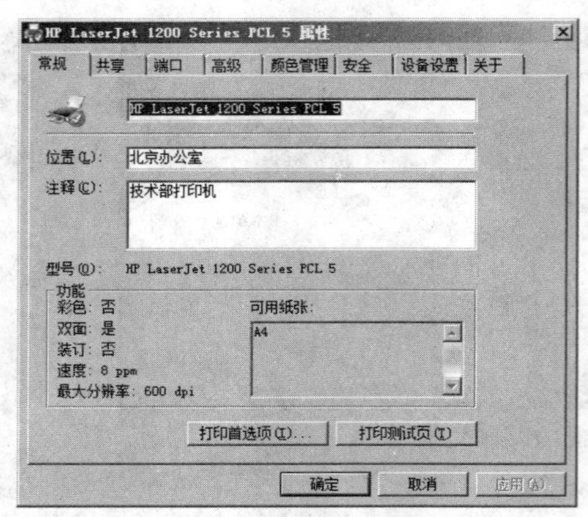

图 6-4-13　打印机属性对话框

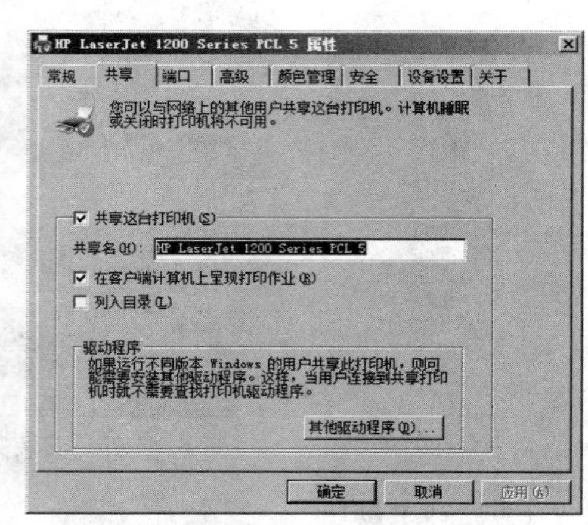

图 6-4-14　“共享”选项卡界面

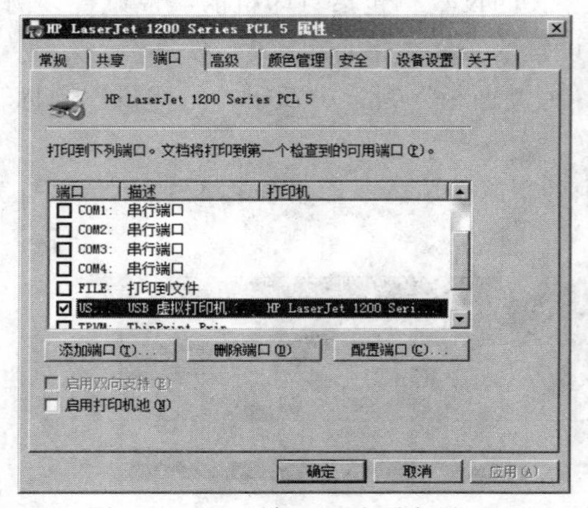

图 6-4-15　“端口”选项卡界面

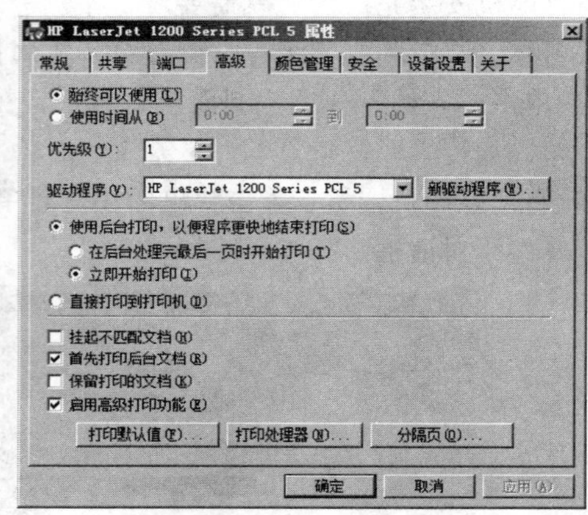

图 6-4-16　“高级”选项卡界面

⑦ 单击“安全”选项卡，可以设置打印机的安全权限，如图 6-4-17 所示。

⑧ 单击“设备设置”选项卡，可以设置打印机的纸张类型、字体、打印机内存等信息，如图 6-4-18 所示。

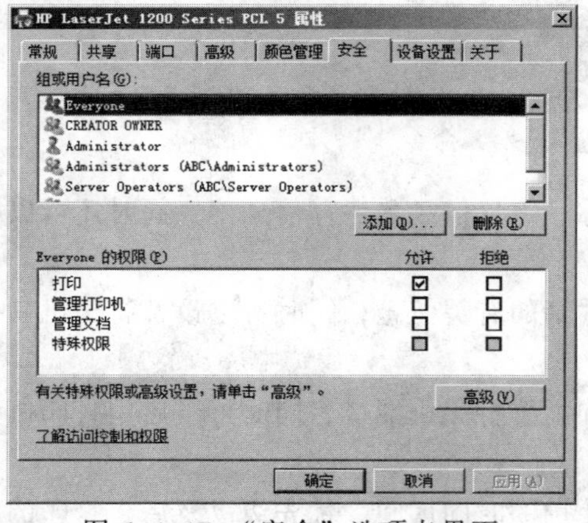

图 6-4-17　“安全”选项卡界面

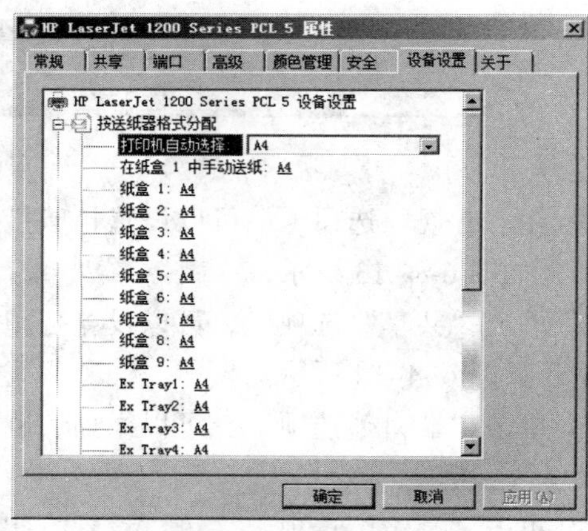

图 6-4-18　“设备设置”选项卡界面

3．安装网络打印机

当打印服务器安装完本地打印机并共享后，客户机如果使用共享的网络打印机，则必须安装网络打印机。

① 在安装网络打印机时也可以通过添加打印机向导进行安装，在“添加打印机向导”对话框中选择“网络打印机或连接到其他计算机的打印机”选项，如图 6-4-19 所示。

② 选择网络打印机后，在客户机中有 3 种方式连接到网络打印机。例如，浏览打印机、手动输入网络打印机的路径或通过 URL 方式连接，如图 6-4-20 所示。

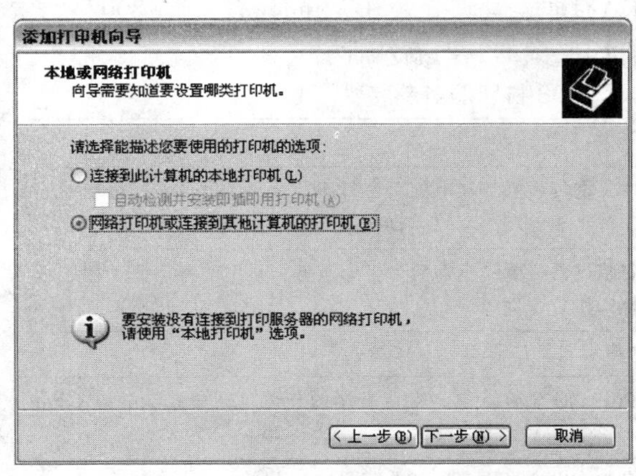

图 6-4-19　“添加打印机向导”对话框

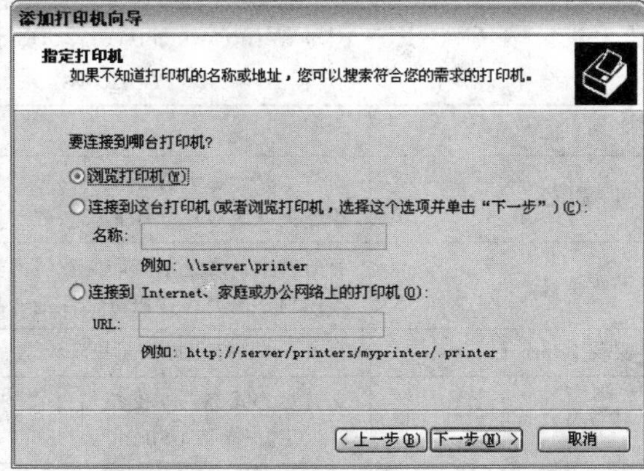

图 6-4-20　指定打印机

◎ 用户如果选择“浏览打印机”单选按钮，会出现网络中所有共享打印机的列表，只需从中选择即可，如图 6-4-21 所示。

◎ 用户也可选择“连接到这台打印机(或者浏览打印机，选择这个选项并单击“下一步”)”选项，并在“名称”文本框中输入网络打印机的路径，如图 6-4-22 所示。

③ 在某些情况下，当连接到打印服务器时会提示输入用户名和密码的对话框。当配置完客户机后，用户可以将打印文档发送到指定的打印机完成打印，并可以查看打印队列。

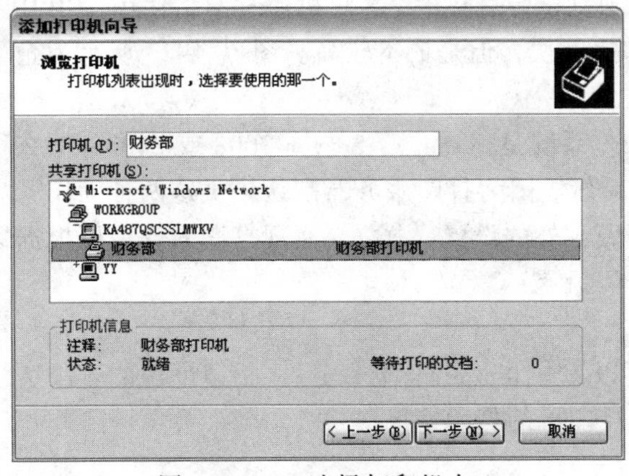

图 6-4-21　选择打印机向

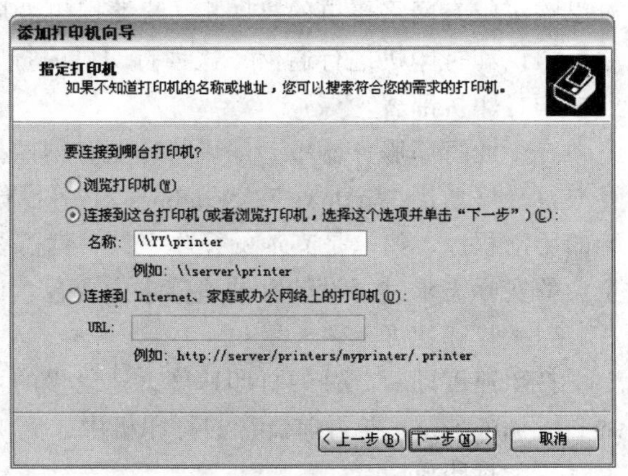

图 6-4-22　输入网络路径

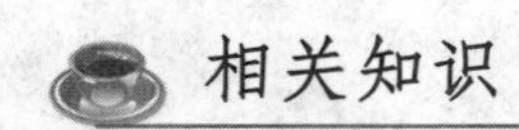

相关知识

1. Windows Server 2008 打印服务新特性

网络中的客户机可以通过多种方式连接到安装在 Windows Server 2008 上的打印机。例如，通过 UNC 路径连接或活动目录的搜索功能等。同时 Windows Server 2008 还为常见的客户机提供打印驱动程序，使安装了 Windows XP 或 Windows 2000 的客户机不需要手动安装驱动程序就可以使用打印机。Windows Server 2008 的打印机管理可以使用基于 Web 浏览器的远程管理，用户只需要拥有打印机的管理权限，就可以通过浏览器远程管理安装在 Windows Server 2008 上的打印机。表 6-4-1 所示为 Windows Server 2008 打印服务的一些新特性。

表 6-4-1 Windows Server 2008 打印服务新特性

优　点	新　特　性
可 靠 性	提高了打印驱动程序控制的可靠性，重负载服务器上的后台打印性能；高度可用和可伸缩的任务关键级应用程序；安装的打印群集驱动程序可以自动传播到所有结点
易管理性	面向群集，改进了打印服务器的安装过程；更安全的后台打印服务；通用的打印驱动程序版本控制；提高终端服务器性能；打印机重定向
实现 Internet 打印	为 Internet 打印提供了更安全的"指点式"打印
对新型设备的最佳支持	支持更多设备——支持超过 3 800 台的打印设备，支持高端的彩色打印机（Unidrv Color PCLXL），支持 USB 2.0
实 用 性	自动重新启动后台打印服务；可定制，以满足用户独特的需要

2. 企业打印服务

在企业或公司中，一般不会为每一台计算机配置打印机，所以大部分都是通过网络进行远程打印。这种打印方式降低了打印成本，将打印机统一连接到打印服务器上，可以进行统一的管理，降低了管理员的日常维护的工作量。对于中小型企业或公司，为了减低成本可以让其他服务器同时担任打印服务器的角色，如邮件服务器、代理服务器、DHCP 服务器等。而在一些中大型企业中，为了提高打印效率和速度，可以购买一台或多台打印服务器和打印设备，甚至可以购买带有网络接口的打印机，此类打印机是独立于计算机的，客户机通过网络使用 TCP/IP 通信协议和打印机进行通信，这种打印机的打印速度快，但是成本较高。图 6-4-23 所示为企业中的打印机部署。

在企业打印服务器中，如果打印服务器的操作系统是 Windows Server 2008 或 2003，那么客户机最好使用 Windows 7、Windows XP 等操作系统，因为打印服务器默认提供这两种操作系统的驱动程序。如果是其他的操作系统，就需要做额外的设置。总之，实现打印服务需要根据企业的实际需求进行设计，这些需求主要包含以下几点：

（1）打印速度

打印速度即每分钟的打印速度，速度慢的可以 5～10 p/min（页每分钟），速度快的可以达到 20～40 p/min。在目前流行的打印机中，激光打印机的打印速度最快。

（2）打印质量

普通的文字打印对打印机的要求不高，但图形、彩色文件对于打印质量的要求较高。

（3）打印颜色

大部分的打印以黑白为主，但个别文件或特殊行业则需要彩色打印。对于小批量的彩色打印可以使用喷墨彩色打印机，大量的彩色打印可以使用激光彩色打印机。

（4）打印机的数量和物理位置

对于网络打印机，物理位置的摆放十分重要，尽量放置在离各部门比较近，并容易管理的位置。如果距离太远或者在不同的建筑物中，就需要增加一定数量的打印机。

（5）打印权限

对于网络中的打印机，需要通过权限进行管理，以防止非法用户使用。

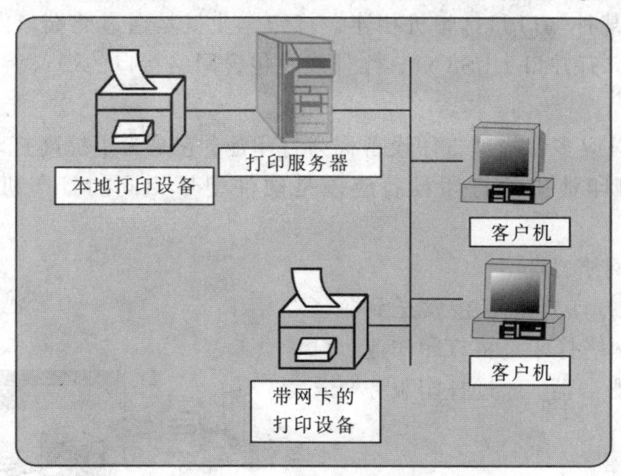

图 6-4-23　企业打印机部署

3. 打印服务相关的概念

在配置和使用打印机时经常会遇到一些专有名词，以下是和打印服务相关的名词概念：

（1）打印设备和逻辑打印机

打印设备是指物理存在的打印机，例如，各种型号的针式、喷墨和激光打印机等，具体打印设备比较见表 6-4-2。而逻辑打印机指的是在“控制面板”的“打印机”窗口添加的打印机，这里的打印机主要是为使用物理打印设备添加的驱动程序。一台计算机可以安装一台打印设备和一台逻辑打印机，也可以安装一台打印设备和多台逻辑打印机，也可以安装多台打印设备和多台逻辑打印机。

表 6-4-2　打印设备的比较

	针式打印机	喷墨打印机	激光打印机
优　点	打印成本低，可打印特殊介质，例如，复写纸	价格便宜，可打印黑白和彩色	打印速度快，打印效果很好，打印平均成本低
缺　点	打印速度慢，噪声大，打印效果差	打印速度慢，打印成本高，主要是墨盒	价格稍贵，彩色激光打印机价格昂贵
简　介	针式打印机主要应用在特殊行业和特殊设备中，例如，收款机、自动取款机	喷墨打印机主要应用于家庭。彩色的喷墨打印机可以打印照片、彩色图纸等，但有时需要成本较高的特殊纸张	激光打印机是公司中使用最广泛的文件打印机

（2）打印服务器

打印服务器就是将连接到本地的打印机共享出来，网络用户可以将打印文档发送到此服务器，通过打印服务器来统一调度打印队列。推荐使用服务器版的操作系统作为打印服务器，如果使用 Windows XP Professional 作打印服务器，最多同时只接收 10 个客户机打印。

（3）打印队列

当多个客户机发送打印作业到打印服务器上时，打印服务器会将这些作业暂时保存在磁盘上，然后依次进行打印，这些依次存放的打印作业就是打印队列。

（4）打印机连接端口

打印服务器通过某种端口和打印机相连，打印作业就是通过此端口发送打印作业到打印机。常见的打印机端口有并口、USB 口、红外线及包含网络接口的端口。

（5）打印池

一台逻辑打印机对应多台物理打印设备称为打印池，它是为了提高打印速度和合理分配打印机的使用效率。打印池中的打印设备应该是硬件型号相同的打印机，它的物理布局如图 6-4-24 所示。

（6）本地打印和网络打印

本地打印指的是打印作业直接发送到到本地打印设备中。网络打印是将打印作业通过网络发送到打印服务器，通过打印服务器进行打印。

（7）打印驱动程序

打印驱动程序是操作系统和打印机沟通的桥梁，通过打印驱动程序操作系统将打印要求转换为打印机能够识别的命令。每一个型号的打印设备使用的驱动程序都有所不同，而不同的操作系统也要使用不同的驱动程序。Windows Server 2008 提供了大部分打印机的驱动程序，并可以提供 Windows Server 2003、Windows 7 等操作系统使用的驱动程序。

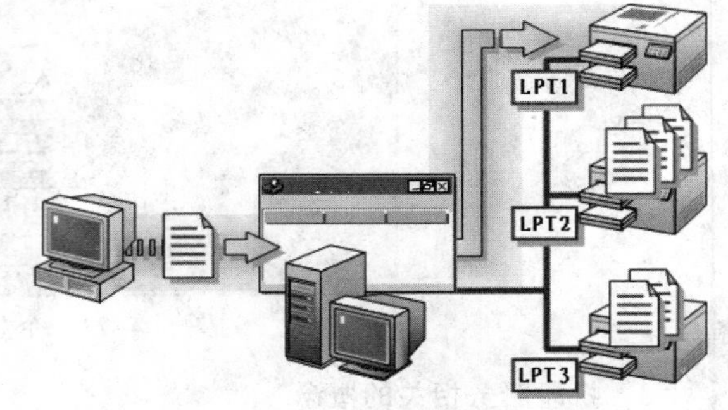

图 6-4-24　打印池的物理布局

4．打印机属性的设置

当打印机安装完成后，需要对打印机的属性做进一步的设置，打印机才能更好地工作。通过打印机的属性可以设置打印机名称、共享名称、位置、注释、打印端口、优先级、使用打印机时间及打印权限等。

（1）“常规”选项卡

在“常规”选项卡可以设置打印机名称、位置和注释等信息。打印机名称是打印机的标识，所有对打印机的操作都是通过名称实现的。在安装打印机时必须指定打印机的名称，如需要更改，可以在“常规”选项卡中实现打印机名称的更改，如图 6-4-25 所示。

（2）“共享”选项卡

在“共享”选项卡中可以设置打印机是否共享，并可以在“共享名”文本框中设置共享名，如图 6-4-26 所示。如用户取消“不共享这台打印机”复选项，则打印共享将停止，网络上的其他客户机将无法使用此台打印机。

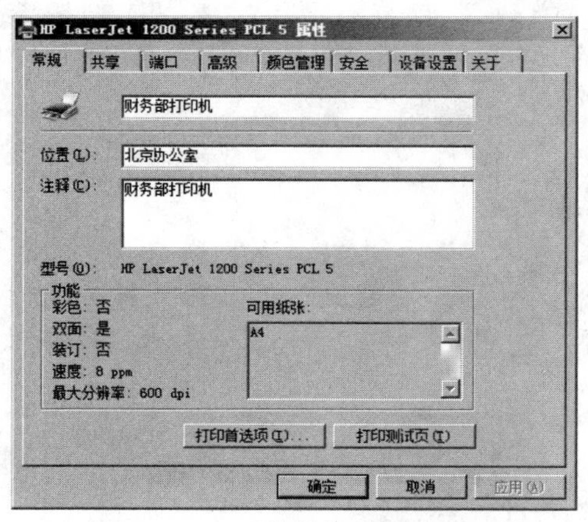

图 6-4-25 “常规”选项卡界面

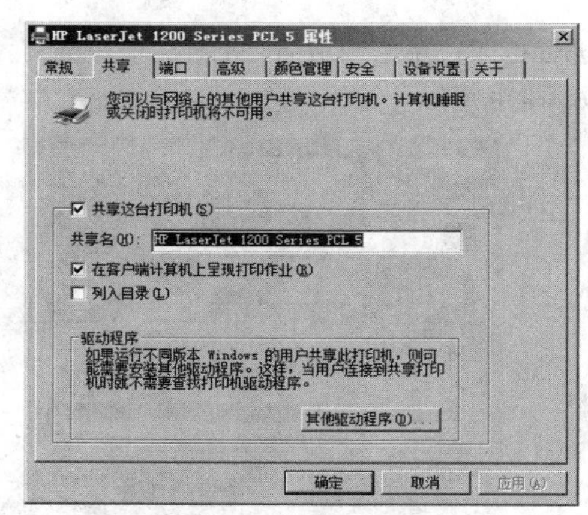

图 6-4-26 “共享”选项卡界面

单击此选项卡中的“其他驱动程序”按钮，弹出“其他驱动程序”对话框，如图 6-4-27 所示，在此对话框中可以添加其他操作系统使用的打印机驱动程序。

（3）“端口”选项卡

普通的打印机都是通过使用 USB 端口和计算机相连，此时计算机就可以同时连接多台打印机。“端口”选项卡如图 6-4-28 所示。

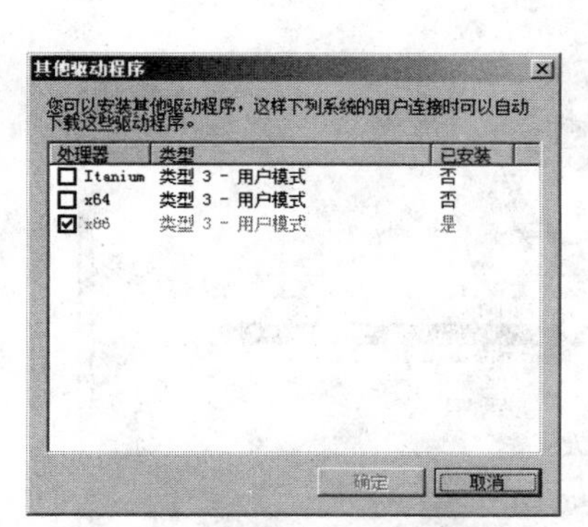

图 6-4-27 “其他驱动程序”对话框

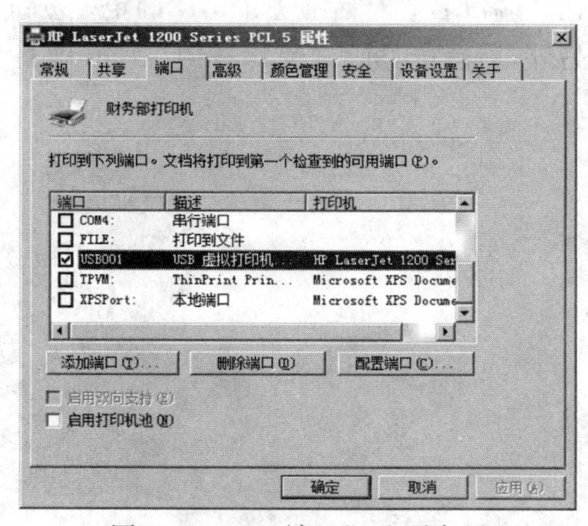

图 6-4-28 “端口”选项卡界面

① 启用打印机池。打印机池是指一台打印机对应多台打印设备。这里的打印机指的是添加的逻辑打印机，打印设备指的是真正存在的物理打印机。当一台打印机的打印速度不能满足打印服务的要求，可以用两台或者多台打印设备来提供打印服务。打印机池的功能是将多台打印机模拟成一台打印机工作，这里的打印机必须为相同厂家和相同型号的打印设备。将打印设备通过 USB 端口连接到计算机上，在“端口”选项卡中选中“启用打印机池”选项，并同时选中连接的 USB001 和 USB002 选项即可启用打印机池，如图 6-4-29 所示。打印池的引入使得网络中的所有打印设备都能得到合理的利用，因而不会出现一台打印设备超负荷运行，而其他打印设备却空闲的现象。

② 重定向打印机端口。如果当前使用的打印机设备损坏，可以将打印机的端口重新定向到另外一台打印机。这样使得客户机在没有察觉的情况下，将打印作业发送到重定向的打印机

上进行打印。单击图 6-4-28 对话框中的“添加端口”按钮，弹出“打印机端口”对话框，如图 6-4-30 所示。

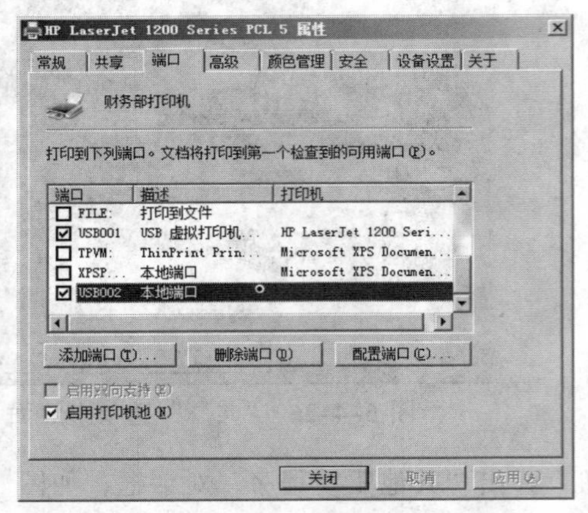

图 6-4-29 “启用打印机池”选项

图 6-4-30 “打印机端口”对话框

在“打印机端口”对话框中选择 Local Port 选项后，单击“新端口”按钮，弹出“端口名”对话框，在“输入端口名”文本框中输入定向到的打印机的路径，如图 6-4-31 所示。

在“端口名”对话框中单击“确定”按钮，返回“端口”选项卡，这时打印机端口已经指向了另外一台打印机，这时所有的打印作业将会发送到指定的打印机上进行打印，如图 6-4-32 所示。

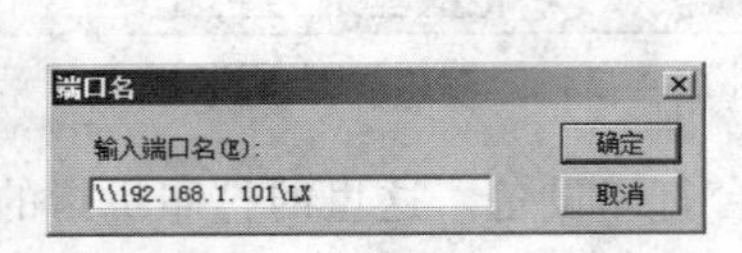

图 6-4-31 “端口名”对话框

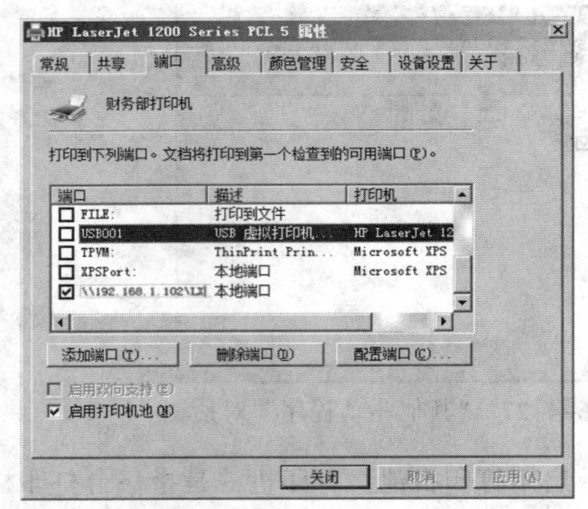

图 6-4-32 重定向后的打印机“端口”选项卡界面

（4）“高级”选项卡

在此选项卡中可以对用户使用打印机的时间段及打印机的优先级等进行设置。

① 打印时间段。如果选择了“始终可以使用”选项，表示此打印机每天 24 小时提供打印服务，如图 6-4-33 所示。如果选择了“使用时间从”选项，可以进一步设置此打印机允许使用的时间区间，图 6-4-34 中设置了使用的时间是 8:00 到 18:00。

② 优先级。打印的顺序是按照时间的先后顺序进行打印，即先来先打印。但有时一些客户机需要打印比较紧急的文件，希望优先打印，这时就可以通过设置打印机的优先级来实现。例如，公司中有管理人员和普通员工，管理人员发送的打印作业希望优先打印，这时可以安装

两台打印机，这里的打印机指的是“控制面板”中的逻辑打印机，其端口都指向同一个端口。其中一台打印机给管理人员使用，另外一台打印机给普通员工，管理人员使用的打印机的“优先级”设置为 99（最高的优先级为 99），如图 6-4-34 所示。

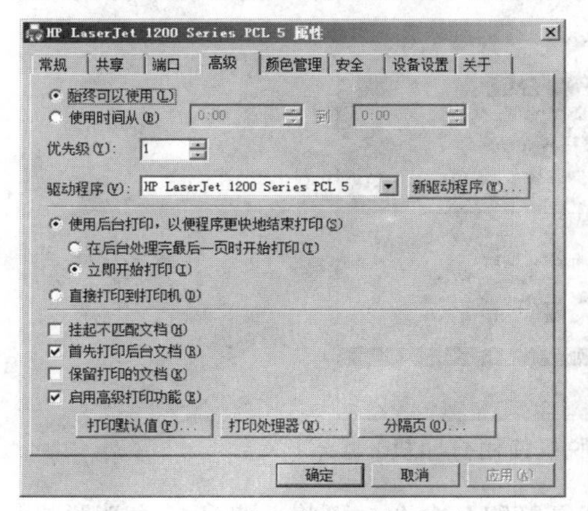

图 6-4-33　设置打印时间段界面

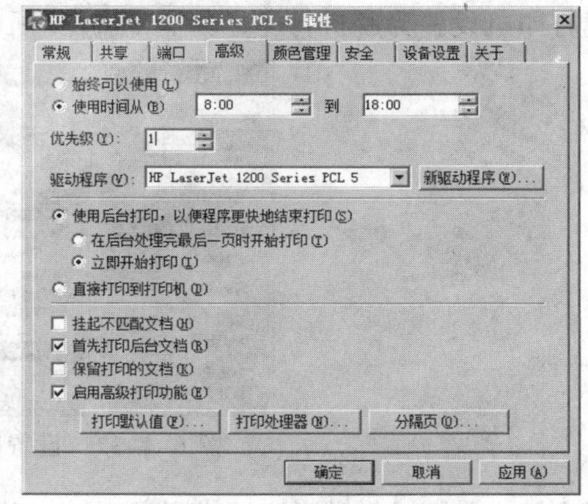

图 6-4-34　设置管理员优先级界面

普通员工的优先级设置为 1（最低的优先级为 1），如图 6-4-35 所示。这时管理人员只要将文档发送到他所使用的打印机，就可以优先于普通员工打印。但是如果一个文档已经开始打印，优先级的设置不会影响到该文档的打印。

（5）“设备设置”选项卡

在此选项卡中可以设置打印机的送纸器的工作类型和纸张类型。如果打印设备有多个存放不同大小纸张的纸盒，可以指定纸盒的格式，同时还可以设置和字体相关的选项，例如，字体替换表及外部字体等。如果打印机有内存，可以手动设置内存的大小等，如图 6-4-36 所示。

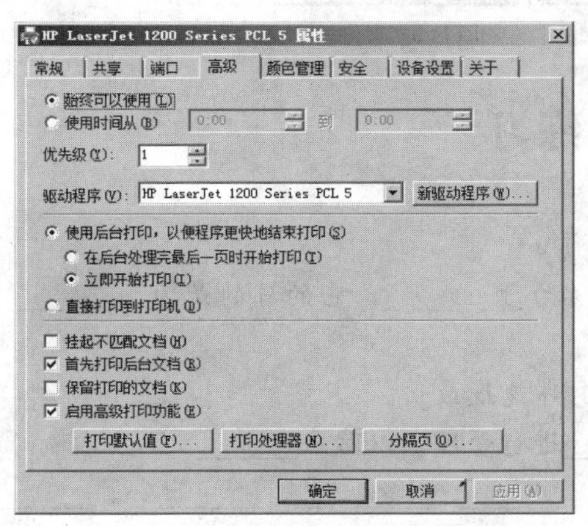

图 6-4-35　设置普通员工优先级界面

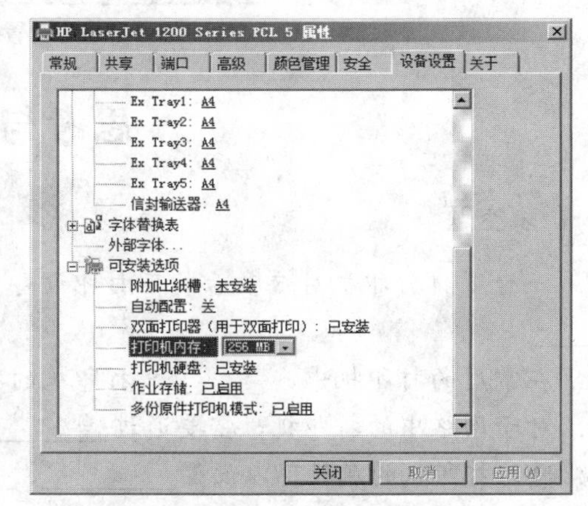

图 6-4-36　“设备设置”选项卡界面

（6）脱机打印

脱机打印功能是将逻辑打印机和物理打印机暂时脱离，所有发送到逻辑打印机的打印作业暂时不打印，只是存放到打印队列中，等到解除脱机状态后，再继续打印。例如，当某台物理打印机损坏，如果直接将物理打印机拆除维修，此时如果有发送到逻辑打印机的打印作业，客户机会出现错误提示，影响客户的使用。这时可以将逻辑打印机设置成脱机，等物理打印机修复好后将逻辑打印机联机，所有打印队列中的打印作业会依次打印。

在“打印机”窗口中，选中“财务打印机”，单击“文件”菜单中的“暂停打印”命令，可将此打印机设置为脱机打印，如图 6-4-37 所示。

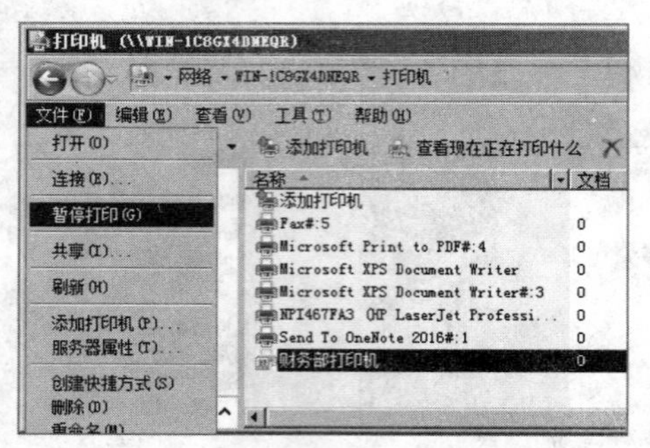

图 6-4-37　设置脱机使用打印机

再次单击“文件”菜单，在菜单中选择“恢复打印”命令，可将此打印机取消脱机打印，如图 6-4-38 所示。

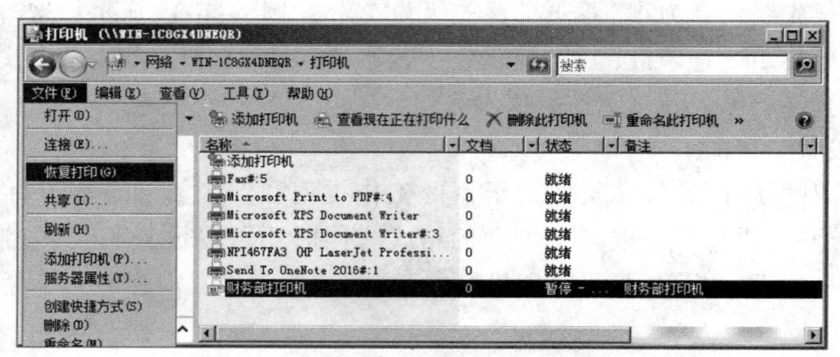

图 6-4-38　设置取消脱机打印

思考与练习

一、填空题

1. 一台逻辑打印机对应多台物理打印设备称为________，它的目的是为了________和________。

2. 在常用的打印机中，________打印机的打印速度最快。

3. 对于网络中的打印机，需要通过________进行管理，以防止________。

4. 通过打印机的属性可以设置________、________、________、________、________、________、________和________等。

二、简答题

1. 什么是逻辑打印机，它与物理存在的打印机有什么不同？
2. 什么是打印队列？
3. 简述如何设置打印机的属性。

三、操作题

1. 安装逻辑打印机并设置相应打印机属性。
2. 添加一台网络打印机。

6.5 【案例 20】管理打印权限

案例描述

打印机安装在网络上之后，系统会为它指派默认的打印机权限，该权限允许所有用户打印，并允许选择组来对打印机、发送给它的文档加以管理。因为打印机可用于网络上的所有用户，所以可能需要通过指派特定的打印机权限，来限制某些用户的访问权。例如，可以给部门中所有无管理权的用户设置“打印”权限，而给所有管理人员设置“打印和管理文档”权限。这样，所有用户和管理人员都能打印文档，而管理人员还能更改发送给打印机的任何文档的打印状态。管理员王帅通过设置打印机的权限，保证了打印机的安全性。

如果打印服务器是活动目录中的成员，可以将打印机发布到活动目录中。当打印机发布到活动目录后，可以对打印机进行统一的组织和管理，同时客户机可以通过位置等信息快速搜索到打印机。

操作步骤

1. 管理打印机权限

① 打开打印机的“属性”对话框，单击“安全”标签，切换到“安全”选项卡，可以设置打印机的安全权限，如图 6-5-1 所示。

② 单击“添加”按钮，弹出“选择用户、计算机或组”对话框，如图 6-5-2 所示。可以输入需要添加的用户或组，也可以单击“高级”按钮进行查找，如图 6-5-3 所示。

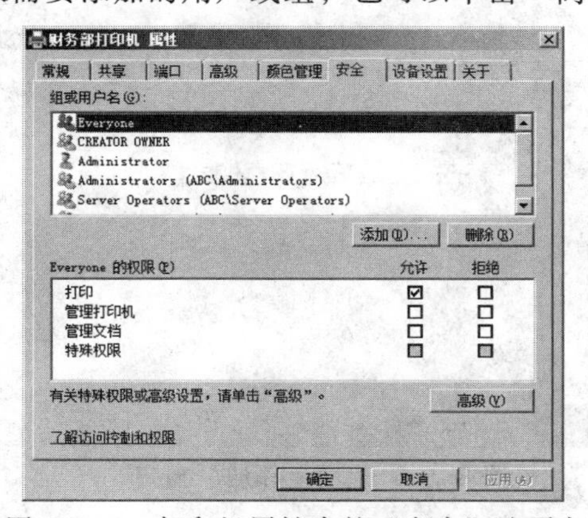

图 6-5-1 打印机属性中的“安全”选项卡

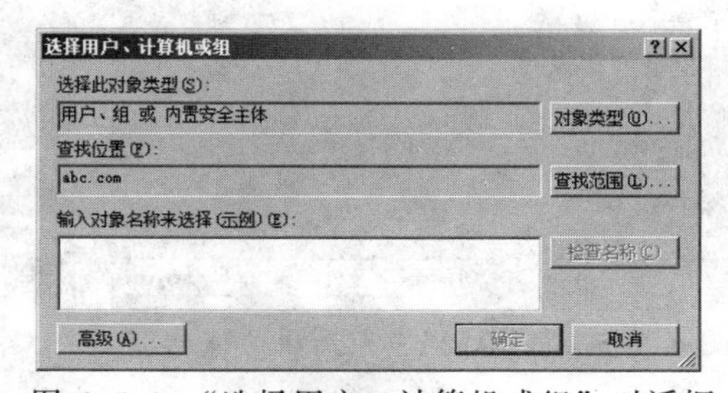

图 6-5-2 “选择用户、计算机或组”对话框

③ 单击“确定”按钮后，返回打印机属性对话框，授予“技术部”用户打印和管理文档的权限，如图 6-5-4 所示。

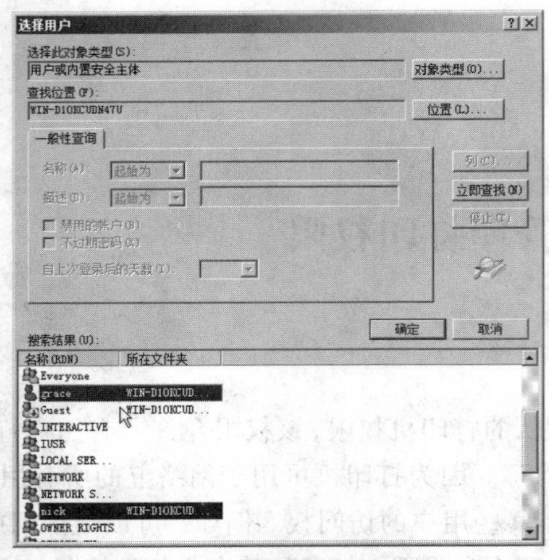

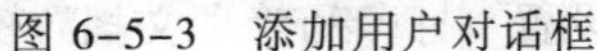
图 6-5-3　添加用户对话框

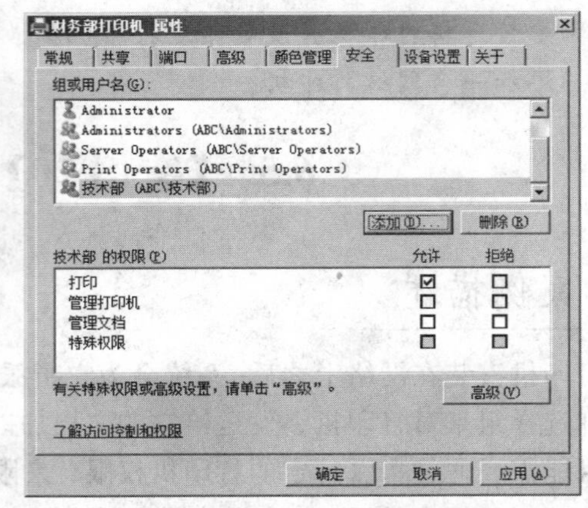

图 6-5-4　授予用户打印和管理文档权限

④ 单击“确定”按钮，完成用户权限的设置。

2. 发布打印机

如果打印服务器是活动目录中的成员，可以将打印机发布到活动目录中。当打印机发布到活动目录后，可以对打印机进行统一的组织和管理，同时客户机可以通过位置等信息快速搜索到打印机。默认的情况下共享的打印机会自动发布到活动目录中。

① 在服务器中打开打印机的属性对话框，单击“共享”标签，切换到“共享”选项卡，选中“列入目录”（默认已经选中）单选按钮，然后单击“确定”按钮，如图 6-5-5 所示。

② 在已经加入活动目录的客户机的桌面上，双击“网上邻居”图标，弹出“网上邻居”窗口，如图 6-5-6 所示。

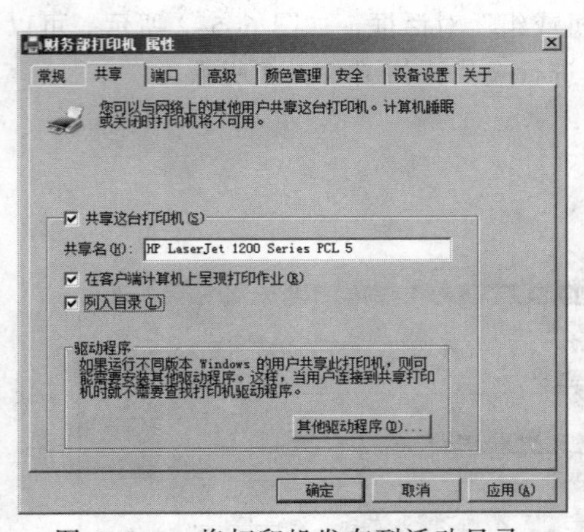

图 6-5-5　将打印机发布到活动目录

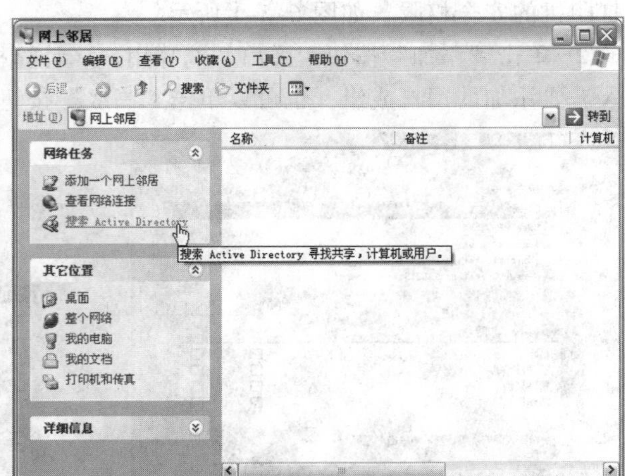

图 6-5-6　“网上邻居”窗口

③ 单击窗口左侧的“搜索 Active Directory”链接，打开搜索活动目录窗口。在“查找”下拉列表中选择“打印机”选项，然后输入打印机的名称或者名称的一部分，单击“开始查找”按钮，如图 6-5-7 所示，或者利用打印机的位置信息进行搜索，如图 6-5-8 所示。

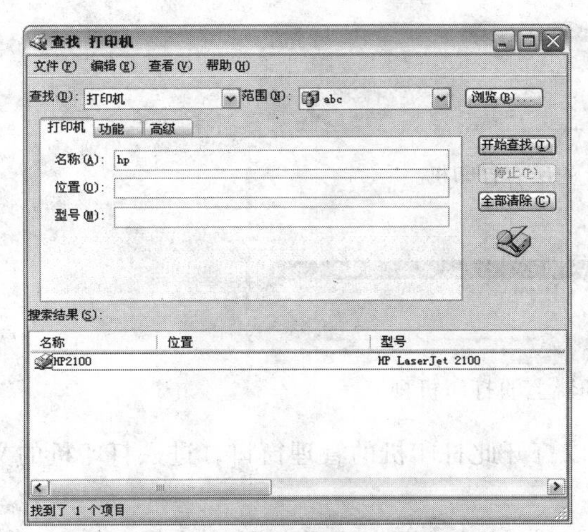

图 6-5-7　利用打印机名称搜索

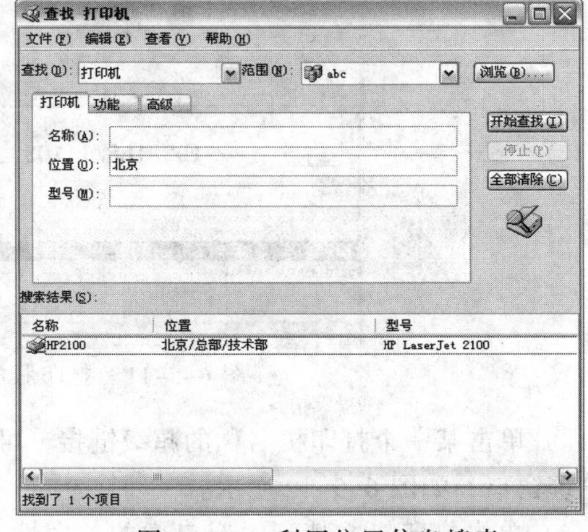

图 6-5-8　利用位置信息搜索

④ 右击搜索到的打印机，单击弹出快捷菜单中的“连接”命令，就可以安装此台网络打印机，如图 6-5-9 所示。

3. 用 Web 方式管理打印机

Windows Server 2008 支持通过 HTTP 协议管理和使用打印机，也就是说客户机可以在世界各地通过浏览器远程管理和使用 Internet 上的 Windows Server 2008 打印服务器。用户如果希望 Windows Server 2008 能够支持基于 HTTP 协议远程管理和打印，必须安装 Microsoft Internet Information Services（IIS）软件。此软件已经内置在 Windows Server 2008 安装光盘中，只需在“添加或删除程序”中安装即可。

当打印服务器上安装完 IIS 和打印机后，就可以在网络中的任何一台计算机中通过 Internet Explorer 进行管理。

① 打开 Internet Explorer，在地址栏中输入“http：//192.168.1.103/printers”，此时系统提示输入具有管理打印机权限的用户名和密码，如图 6-5-10 所示。

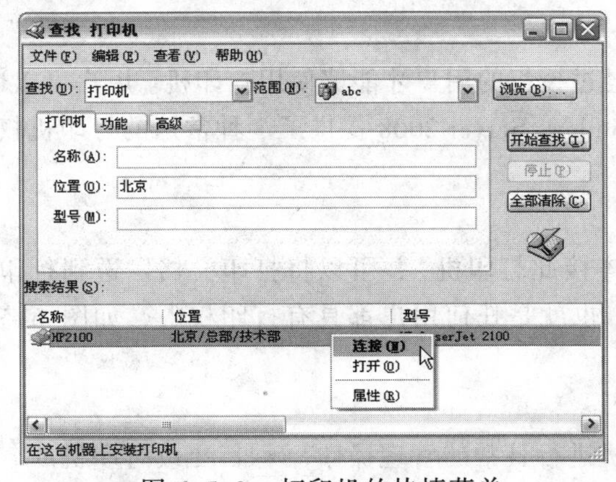

图 6-5-9　打印机的快捷菜单

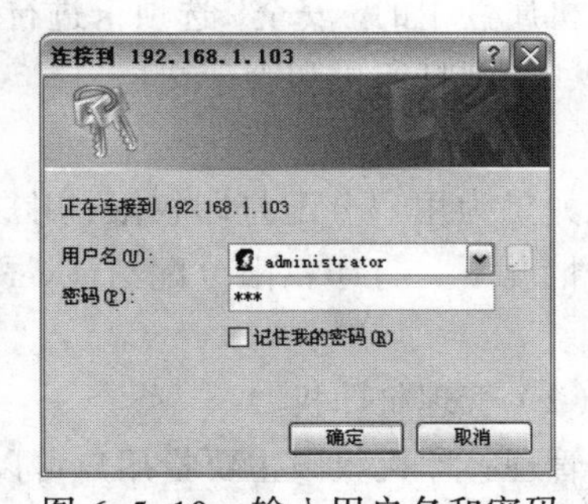

图 6-5-10　输入用户名和密码

② 用户名和密码验证通过后，会在浏览器中列出打印服务器中所有的打印机，如图 6-5-11 所示。

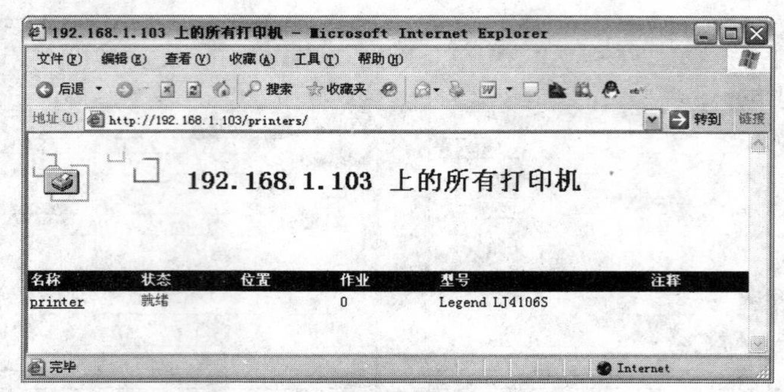

图 6-5-11　打印服务器上的打印机列表

③ 单击某一个打印机名称的超级链接，可以打开此打印机的管理窗口，进入打印机的文档管理窗口，如图 6-5-12 所示。

④ 单击打印机文档列表窗口中的“属性”超级链接，可以查看打印机的基本信息，如图 6-5-13 所示。

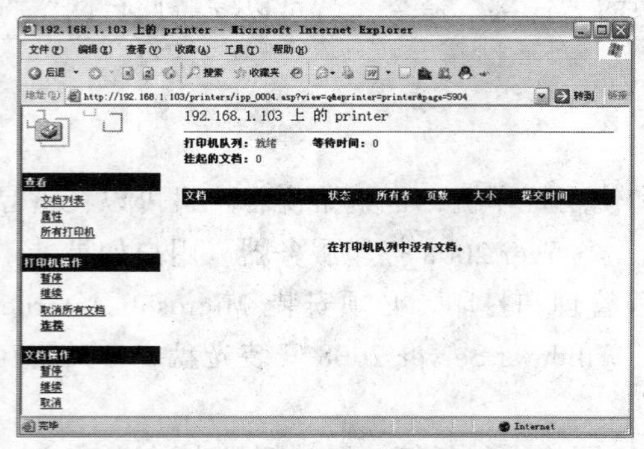

图 6-5-12　打印机的文档列表窗口

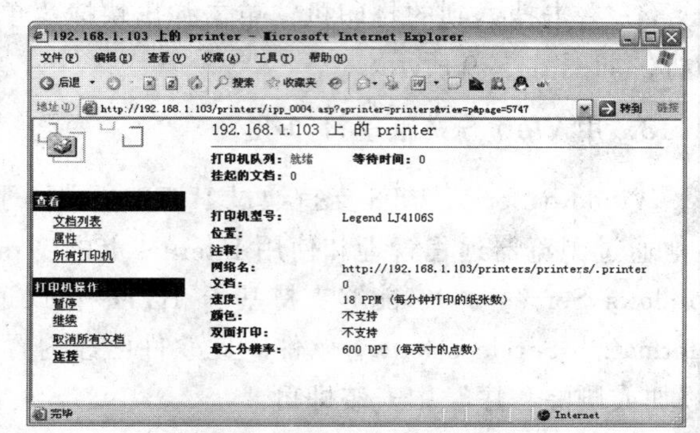

图 6-5-13　打印机属性窗口

相关知识

打印机的权限

打印机是网络中非常重要的资源，只有经过授权的用户才能够使用打印机。用户可以通过打印机属性中的“安全”选项卡进行设置。Windows Server 2008 提供了 3 种常用的打印机权限，打印、管理打印机和管理文档。

（1）打印权限

如果为用户分配打印权限，用户就可以连接此打印机，并可以将打印文档发送到打印机。默认情况下，打印权限分配给 Everyone 组，也就是任何用户都具有打印权限，如图 6-5-14 所示。

（2）管理打印机

管理打印机权限主要指用户可以对打印机进行日常的管理操作，例如，更改打印机的名称、设置打印机的共享、设置打印机端口号、设置打印机的优先级、管理打印机权限及暂停和重新启动打印机等操作。基本上具有管理打印机权限的用户就是打印机管理员。默认情况下，Administrators 组具有管理打印机的权限，如图 6-5-15 所示。

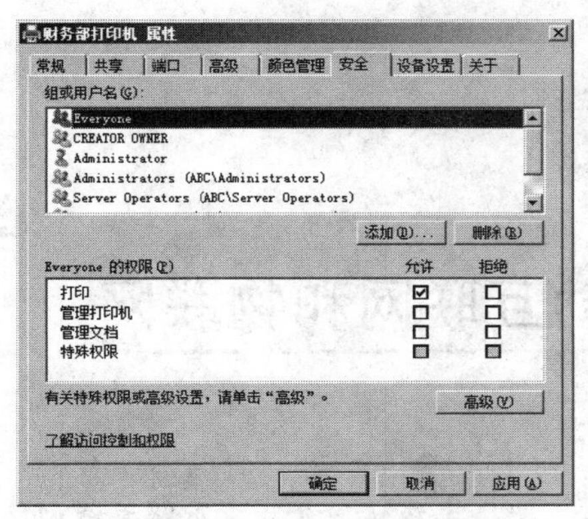

图 6-5-14　Everyone 组的打印权限

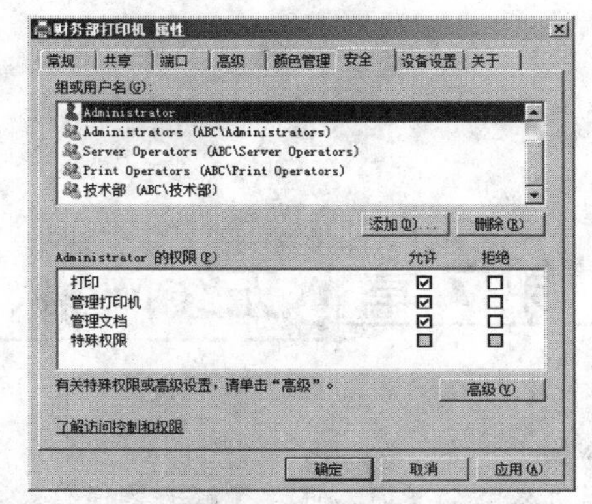

图 6-5-15　Administrators 具有管理打印机的权限

（3）管理文档

管理文档权限指的是可以对发送到打印机的打印作业进行暂停、继续、重新开始和取消打印作业等操作。默认情况下，Everyone 组只具有打印权限，没有对文档的操作权限。如果用户需要对文档进行操作，必须委托具有权限的用户进行操作。如果为 Everyone 组分配管理文档的权限，又可能造成用户对其他文档的误操作，为了解决管理文档的问题，系统为 CREATOR OWNER 组分配了管理文档的权限。当一个普通用户发送一个打印作业到打印机时，此用户就会自动加入 CREATOR OWNER 组，并且此用户只对自己发送的打印作业具有管理文档的权限，如图 6-5-16 所示。

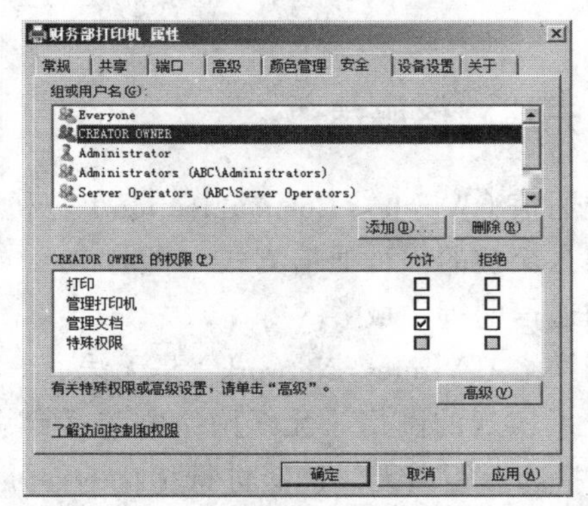

图 6-5-16　CREATOR OWNER 组具有管理文档的权限

思考与练习

一、填空题

1. 打印机的默认权限中，普通用户 Everyone 组具有__________权限。
2. 在打印机的权限管理中，有一个 CREATOR OWNER 组，此组的默认权限是__________。

二、简答题

1. 简述安装一台网络打印机的方法。
2. 简述根据条件查找打印机的方法。

三、操作题

1. 在活动目录中发布打印机。
2. 设置打印机安全权限。
3. 通过 Web 方式管理打印机。

第 7 章　无线网络、移动互联网和物联网

通过本章的学习，可以了解无线通信技术的发展历史、无线传输介质；了解无线网络的分类，掌握无线局域网的标准和设置，掌握无线局域网的组网结构；了解移动互联网的定义、特点和体系结构与参考模型，了解移动互联网的关键技术；了解物联网的定义和特征，了解物联网的体系结构、关键技术、典型系统及其应用。

7.1　无 线 网 络

7.1.1　无线网络概述

无线通信（Wireless Communication）是利用电磁波或者红外线可以在自由空间中传播的特性进行信息交换的一种通信方式。目前，无线通信已被广泛应用于无线局域网、传感器网络、公众移动通信网等领域。

无线网络（Wireless Network）是无线通信技术和计算机网络技术相结合的产物，是采用无线通信技术实现的网络。无线网络既包括允许用户建立远距离无线连接的全球语音和数据网络，也包括为近距离无线连接进行优化的红外线技术及射频技术。无线网络信号比有线通信覆盖面更加广阔，传递信息的速度更加快捷，加快了人与人之间的信息传输和交换速度，促进了信息时代的发展。

1. 无线网络传输介质

地球上的大气层为无线传输提供了物理通道，即无线传输介质。在计算机网络中，无线传输可以突破有线网的限制，利用空间电磁波实现站点之间的通信，可以为广大用户提供移动通信。无线传输所使用的频段很广，人们现在已经利用了好几个波段进行通信，包括无线电波、微波和红外线等。常用无线传输介质及其特点如下。

① 无线电波：它是指在自由空间（包括空气和真空）传播的射频频段的电磁波。由于导体中电流强弱的改变会产生无线电波，通过调制可将信息加载于无线电波之上。当电波通过空间传播到达收信端，电波引起的电磁场变化又会在导体中产生电流，通过解调可以将信息从电流变化中提取出来。无线电波的优点是传播距离很远，容易穿过建筑物，而且可以全方向传播，缺点是通信质量不太稳定。使用无线电波传输的实例包括卫星通信、调频广播等。

② 微波：微波也是一种无线电波，微波频率为 300 M～300 GHz（波长在 1 m～1 mm）的电磁波，比一般的无线电波频率高，通常也称为“超高频电磁波”，它是无线电波中一个有限频带的简称，它传送的距离一般只有几十千米。微波通信的频带很宽、容量大、质量好、距离

远，但方向性较强且不能有障碍物。

由于地球曲面的影响以及空间传输的损耗，使用微波通信时每隔 50 km 左右，就需要建一个微波中继站，微波信号经过几十次中继可以传至数千千米外仍能保持很高的通信质量。使用微波传输的实例包括无线城域网、手机基站间通信等。

③ 红外线：它是指频率为 300 G～200 000 GHz 的电磁波，是太阳光线中不可见光的一种，由德国科学家霍胥尔于 1800 年发现。太阳光谱中红外线的波长大于可见光线，波长范围为 0.75～1000 gm。红外线通信不易被人发现和截获，保密性强，抗干扰性强，价格低廉，缺点是通信距离较短且不能有障碍物。使用红外传输的实例包括家电遥控器、PDA 红外接口等。

2. 无线网络分类

通常可以将无线网络分为以下五类，如图 7-1-1 所示。

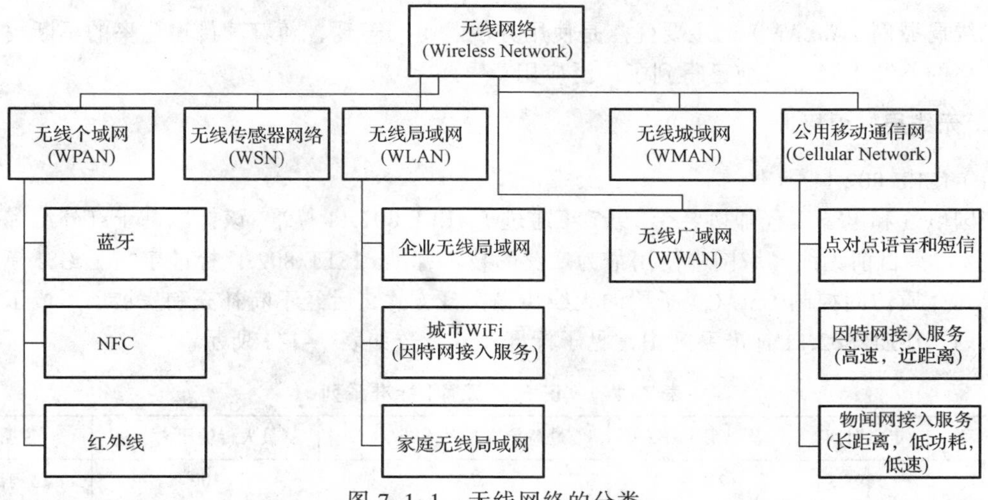

图 7-1-1　无线网络的分类

① 无线个域网（Wireless Personal Area Network，WPAN）：它是指在个人周围空间形成的无线网络，通常覆盖半径在 10 m 以内，尤其是指能在便携式电器和通信设备之间进行短距离连接的自组织网。WPAN 基于短距离无线通信技术，主要使用 IEEE 802.15 标准，实现技术主要包括蓝牙、红外、HomeRF、ZigBee、无线射频等。

② 无线传感器网络，现在已经发展为物联网，将在本章第三节详细介绍。

③ 无线局域网（Wireless Local Area Network，WLAN）：它是指无线传输距离在 1000 m 以内的局域网，目前主要使用 IEEE 802.11 标准，业界成立了使用该标准的 Wi-Fi 联盟。无线局域网适用于家庭、楼宇和园区，具有部署简单、接入便捷、成本低廉、使用方便、组网美观等特点，目前已得到广泛应用。无线个域网有时也被包括在无线局域网的范围内。随着无线局域网传输速率不断提高和产品价格不断下降，目前已得到了广泛应用。

④ 无线城域网（Wireless Metropolitan Area Network，WMAN）：它是指无线传输距离在 20 km 以内、覆盖城区范围的无线网络，目前主要使用 IEEE 802.16 标准，主要使用微波传输，业界成立了使用该标准的 WiMAX 联盟。无线城域网目前大多由电信运营商建设，主要用于宽带接入和局域网互联。

⑤ 无线广域网（Wireless Wide Area Network，WWAN）：它是指无线传输距离大于 15 km 的无线网络，甚至可以连接一个国家或是一个洲。无线广域目前主要使用 IEEE 802.20 标准，该标准有效解决移动性与传输速率相互矛盾的问题，实现了高速移动环境下的高速率数据传输，传输速率可以达到 3 Mbit/s 甚至更多。

⑥ 公共移动通信网（Cellular Network）：普遍采用蜂窝拓扑，是基于提高频谱利用率和减少相互干扰，增加系统容量的考虑。现在采用的小区制——覆盖半径在 10 km 以内的六角形结构。蜂窝移动通信技术随着微蜂窝和微微蜂窝的产生而成熟。这些微蜂窝半径一般为几米到几百米，而目前运行的蜂窝半径是几千米。微蜂窝技术将靠重复使用频率和大基站的“延伸部件”——小功率发射机来扩展业务处理能力。

7.1.2 无线局域网

无线局域网（WLAN）的主要优点是使用方便、组网美观，随着其传输速率的不断提高和产品价格的不断下降，目前已得到了广泛应用。

1. 无线局域网标准

（1）IEEE 802.11 标准

美国电气和电子工程师协会于 1997 年通过了 IEEE 802.11 标准，该标准基于红外线和扩展频谱技术，是目前无线局域网中使用最为广泛的技术标准。IEEE 802.1l 标准定义了 OSI 模型的物理层和介质访问控制（MAC）子层的无线传输实现方式，后经不断补充和发展，形成了一个标准系列。IEEE 802.11 标准系列中常见子标准及其参数如表 7-1-1 所示。

表 7-1-1 IEEE 802.11 标准系列

标准名称	定义时间	无线频率/Hz	最高传输速率（bit/s）	最大传输距离/m	说明
802.11	1997	2.4 G	2 M	100	已淘汰
802.11a	1999	5 G	54 M	80	使用较少
802.11b	1999	2.4 G	11 M	100～300	
802.11g	2003	2.4 G	54 M	100～300	兼容 802.11b
802.11n	2009	2.40	300 M（单频）/600 M（双频）	600	
802.11ac	2011	2.40/5.00	1 300		
802.11ad	2012	2.40/5.00	7 000	3.3	
802.11ax	2017		10 000		

在 IEEE 802.1l 系列标准中，目前使用较多的是 802.11b、802.11g、802.11n 三个标准。其中 802.11b 及其兼容标准使用最为广泛，又称为 Wi-Fi（Wireless Fidelity，无线保真），其室外无障碍最大传输距离为 300 m，室内有障碍最大传输距离为 100 m。实际上 Wi-Fi 是一个商标（见图 7-1-2），1999 年 Intel 公司联合众多实力厂商组成联盟，为促进 802.11b 无线技术的市场化，该联盟对符合 802.11b 标准的产品进行认证，通过者发给 Wi-Fi 商标标志。目前 Wi-Fi 已被广泛应用于网络设备、个人计算机、手机、数码相机等产品，例如，Intel 已经推出的迅驰（Centrino）CPU 及芯片组如图 7-1-3（a）所示，集成了对无线局域网 Wi-Fi 的支持，使笔记

本摆脱了网线，真正能畅游于无线网络世界。

802.11n 是该系列中较常用的标准，由于其优异的性能而得到了迅速的推广使用。802.11n 得益于 MIMO（多入多出）与 OFDM（正交频分复用）技术，可以将 WLAN 的传输速率提高到 600 Mbit/s。802.11n 采用智能天线技术，通过多组独立天线组成的天线阵列，可以动态调整波束，减少其他信号的干扰，因此其覆盖范围可以扩大到几平方千米，使 WLAN 移动性极大提高；在兼容性方面，802.11n 采用了一种可编程的软件无线电技术平台，不同系统的基站和终端都可以通过这一平台使不同软件实现互通和兼容，并且可以实现 WLAN 与 WWAN 的结合。

（2）蓝牙

1998 年 5 月，爱立信、诺基亚、东芝、IBM 和英特尔等著名厂商，在联合开展短程无线通信技术的标准化活动时提出了蓝牙（Bluetooth）技术，其标志如图 7-1-3（b）所示，旨在提供一种短距离、低成本的无线传输应用技术，并成立了蓝牙特别兴趣组（Bluetooth Special Interest Group，SIG），该小组也称为蓝牙技术联盟，后来 IEEE 将 SIG 标准定义为 802.15.1 标准。

图 7-1-2　Wi-Fi 标志

（a）迅弛CPU标志

（b）蓝牙标志

图 7-1-3　迅驰标志和蓝牙标志

蓝牙工作在全球开放的 2.4 GHz 频段，使用该频段无须申请许可证，因而使用蓝牙不需支付任何频段使用费。蓝牙的数据传输速率为 1 Mbit/s，最大传输距离为 10 m，可同时连接 7 个设备，芯片大小为 9 mm×9 ram，使用时分复用的全双工传输方案。

蓝牙是一种开放的技术规范，由于其短距离、小体积、低功耗、低成本等特点，适用于个人操作空间，例如可以通过蓝牙将个人的笔记本、手机、耳机、鼠标、打印机等相连，因此蓝牙又被认为，一种无线个域网（WPAN）标准。

2009 年，蓝牙 3.0 标准推出，数据传输速率提高到了 24 Mbit/s，使其传输多媒体信息的能力增强，可以轻松用于录像机至高清电视、PC 至打印机之间的资料传输。

2014 年 12 月，SIG 发布蓝牙 4.2 标准，传输速度上限为 12 Mbit/s。2016 年 6 月 16 日，SIG 发布蓝牙 5.0 标准，传输速度上限为 24 Mbit/s。蓝牙 5.0 将添加更多的导航功能，因此该技术可以作为室内导航信标或类似定位设备使用，结合 Wi-Fi 可以实现精度小于 1 m 的室内定位。2019 年 1 月 29 日，SIG 发布蓝牙 5.1 标准，不仅可以检测到特定对象的距离，还可以检测它所在的方向。

2．无线局域网设备

（1）无线网卡

无线网卡和有线网卡在局域网中的作用类似，负责网络终端的数据收发，可接入计算机或其他终端设备（如摄像头）使用。无线网卡在结构上主要包括 NIC 单元、扩频通信机和天线三个功能模块。常见的无线网卡包括放置于主机机箱内的 PCI 接口无线网卡（见图 7-1-4）、放置于主机机箱外的 USB 接口无线网卡（见图 7-1-5）、放置于笔记本插槽中的 PCMCIA 接口无线网卡（见图 7-1-6）等。

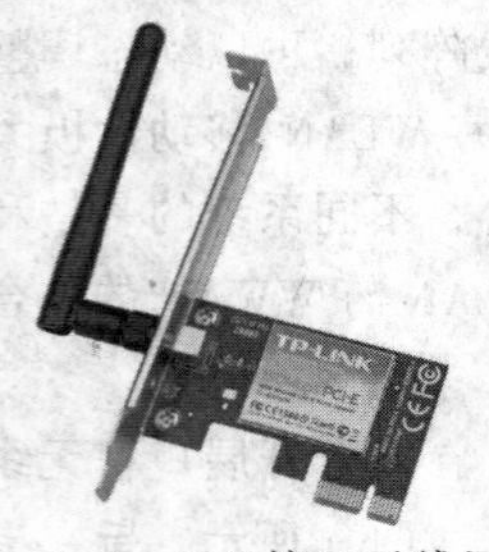

图 7-1-4 PCI 接口无线网卡

图 7-1-5 USB 接口无线网卡

图 7-1-6 PCMCIA 接口无线网卡

（2）无线接入点

无线网络接入点（Wireless Network Access Point，AP）和有线局域网中的集线器功能类似，用于接收、发送、放大无线信号。一个无线 AP，如图 7-1-7 所示，可以在几十米至几百米的范围内连接多达 256 个终端，不同的终端通过 AP 实现无线互联。但由于所有终端共享带宽，需要根据使用的无线协议确定每个 AP 连接多少个终端才能达到较高的性价比。例如，采用 802.11b 协议，每个 AP 的共享带宽为 11 Mbit/s，则每个 AP 连接的终端不宜超过 20 个；采用 802.11n 协议，每个 AP 的共享带宽为 300 Mbit/s，则每个 AP 连接的终端可以达到数百台。

无线 AP 也可以通过双绞线连接有线网络，即作为无线网络和有线网络的连接点。使用多个无线 AP，可以覆盖较大的范围，使终端移动时保持不间断的网络连接，实现无线漫游，如图 7-1-8 所示。

图 7-1-7 无线 AP

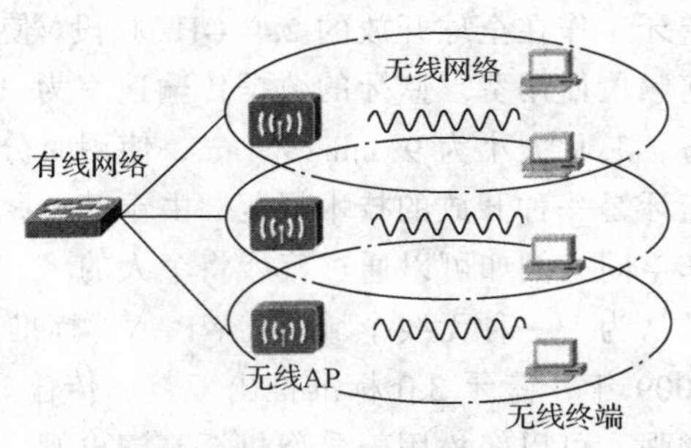

图 7-1-8 无线 AP 组网

（3）无线路由器

无线路由器（见图 7-1-9）集成了无线 AP 和路由器的功能，可以实现无线数据传输以及路由选择。组网时，无线路由器使用有线方式连接上一级网络，使用无线或有线方式连接下一级网络或终端，如图 7-1-10 所示。

3. 无线局域网组网结构模式

无线局域网组网结构分为基础设施模式和点对点模式，简介如下。

基础设施（Infrastructure）模式是指以无线网络设备（无线 AP、无线路由器等）作为中心节点连接各终端的组网结构，如图 7-1-11 所示。其优点是稳定性高、便于管理和控制，缺点是需要使用网络设备，因而成本较高。因此 Infrastructure 模式一般用于组建非临时性的固定构架网络，或用于将无线网接入有线网以及 Internet。

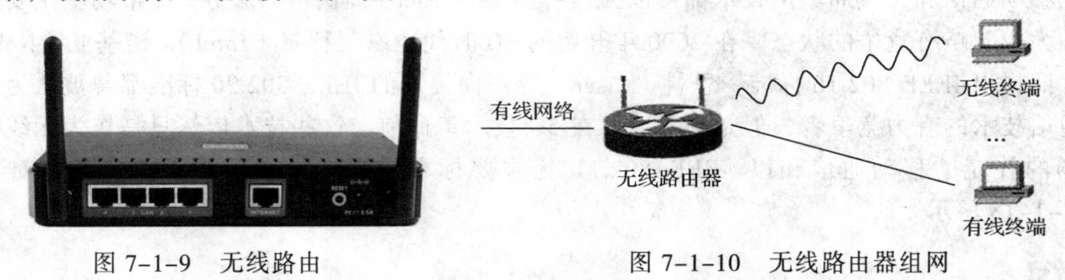

图 7-1-9　无线路由　　　　图 7-1-10　无线路由器组网

点对点（Ad-Hoc）模式是指网络中所有节点的地位平等，无须设置任何的中心控制节点，如图 7-1-12 所示，Ad-Hoc 具有以下特点。

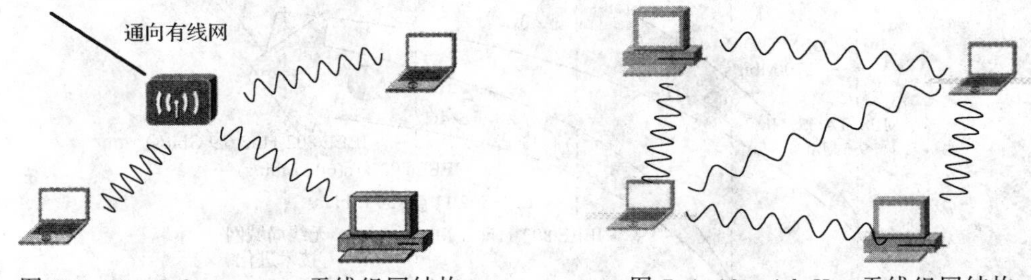

图 7-1-11　Infrastructure 无线组网结构　　　　图 7-1-12　Ad-Hoc 无线组网结构

① 无中心：Ad-Hoc 网络没有严格的控制中心，所有节点的地位平等，是一个对等式网络。节点可以随时加入或离开网络，任何节点的故障不会影响整个网络的运行。

② 自组织：节点通过分层协议和分布式算法协调各自的行为，结点开机后就可以快速、自动地组成一个独立的网络。

③ 多跳路由：当节点要与其覆盖范围之外的节点进行通信时，需要中间节点的多跳转发。与一般网络不同的是，Ad-Hoc 网络中的多跳路由是由普通的网络节点完成的，而不是由专用的网络设备完成。

④ 动态拓扑：Ad-Hoc 网络是一个动态的网络，网络节点可以随处移动，也可以随时开机和关机，这些都会使网络的拓扑结构随时发生变化。

这些特点使得 Ad-Hoc 网络在体系结构、网络组织、协议设计等方面都与一般的通信网络有着显著的区别。并且由于以上特点，Ad-Hoc 适用于组建临时性的松散架构网络。

7.1.3　公用移动通信

公用移动通信技术，也简称为移动通信技术，最早只是采用模拟技术用于语音通信服务。随着数字通信技术的不断发展，公用移动通信网络逐步加入文字信息服务和数据服务，手机也从语音和文字终端转向了智能移动终端的角色。实际上手机就是一部随身携带的、带有无线数据连接的计算机。移动通信技术和标准几乎每隔十年左右就会进化一次，第一代（1G）于 20 世纪 70 年代末推出，80 年代初投入使用。从那时起，最终达到目前在第四代（4G）和第五代（5G）技术更替的状态。

1．公用移动通信与无线局域网的进化

移动通信和无线局域网技术都可以为因特网（Internet）提供接入服务，在市场上主要是以互补为主，略有竞争的状态。在2000年开始的3G时代，以英特尔（Intel）、诺基亚（Nokia）等厂商提出IEEE 802.16标准，思科（Cisco）等厂商提出的IEEE 802.20标准都曾被认为是移动通信技术的有力竞争者，但是到今天，在5G技术革命前，这些技术依然只是作为无线接入市场的补充。移动通信和以IEEE 802.11为主要标准的无线局域网技术的进化和对比如图7-1-13所示。

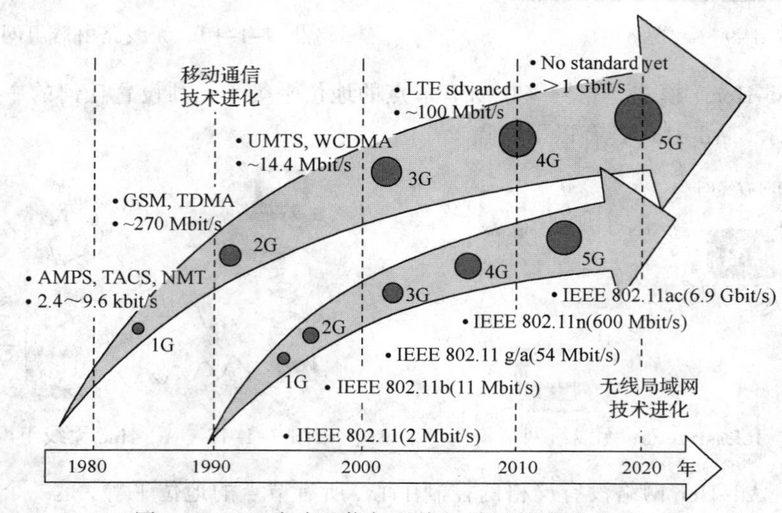

图7-1-13　移动通信与无线局域网技术进化对比

2．公用移动通信的发展阶段

公用移动通信共经历了5个发展阶段：

第一代（1G、语音通话服务）：第一代移动通信网络在20世纪80年代初投入使用，它具备语音通信和有限的数据传输能力（约2.4 Kbit/s）。这种网络利用模拟信号使用类似AMPS和TACS等标准在分布式基站构成的网络之间“传递”用户语音。

第二代（2G、语音通话和消息传递服务）：在20世纪90年代，2G移动网络催生出第一批数字加密电信，提高了语音质量、数据安全性和数据容量，同时通过使用GSM标准的电路交换来提供有限的数据能力。20世纪90年代末，2.5 G和2.75 G技术分别使用GPRS和EDGE标准提高了数据传输速率(高达200 Kbit/s)。后来的2G迭代通过分组交换引入了数据传输，为3G技术提供了进身之阶。

第三代（3G、有限数据服务：多媒体、文本、互联网接入）：20世纪90年代末和21世纪初，3G网络通过完全过渡到数据分组交换，引入了具有更快数据传输速度的3G网络，其中一些语音电路交换已经是2G的标准，这使得数据流成为可能，并在2003年推出了第一个商业3G服务，包括移动互联网接入、固定无线接入和视频通话。3G网络现在使用UMTS和WCDMA等标准，在静止状态下将数据速度提高到1 Gbit/s，在移动状态下提高到350 Kbit/s以上。

第四代（4G、LTE、实时数据：动态信息接入，可变设备）：2008年推出4G网络服务，充分利用全IP组网，并完全依赖分组交换，数据传输速度是3G的10倍。由于4G网络的大带

宽优势和极快的网络速度提高了视频数据的质量。LTE 网络的普及为移动设备和数据传输设定了通信标准。LTE 正在不断发展，目前正在发布第 12 版。“LTE-A”的速度可达 300 Mbit/s。

第五代（5G）：5G 还处于高速发展阶段，技术能力、标准和应用范围应用仍有极大发展空间。频谱的选择和网络使用环境将决定数据传输的速度、容量和延迟。例如，5G 毫米波可以在无限制的特定条件下为固网提供难以置信的高速网络，但在小区边缘这一速度将很难维持。5G Sub-6 的速度低于毫米波，但可以提供广域覆盖，不会受到环境因素的干扰。目前 5G 的相关标准正在全球范围内进行研发，以上条件将最终决定 5G 的“标准”。

7.2　移动互联网

随着宽带无线接入技术和移动终端技术的飞速发展，人们迫切希望能够随时随地乃至在移动过程中都能方便地从互联网获取信息和服务，移动互联网应运而生并迅猛发展。然而，移动互联网在移动终端、接入网络、应用服务、安全与隐私保护等方面还面临着一系列的挑战。其基础理论与关键技术的研究，对于国家信息产业的发展具有重要的现实意义。

7.2.1　移动互联网的定义、特点和体系结构与参考模型

1. 移动互联网的定义

移动互联网（Mobile Internet，MI）是将移动终端（智能手机、平板电脑等）通过移动通信、无线局域等技术与因特网结合起来，形成的终端时刻在线的互联网络。移动互联网是指互联网的技术、平台、商业模式和应用与移动通信技术结合并实践的活动的总称。

移动互联网是互联网与移动通信融合发展的新兴市场，目前呈现出互联网产品移动化强于移动产品互联网化的趋势，移动互联网已成为全球关注的热点。如同移动语音是相对于固定电话，移动互联网是相对固定互联网而言的。虽然目前业界对移动互联网并没有一个统一定义，但对其概念却有一个基本的判断，即从网络角度来看，移动互联网是指以宽带 IP 为技术核心，可以同时提供语音、数据、多媒体等业务服务的开放式基础电信网络；从用户行为角度来看，移动互联网是指采用移动终端通过移动通信网络访问互联网并使用互联网业务。移动终端可以是手机，也可以是掌上电脑（PDA）和笔记本电脑等，前者是对移动互联网的狭义理解，后者是对移动互联网的广义理解。

在我国互联网的发展过程中，PC 互联网已日趋饱和，移动互联网却呈现井喷式发展。数据显示，截至 2017 年 2 月末，我国移动互联网用户总数达到 11.2 亿户，使用手机上网的用户数接近 10.6 亿户，对移动电话用户的渗透率为 79.3%。伴随着 4G 时代的开启和移动终端设备的发展，移动终端价格的下降及 Wi-Fi 的广泛铺设，为移动互联网的发展注入巨大的能量，移动互联网产业给网络带来前所未有的飞跃发展，创造了经济神话。

2017 年 1—2 月，电信业务收入 2 074.7 亿元，同比增长 5.9%。2016—2017 年 2 月电信业务收入发展情况如图 7-2-1 示。

2. 移动互联网的特点

① 终端高便携性：除了睡眠时间，移动的终端便于用户随身携带和随时使用，用户可以

在移动状态下接入和使用互联网服务。这个特点决定了，使用移动设备上网，可以带来PC上网无可比拟的优越性，即沟通与资讯的获取远比PC设备方便，移动设备一般都以远高于PC的使用时间。

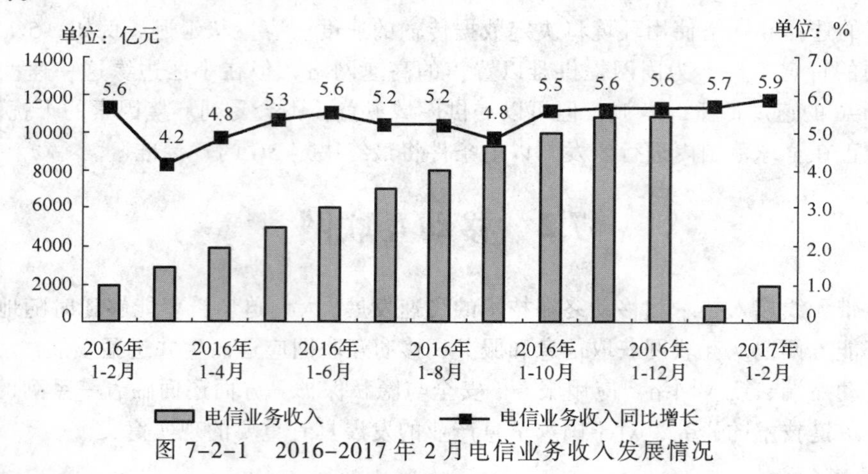

图 7-2-1　2016-2017 年 2 月电信业务收入发展情况

② 应用的方便性：由于移动设备的高便携通信特性，为了保持和延续移动设备方便、快捷的特点，必须保证移动通信用户在移动设备上不用采取类似PC输入端的复杂操作，操作应很方便，例如，可以用语音和手写输入汉字，采用语音通话、视频和音频传送等。

③ 业务使用的隐私性：在使用移动互联网业务时，所使用的内容和服务更隐秘，如手机支付业务等。移动设备用户的隐私性远高于PC端用户的要求。高隐私性决定了移动互联网终端应用的特点——数据共享时即保障认证客户的有效性，也要保证信息的安全性。这就不同于互联网公开透明开放的特点。互联网下，PC端系统的用户信息是可以被搜集的。

④ 终端和网络的局限性：移动互联网业务在便携的同时，也受到了来自网络能力和终端能力的限制。在网络能力方面，受到无线网络传输环境、技术能力等因素限制；在终端能力方面，受到终端大小、处理能力、电池容量等的限制。无线资源的稀缺性决定了移动互联网必须遵循按流量计费的商业模式。

⑤ 业务与终端、网络的强关联性：由于移动互联网业务受到了网络及终端能力的限制，因此，其业务内容和形式也需要适合特定的网络技术规格和终端类型。

3. 移动互联网的体系结构与参考模型

① 移动互联网的体系结构：移动互联网的核心是互联网，因此一般认为移动互联网是桌面互联网的补充和延伸，应用和内容仍是移动互联网的根本。

移动互联网是一种通过智能移动终端，采用移动无线通信方式获取业务和服务的新兴业务，移动互联网包含终端、软件和应用三个层面。终端层包括智能手机、平板电脑、电子书、MID等；软件包括操作系统、中间件、数据库和安全软件等。应用层包括休闲娱乐类、工具媒体类、商务财经类等不同应用与服务。从宏观角度来看，移动互联网是由移动终端和移动子网、接入网络、核心网络三部分组成，如图 7-2-2 所示。

② 移动互联网的参考模型：移动互联网的参考模型如图 7-2-3 所示。

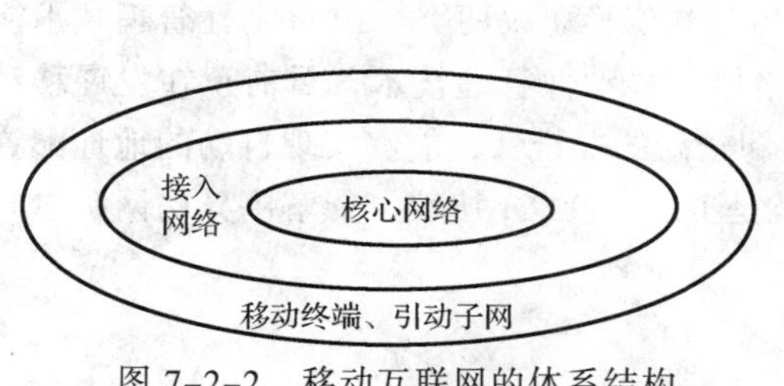

图 7-2-2　移动互联网的体系结构

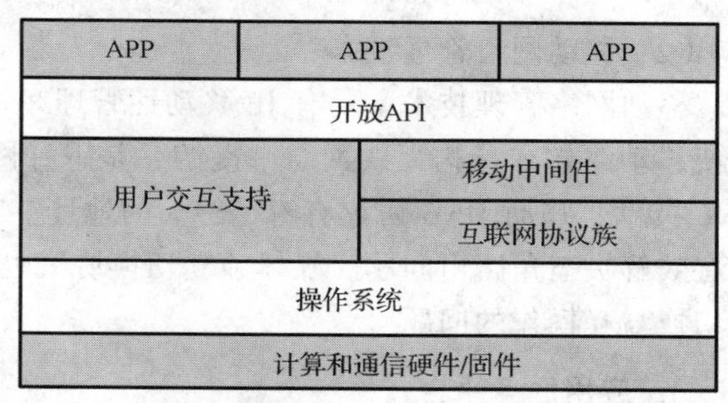

图 7-2-3　移动互联网的参考模型

7.2.2　移动互联网的关键技术

纵览移动互联网的发展历史和演进趋势，其关键技术主要包括终端先进制造技术、终端硬件平台技术、终端软件平台技术、网络服务平台技术、应用服务平台技术和网络安全控制技术，如图 7-2-4 所示。

1. 终端技术

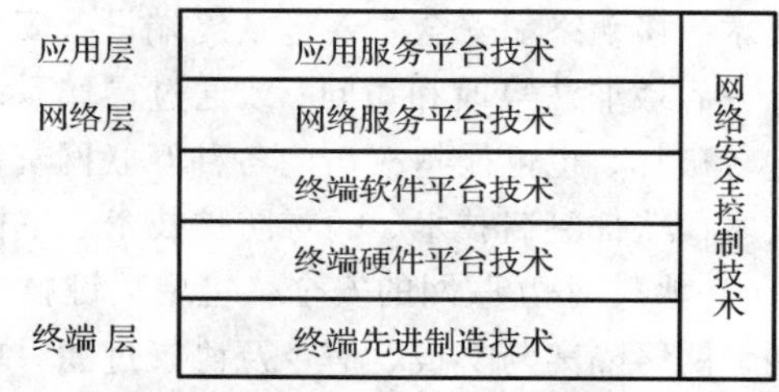

图 7-2-4　移动互联网关键技术

移动终端技术主要包括终端先进制造技术、终端硬件平台技术和终端软件平台技术三类。终端先进制造技术是一类集成了机械工程、自动化、信息、电子技术等形成的技术、设备和习统的统称。终端硬件平台技术是实现移动互联网信息输入、信息输出、信息存储与处理等技术的统称，一般分为处理器芯片技术、人机交互技术等。终端软件平台技术是指通过用户与硬件间的接口界面与移动终端进行数据或信息交换的技术统称，一般分为移动操作系统、移动中间件及移动应用程序等技术。

2. 网络服务平台技术

网络服务平台技术是指将两台或多台移动互联网终端设备接入互联网的计算机信息技术的统称，包括移动网络接入技术和移动网络管理技术。

（1）移动网络接入技术

移动互联网的网络接入技术经历了 1G、2G、3G、4G 时代，正在大力部署 5G 网络。2012 年 11 月，欧洲正式启动名为“METIS”的 5G 研发项目，METIS 目前由 29 个成员组成，其中包括阿尔卡特朗讯、爱立信、华为、诺基亚、诺基亚西门子五家设备厂商，德国电信、DoCoMo、法国电信、意大利电信、西班牙电信五家运营商，此外还有欧洲众多的学术机构以及大约 80 名专家全职参与该项目。该项目提出 5G 的发展目标是在 2020 年获得商用，相对于当前的电信网络而言，数据流量增长 1 000 倍，用户数据速率提升 100 倍，速率提升至 10Gbit/s 以上，入网设备数量增加 100 倍，电池续航时间增加 10 倍，端到端时延缩短 5 倍。2018 年 11 月，《中国互联网发展报告 2018》和《世界互联网发展报告 2018》正式发布，报告中的《5G 网络就绪指数》调查中表明，亚太地区中国名列第一，第二名为日本，第四名为韩国，抢夺 5G 发展先机，在 5G 建设较为领先的中国正加快部署工作，预计在 2020 年前部署 5G 网络，基本都能够实现 METIS 项目设定的目标。

（2）移动网络管理技术

移动网络管理技术主要有 IP 移动性管理和媒体独立切换协议两类。IP 移动性管理技术能够使移动终端在异构无线网络中漫游，是一种网络层的移动性管理技术，目前正在发展移动 IPv6 技术，移动 IPv6 协议有着足够大的地址空间和较高的安全性，能够实现自动的地址配置并有效解决三角路由问题。媒体独立切换协议也就是 IEEE 802.21 协议，能解决异构网络之间的切换与互操作的问题。

3. 应用服务平台技术

应用服务平台技术是指通过各种协议把应用提供给移动互联网终端的技术统称，主要包括云计算、HTML5、Widget（微件）、Mashup、RSS（聚合内容）、P2P 等。

4. 网络安全控制技术

移动网络安全技术主要分为移动终端安全、移动网络安全、移动应用安全和位置隐私保护等技术。移动终端安全主要包括终端设备安全及其信息内容的安全，防止以下情况的发生，如信息内容被非法篡改和访问，或通过操作系统修改终端的有用信息，使用病毒和恶意代码对系统进行破坏，也可能越权访问各种互联网资源、泄漏隐私信息等，主要包括用户信息的加密存储技术、软件签名技术、病毒防护技术、主机防火墙技术等。移动网络安全技术重点关注接入网及 IP 承载网/互联网的安全，主要关键技术包括数据加密、身份识别认证、异常流量监测与控制、网络隔离与交换、信令及协议过滤、攻防与溯源等技术。移动应用安全可分解为云计算安全技术和不良信息监测技术。云计算安全技术重点解决数据安全、隐私保护、虚拟化运行环境安全、动态云安全服务等问题。不良信息监测技术重点解决检测算法准确率不高、处理及审核流程不同、网站通过代理逃避封堵等问题。位置隐私保护是当前移动用户最关心的问题，也是移动互联网安全的重要组成部分。位置隐私保护技术主要包括制定高效的位置信息存储和访问标准、隐藏用户身份及与位置的关系、位置匿名等。

7.2.3 移动 IP 技术

移动 IP 技术是移动结点（计算机/服务器 / 网段等）以固定的网络 IP 地址，实现跨越不同网段的漫游功能，并保证了基于网络 IP 的网络权限在漫游过程中不发生任何改变，实现数据无缝和不间断的传输。简单地讲，就是保证网络结点在移动的同时不断开连接，并且还能正确收发数据包。总的来说，移动 IP 技术应满足的基本要求和工作机制如下。

1. 移动 IP 技术的基本要求

① 移动结点在改变网络接入点之后仍然能够与 Internet 上的其他结点通信。

② 移动结点无论连接到任何接入点，能够使用原来的 IP 地址进行通信。

③ 移动结点应该能够与 Internet 上的其他不具备移动 IP 功能的结点通信，而不需要修改协议。

④ 考虑到移动结点通常是使用无线方式接入，涉及无线信道带宽、误码率与电池供电等因素，应尽量简化协议，减少协议开销，提高协议效率。

⑤ 移动结点不应该比 Internet 上的其他结点受到更大的安全威胁。

移动 IP 技术通过移动结点、外地代理、家乡代理三个功能实体完成代理搜索、注册、包传输这三个基本功能来协同完成移动结点的路由问题。

2．移动 IP 技术的工作机制

① 在移动 IP 协议中，每个移动结点都有一个唯一的本地地址，当移动结点移动时，它的本地地址是不变的，在本地网络链路上每一个本地结点还有一个本地代理维护当前的位置信息，即转交地址。当移动结点连接到外地网络链路上时，转交地址就用来标示移动结点现在所在的位置，以便进行路由选择。移动结点的本地地址与当前转交地址的联合称为移动绑定或绑定。当移动结点得到一个新的转交地址时，通过绑定向本地代理进行注册，以便让本地代理即时了解结点的当前位置。

② 当移动结点连接在外地网络链路上时，移动结点使用一个称为“代理发现”的规程在外地链路上发现一个外地代理，并向这个外地代理进行注册，把这个外地代理的 IP 地址作为自己的转交地址，移动结点获得转交地址后，再通过注册规程把自己的转交地址告诉本地代理。这样当有发往移动结点本地地址的数据包时，本地代理便截取该数据包，并根据注册的转交地址，通过隧道将数据包传给移动结点。

③ 代理发现机制。该机制能够使移动结点检测出它是在本地网络链路还是在外地网络链路上，并且当移动结点移动到一个新的网络链路上时，代理发现机制还能为它找到一个合适的外地代理。代理有两种消息：一种是代理发送的周期性的代理广告消息，另一种是移动结点发送的代理请求消息。

④ 注册机制。一旦移动结点发现它的网络接入点从一条链路切换到另一条链路，就需要注册，完成的任务主要有：移动结点通过注册可以得到外地链路上外地代理的路由服务；把它的转交地址通知本地代理；动态得到本地代理的地址；本地代理把发往移动结点本地地址的数据包通过隧道发往移动结点的转交地址。注册包括注册请求和注册应答两种注册消息。

⑤ 隧道技术。该技术是移动 IP 技术中的重要内容，有三种方式：IP 的 IP 封装、IP 的最小封装和通用路由封装。IP 的 IP 封装用于将整个原始的 IPv4 数据包放在另一个 IPv4 数据包净荷部分中，它在原始 IPv4 数据包的现有报头前插了一个外层 IP 报头，外层报头的源地址和目的地址分别标示隧道中的两个边界结点；内层 IP 报头中源地址和目的地址分别标示原始数据包的发送结点和接收结点。移动 IP 要求本地代理和外地代理实现 IP 的 IP 封装，以实现从本地代理至转交地址的隧道。IP 的最小封装是通过将 IP 的 IP 封装中内层 IP 报头和外层 IP 报头的冗余部分去掉，以减少实现隧道所需的额外字节数。但使用这种封装技术有一个前提，就是原始的数据包不能被分片，因为 IP 的最小封装技术在新的 IP 报头和净荷之间插入了一个最小转发报头，它不保存有关分片的情况。通用路由封装是除了 IP 协议，它可以支持其他网络层协议，允许一种协议的数据包封装在另一种协议数据包的净荷中。

7.3　物　联　网

7.3.1　物联网概述

物联网（Internet of Things），国内外普遍认为是 MIT Auto-ID 中心的 Ashton 教授于 1999 年在研究 RFID 时最早提出的概念，当时称为传感器网络。在 2005 年国际电信联盟（ITU）发布的同名报告中，物联网的定义和范围已经发生了变化，覆盖范围有了较大的拓展，不再只是指基于 RFID 技术的传感器网络。物联网是指通过射频识别、红外感应器、全球定位系统、激光扫描器等信息传感设备，按约定的协议，把任何物品与互联网连接起来，进行信息交换和通信，以实现智能化识别、定位、跟踪、监控和管理的一种网络。

和传统的互联网相比，物联网有其鲜明的特征，简介如下。

① 物联网是一种建立在互联网上的泛在网络。物联网通过各种有线或无线网络与互联网融合，将物体的信息实时准确地采集并传递出去，在传输过程中为了保障数据的正确性和及时性，必须适应各种异构网络和协议。

② 物联网是各种感知技术的广泛应用。物联网上部署了海量的多种类型传感器，每个传感器都是一个信息源，不同类别的传感器所捕获的信息内容和信息格式不同。传感器按一定的频率采集并更新数据，获得的数据具有实时性。

③ 物联网具有智能处理的能力。物联网可以利用云计算、模式识别、神经网络等各种智能技术，从传感器获得的海量信息中分析、加工和处理出有意义的数据，对终端物体进行反向的智能控制。

物联网所涉及的关键技术，例如无线射频技术、分布式计算、传感器、无线传输和互联网都是目前较为成熟的技术，并在相关领域已得到广泛的应用。物联网利用这些技术的交叉与融合，建立一个“物”与“物”相连的网络，从而完成远程实时数据交换与控制。

7.3.2 物联网体系结构及关键技术

1. 体系结构

从体系结构上来看，物联网可分为感知层、网络层和应用层三层，各层的作用简介如下。

① 感知层：由各种传感器、无线射频芯片、图像监控和识别设备等构成，包括温度传感器、湿度传感器、二氧化碳浓度传感器、二维码标签、RFID 标签和读写器、摄像头、GPS 等感知终端。感知层的作用相当于人的眼耳鼻喉和皮肤等神经末梢，它是物联网识别物体、采集信息的来源。

② 网络层：由各种局域网络、互联网、有线网络、无线网络、移动通信网络、网络管理系统、中间件和云计算平台等组成，相当于人的神经中枢和大脑。其中各种网络负责传递和处理感知层获取的信息，中间件和云计算平台可对网络中的大量信息进行整合，进而为上层大规模的行业应用建立一个高效且可靠的网络计算平台。

③ 应用层：是物联网和用户（包括人、组织和其他系统）的接口，它与行业需求结合，实现物联网的智能应用。典型的应用有智能交通、绿色农业、工业监控、动物标识、远程医疗、智能家居、环境检测、公共安全、食品溯源、城市管理、智能物流等。

2. 关键技术

① 传感器：传感器是一种检测装置，能感受到被测量的信息，并能将感受到的信息按某种规则转换为电信号或其他所需形式的信息输出，以满足信息的传输、处理、存储、显示、记录和控制等要求。

传感器的特点是：微型化、数字化、智能化、多功能化、系统化、网络化。它是实现自动检测和自动控制的首要环节。传感器的存在和发展，让物体有了触觉、味觉和嗅觉等感官，让物体慢慢变得活了起来。通常根据其基本感知功能分为热敏元件、光敏元件、气敏元件、力敏元件、磁敏元件、湿敏元件、声敏元件、放射线敏感元件、色敏元件和味敏元件等十大类。

传感器通常由敏感元件和转换元件等组成，其组成原理如图 7-3-1 所示。传感器的种类很多，如图 7-3-2 所示。

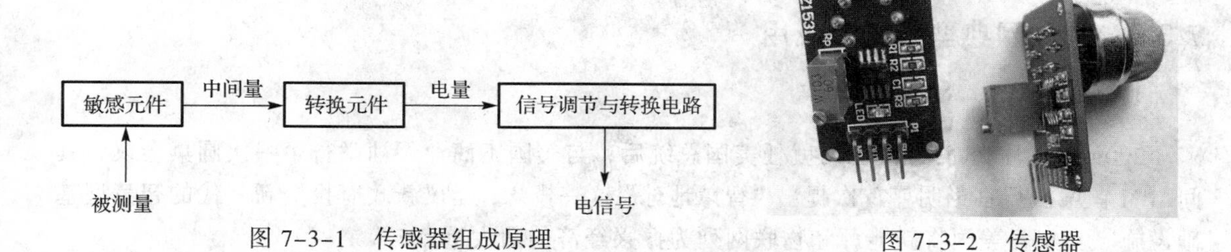

图 7-3-1　传感器组成原理　　图 7-3-2　传感器

② 传感器网络：它是由部署在监测区域内大量的微型传感器节点组成，通过有线或无线通信方式形成的一个自组织网络，从而可以获取大量的被检测对象的感知数据。和互联网相比，物联网的终端较为分散，使用环境也较为复杂，因此布线的难度和成本较大，使用无线传输技术的传感器网络要多于使用有线方式连接的传感器网络。传感器网络可探测的数据包括电磁、温度、湿度、噪声、光强度、压力、颜色、地震、土壤成分以及移动物体的大小、速度和方向等。

③ 射频识别：射频识别（Radio Frequency Identification，RFID），它是通过射频信号实现无接触式的信息传递，从而自动识别目标物体，并对其信息进行标志、登记、储存和管理的一种技术。

3. RFID 系统的组成

射频识别（RFID）系统主要由电子标签（Tag）、天线（Antenna）和读写器（Reader）三部分组成。各部分的功能简介如下。

① 读写器：将约定格式的待识别物品的标识信息写入电子标签的存储区中（写入功能），或在读写器的阅读范围内以无接触的方式将电子标签内保存的信息读取出来（读出功能）。

② 天线：用于发射和接收射频信号，往往内置在电子标签和读写器中。

4. RFID 系统的工作原理

① 读写器通过发射天线发送一定频率的射频信号。

② 当电子标签进入发射天线工作区域时产生感应电流，它获得能量被激活，并将自身编码等信息通过卡中内置发送天线发送出去。

③ 系统接收天线接收到从电子标签发送来的载波信号，经天线调节器传送到读写器，读写器对接收的信号进行解调和解码然后送到后台主系统进行相关处理。

④ 主系统根据逻辑运算判断该卡的合法性，针对不同的设定做出相应的处理和控制，发出指令信号控制执行机构动作。

5．RFID 工作频率和典型应用

① RFID 工作频率：RFID 按工作频率的不同分为低频（LF）、高频（HF）、超高频（UHF）、微波（MW），相对应的代表性频率分别为：低频 135 kHz 以下、高频 13.56 MHz、超高频 860～960 MHz、微波 2.4 GHz。目前 RFID 应用以低频和高频产品为主，但超高频标签因其具有可识别距离远和成本低的优势，未来将有望逐渐成为主流。

② RFID 典型应用：RFID 的典型应用有一卡通系统、手机支付、第二代身份证、电子门禁系统、不停车收费系统等。

7.3.3 物联网典型系统及应用

1．智慧地球

2009 年 1 月 28 日，奥巴马就任美国总统后，与美国工商业领袖举行了一次圆桌会议，其间 IBM 首席执行官彭明盛首次提出“智慧地球”这一概念，建议新政府投资新一代的智慧型基础设施。当年，美国将新能源和物联网列为振兴经济的两大重点。

“智慧地球”是指把传感器嵌入到电网、铁路、桥梁、隧道、公路、建筑、供水系统、大坝、油气管道等各种基础设施中，形成基础设施的物联网，并通过超级计算机和云计算将物联网整合，实现人类社会与物理基础设施系统的整合。

通过“智慧地球”，人类能够更透彻地感应和度量世界的本质和变化，可以用更加精细和动态的方式管理生产和生活，事物的流程、运行方式都将实现更深入的智能化，从而达到“智慧”状态。

2．移动支付

移动支付也称手机支付，指用户使用移动终端（通常是手机）对所消费的商品或服务进行账务支付的一种方式。移动支付具有更好的便捷性，用户只要申请了移动支付功能，通过移动终端和移动网络，就可以随时、随地实现银行转账支付、公交地铁刷卡、超市购物、购买电影票、甚至缴纳水电费等支付与结算过程。

移动支付原理如图 7-3-3 所示，系统为每个移动用户建立一个与其手机号码关联的支付账户，并根据支付方式分为近场支付和远程支付两种：近场支付指通过 RFID 技术使用手机近距离（接触或非接触）刷卡的方式，要求手机的 SIM 卡中含有 RFID 标签，POS 机中含有 RFID 读写器；远程支付指通过短信、网银、电话银行等方式发送支付指令进行支付。

移动支付系统还可通过手机扫描条形码、二维码等方式，进行购物、比价、查询，又被称为“闪购”，如图 7-3-4 所示。

3．智能物流

智能物流是利用条形码、射频识别技术、传感器、全球定位系统等先进的物联网技术通过信息处理和网络通信技术平台广泛应用于物流业运输、仓储、配送、包装、装卸等基本活动环节，实现货物运输过程的自动化运作和高效率优化管理，提高物流行业的服务水平，降低成本，减少自然资源和社会资源消耗。智能物流能够实现车辆定位、货物跟踪、运行统计、电子围栏、短信通知等功能，可以降低物流运营成本、提高服务质量、加快响应时间、增加客户满意度。物联网关键技术诸如物体标识及追踪、无线定位等新型信息技术应用，能够完成数据采集、交换与

传递，主动跟踪和监控运输过程与货物，实现物流的自动化和智能化，并可对物流客户的需求、商品库存、物流智能仿真等做出决策。智能物流示意如图 7-3-5 所示。

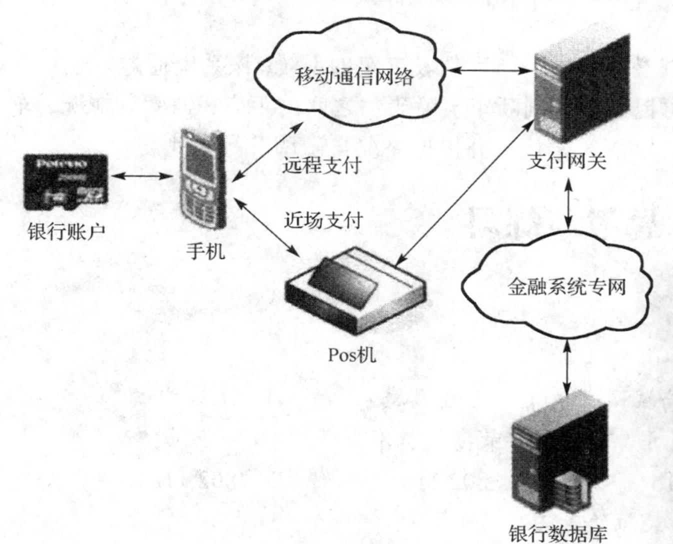

图 7-3-3　移动支付系统原理

图 7-3-4　闪购

智能物流的未来发展将会体现出四个特点：智能化，一体化和层次化，柔性化与社会化。在物流作业过程中的大量运筹与决策的智能化；以物流管理为核心，实现物流过程中运输、存储、包装、装卸等环节的一体化和智能物流系统的层次化；智能物流的发展会更加突出“以顾客为中心”的理念，根据消费者需求变化来灵活调节生产工艺；智能物流的发展将会促进区域经济的发展和世界资源优化配置，实现社会化。通过智能物流系统的四个智能机理，即信息的智能获取技术，智能传递技术，智能处理技术，智能运用技术。

图 7-3-5　智能物流示意图

4．智能交通

智能交通系统（Intelligent Transportation System，ITS）是未来交通系统的发展方向，它是将先进的信息技术、数据通信传输技术、电子传感技术、控制技术及计算机技术等有效地集成运用于整个地面交通管理系统而建立的一种在大范围内、全方位发挥作用的，实时、准确、高效的综合交通运输管理系统。智能交通的范畴包括交通监控指挥网络、车辆调度系统、全球定位系统、不停车收费系统、紧急救援系统、智能汽车等。

交通监控指挥网络通过遍布街道的摄像头和一些检测传感器，以及信息处理的软硬件系统，进行交通流量实时分析、预测，建立车辆反馈指挥的体系，诱导、分流车辆，预判和防止交通事故，改善城市交通状况、保证交通安全、提高运输效率。

不停车收费系统是目前先进的路桥收费方式，实现不需停车而能缴纳路桥费的目的，可以使收费站的通行能力提高 3～5 倍。不停车收费系统需要在收费点安装路边设备（一般为 RFID 读写器），并在行驶车辆上安装车载单元设备（一般贴在挡风玻璃上的 RFID 标签），采用短程无线通信技术完成路边设备与车载设备之间的通信。车载单元存有车辆的标识码和其他有关车辆属性的数据，当车辆进入识别区时，能将这些数据传送给路边设备，同时也可接收记录由路边设备发送的有关数据。

智能汽车指辅助驾驶员驾驶汽车或替代驾驶员自动驾驶汽车的系统。该系统通过安装在汽车前部和旁侧的雷达或红外探测仪，可以准确地判断车与障碍物之间的距离，遇紧急情况，车载计算机能及时发出智能交通警报或自动刹车避让，并根据路况自己调节行车速度。

思考与练习

一、选择题

1. 802.11是（　　）的标准。
   A. 无线个域网　B. 无线局域网　C. 无线城域网　D. 无线广域
2. 802.11系列标准中传输距离最远、传输速率最高的标准是（　　）。
   A. 802.11a　B. 802.11b　C. 802.11g　D. 802.11n
3. 下列无线网络技术中传输距离最短的是（　　）。
   A. 蓝牙　B. Wi-Fi　C. WiMax　D. 3G
4. 无线AP的功能是（　　）。
   A. 作为无线网络的终端设备　B. 作为无线网络中的路由设备
   C. 作为无线网络中的信号中继设备　D. 作为无线网络中的服务器
5. RFID系统的组成部分不包括（　　）。
   A. 摄像头　B. 电子标签　C. 读写器　D. 天线
6. 手机支付系统涉及的技术不包括（　　）。
   A. RFID　B. 图像识别技术　C. 传感技术　D. 移动通信技术
7. GPS指（　　）。
   A. 通用分组无线服务技术　B. 全球定位系统
   C. 无线传输协议　D. 射频识别技术

二、简答题

1. WLAN有哪两种组网模式?两种模式各自的特点是什么?
2. 什么是传感器和传感器网络?